湖北省学术著作出版专项资金资助项目

真空玻璃

唐健正 等著

武汉理工大学出版社

·武 汉·

内 容 简 介

真空玻璃是新型节能玻璃,本书对其原理、性能、关键技术及发展历史作了全面论述。

本书的主要内容包括:真空玻璃的结构、原理,与中空玻璃的区别及其综合性能优势;真空玻璃发展历史及所用材料和工艺概述;真空玻璃传热系数及太阳辐射相关参数等热工性能的分析计算和测量方法;真空玻璃力学性能的理论分析计算及测量方法;真空玻璃实际应用中各种技术问题的研讨等。

本书可作为玻璃行业和建筑行业特别是真空玻璃相关行业的技术人员、管理人员的参考书,也可作为大专院校相关专业师生的参考书及相关企业的培训教材。

图书在版编目(CIP)数据

真空玻璃/唐健正等著.—武汉:武汉理工大学出版社,2018.7
ISBN 978-7-5629-5722-5

Ⅰ.①真… Ⅱ.①唐… Ⅲ.①真空-特种玻璃 Ⅳ.①TQ171.73

中国版本图书馆 CIP 数据核字(2018)第 083430 号

项目负责人:李兰英
责 任 编 辑:李兰英
责 任 校 对:张莉娟
封 面 设 计:匠心文化
出 版 发 行:武汉理工大学出版社
邮   编:430070
网   址:http://www.wutp.com.cn
经   销:各地新华书店
印   刷:武汉中远印务有限公司
开   本:787mm×1092mm   1/16
印   张:17.5
字   数:426 千字
版   次:2018 年 7 月第 1 版
印   次:2018 年 7 月第 1 次印刷
定   价:198.00 元

作者简介

唐健正,澳大利亚籍华裔学者,真空玻璃发明人,生于 1938 年 12 月,祖籍江苏省南通市,1957 年高中毕业于北京市第三十一中学,1963 年毕业于北京大学物理系,后留校任教 27 年,历任助教、讲师、副教授、教研室主任,1990—1998 年以高级访问学者的名义在悉尼大学应用物理系工作期间与该系主任 R.E.Collins 教授合作申请多项真空玻璃国际发明专利。根据悉尼大学"发明人确认书暨发明人权益分配协议",两位发明人获得  "等额对半分配"的权益。1995 年日本板硝子玻璃公司取得真空玻璃专利使用权并于 1997 年初投产,日本报纸称为"神奇玻璃"的真空玻璃开始被用于建筑领域,开创了节能玻璃的新纪元,使科学家自 1893 年保温瓶发明以来的百年梦想成真。

唐健正与 R.E.Collins 教授等人合作发表了多篇论文。其中,1993 年在《太阳能》杂志上发表的《透明真空平板玻璃》一文获 1997 年国际太阳能协会"鲁道夫最佳论文奖",真空玻璃也获得澳大利亚科技奖。1993 年由悉尼大学提名以"特殊技能人才"类别邀请唐健正加入澳大利亚籍。

1998 年唐健正回国后先在青岛新立基技术应用有限公司任技术总监,建立了实验基地,后于 2001—2016 年在北京新立基真空玻璃技术有限公司任首席科学家、技术总监,同时兼任北京市真空玻璃工程技术中心主任,2005 年北京市外国专家局授予唐健正"外国专家证",2007 年中国公安部授予其"外国人永久居留证"。

唐健正回国后申请了国内外真空玻璃专利 20 多项,有些专利解决了真空玻璃发展中的难题,具有国际领先水平,唐健正先后在国内外发表数十篇论文并多次发表演讲,对真空玻璃的研究和应用起了很大的推动作用。

前　　言

真空玻璃是依据保温瓶原理制作的新型节能玻璃，从 1913 年第一个真空玻璃专利出现至今已有百余年的历史，从 1997 年第一条真空玻璃生产线出现至今也已有 20 年之久。这 20 年来，中国真空玻璃企业已从 1998 年建立的"青岛新立基"一家发展为"北京新立基""青岛新亨达""洛阳兰迪""台湾玻璃""河南龙旺""天津沽上""西安彩珠""哈尔滨鑫马""江苏晶麦德""北京明旭""青岛中腾志远""北京明日之星"等"百花齐放"的局面。

国际上，继日本板硝子（NSG）公司之后，韩国、美国及英国、法国、德国、俄罗斯等欧洲国家都出现过研发真空玻璃的机构，有成功的也有失败的。除板硝子公司外，美国佳殿（Guardian）、日本松下（Panasonic）和韩国 Eagon 等公司都已建成生产线，还有一些玻璃及门窗制造企业也在积极建设或洽购生产线。

为了适应真空玻璃的发展需要，中国早已制定了真空玻璃行业标准，目前正在制定真空玻璃检测标准。国际上，ISO 组织也在制定真空玻璃方面的标准。

在全球节能减排潮流的推进下，真空玻璃产业的发展已是大势所趋。然而迄今为止，还没有一本全面论述真空玻璃的专著问世。笔者从事真空玻璃研发及产业化已近 30 年，在工作中也深感需要一本专著从技术上总结真空玻璃上百年的发展历史，全面论述真空玻璃的原理、性能及关键制造技术，让从业者少走弯路，让后来者尽快入门，共同在前人的基础上创新发展，克服各种困难，推动真空玻璃事业前进。时不待我，机不可失，出于上述目的，笔者和编写组其他人员一起竭力编写了此书。

本书内容分为 7 章及附录。

第 1 章介绍了真空玻璃的定义、结构及传热特点；与中空玻璃相比，详细分析了真空玻璃的综合性能优势；从技术角度回顾了真空玻璃发展历史，并对其产业化前景做了分析探讨。

第 2 章介绍了制造真空玻璃所需的玻璃、封边、封口、支撑物、吸气剂等材料的性能、分类及选型。

第 3 章对国内外制造真空玻璃的各种工艺，包括真空获取及封离技术，从理论到实际做了详尽介绍。

第 4 章对真空玻璃、中空玻璃及复合真空玻璃的主要热工参数，包括传热系数（U 值）及太阳辐射相关参数（如遮阳系数等）的物理意义及计算方法做了详尽论述。

第 5 章为真空玻璃力学分析。从玻璃材料的基本力学性能入手，分析了大气压作用下真空玻璃的应力分布及表面各部位应力计算方法，特别分析了钢化真空玻璃表面应力重分布导致的"类"钢化状态;提出了真空玻璃支撑物间距的优化设计方案并给出计算案例,对真空玻璃生产中经常发生的支撑物缺位的影响做了分析,提出了支撑物缺位许可界定参考数;分析了温差等因素造成真空玻璃炸裂的机理及应对措施;对真空玻璃的承载特性及抗风压性能、抗冲击性能、抗振动性能也做了分析计算。

第 6 章介绍了真空玻璃有别于其他玻璃的性能测量方法,特别论述了正在研发中的真空玻璃 U 值的两种测量方法:防护热板法和均温板法。在力学性能方面,介绍了抗弯曲及抗冲击强度和表面应力的检测方法,特别介绍了钢化真空玻璃碎片检测方法。

第 7 章为真空玻璃应用技术概述,介绍了真空玻璃整窗及幕墙的 U 值计算方法;在建筑门窗及采光顶应用时的选型;复合真空玻璃安装方向的选择;真空玻璃在冷链、太阳能、智能玻璃、调光玻璃及内置百叶玻璃等领域应用时的技术问题探讨,以及建筑门窗节能计算及检测方法等。

附录中除编入了传热学名词解释及单位换算关系外,还编制了中空玻璃及真空玻璃传热系数数据表,以方便读者查阅。

为了满足不同读者的需要,本书采取了深入浅出、图文并茂的方式写作,并尽可能简化数学公式推导。同时,本书又列出大量中外参考文献,便于有需要的读者查阅。

本书第 1 章、第 4 章、第 6 章第 6.1 节由北京新立基真空玻璃技术有限公司许威和笔者编写,第 2 章、第 3 章由李洋编写初稿,后经中国建筑材料科学研究总院有限公司李要辉审阅并做了部分修改。第 5 章和第 6 章第 6.2 节由中国建材检验认证集团股份有限公司刘小根编写。第 7 章第 7.1~7.2 节由许威编写,第 7.3~7.8 节由北京新立基真空玻璃技术有限公司侯玉芝编写,第 7.9 节由北京新立基真空玻璃技术有限公司刘甜甜编写。附录由刘甜甜、侯玉芝、许威编制。笔者对全书做了反复审阅与修改。

本书由武汉理工大学李宏和扬州大学张瑞宏审稿。

本书是上述人员集体辛勤工作的结晶。很多工作是利用业余时间和节假日完成的,笔者在此表示衷心的感谢! 同时,感谢武汉理工大学出版社对本书出版工作的支持及所付出的辛勤劳动。

本书的出版得到了湖北省学术著作出版专项资金和扬州大学机械工程学院的经济支持,在此一并表示感谢!

谨以此书献给慈父唐璞和慈母蒋琪华。

由于笔者水平所限,书中错误在所难免,恳请广大读者批评指正。

唐健正

2018.3.1

目　　录

1 真空玻璃概述

1.1 真空玻璃的定义、结构及传热特点

1.1.1 真空玻璃的定义

真空玻璃是指两片或两片以上平板玻璃以支撑物隔开，周边密封，在玻璃间形成真空层的玻璃制品[1]。

1.1.2 真空玻璃的结构

真空玻璃是一种新型的节能玻璃，目前真空玻璃的一种结构如图 1.1 所示。它由两块平板玻璃构成，玻璃板之间用高度为 0.1～0.5 mm 的支撑物呈方阵排列隔开，四周使用低熔点焊料将两片玻璃封接，其中一片玻璃上留有抽气孔，真空排气后用封口片和低温焊料将抽气口封住形成真空腔，为保持真空度长期稳定，真空层内置有吸气剂。真空玻璃的原片可以采用普通玻璃，也可以采用钢化或半钢化玻璃。为了提高热工性能，通常选用一片或两片低辐射玻璃（又称 Low-E 玻璃），Low-E 玻璃的膜置于真空层的内表面。为提高安全性，也可以将真空玻璃通过复合中空或夹胶的方式与另外一片或两片玻璃组合成"复合真空玻璃"。

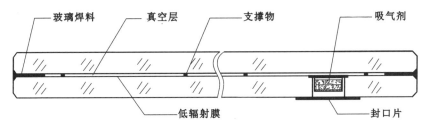

图 1.1 真空玻璃的一种结构

中空玻璃是目前节能玻璃的主流产品，其结构如图 1.2 所示。两片玻璃中间间距6～24 mm，周边用密封胶黏结密封，玻璃层间填充干燥气体。分子筛干燥剂一般置于间隔材料中，用以吸收气体中的水汽以防内部结露。Low-E 玻璃的膜面置于中空结构的内表面。

由此可见，真空玻璃和中空玻璃的相同点都是由两片玻璃构成，两者的结构差异如表 1.1所示。

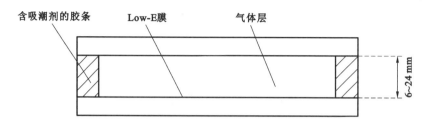

图 1.2　Low-E 中空玻璃的结构示意图

表 1.1　真空玻璃与中空玻璃的结构差异

类别 项目	真空玻璃	中空玻璃
周边密封材料	低温焊料(玻璃或金属材料)	有机结构胶
抽气口	玻璃焊料密封	无
间隔层材料	真空＋微小支撑物	空气或惰性气体
间隔层厚度	0.1~0.5 mm	6~24 mm

1.1.3　真空玻璃的传热特点

由于结构不同,真空玻璃与中空玻璃的传热机理也有所不同。图 1.3 为两者简化的传热机理示意图。真空玻璃中心部位传热由辐射传热和支撑物传热及残余气体传热三部分构成,合格产品中残余气体传热可以忽略不计;而中空玻璃则由气体传热(包括传导和对流)和辐射传热构成。

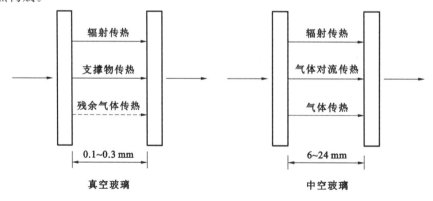

图 1.3　真空玻璃和中空玻璃的传热机理示意图

由此可见,要减小温差引起的传热,真空玻璃和中空玻璃都要减小辐射传热,有效的方法是采用 Low-E 玻璃,在兼顾其他光学性能要求的条件下,Low-E 玻璃辐射率越低越好。二者的不同点是真空玻璃不但要确保必需的真空度,使残余气体传热减小到可以忽略的程度,还要尽可能减小支撑物的传热;中空玻璃则要尽可能减小气体传热。为了减小气体传热并兼顾隔声性及厚度等因素,中空玻璃的空气层厚度一般为 6~24 mm,以 12~16 mm 居多。要减小气体传热,还可用相对分子质量较大的气体(如惰性气体:氩气、氪气、氙气等)来代替空气,但即便如此,气体传热仍占据主导地位。

支撑物的存在使真空玻璃中心部位的传热是非均匀分布的。真空玻璃的热量流动方式如图 1.4 所示。

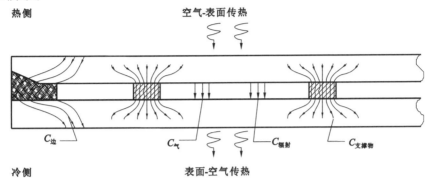

图 1.4 真空玻璃传热示意图

玻璃中心部位的实际热导可用式(1.1)表示:

$$C_{真空} = C_{辐射} + C_{支撑物} + C_{气} = C'_{真空} + C_{气} \tag{1.1}$$

式中,$C_{辐射}$ 是辐射热导;$C_{支撑物}$ 是支撑物热导;$C_{气}$ 是真空层内残余气体的热导。

$C'_{真空} = C_{辐射} + C_{支撑物}$ 是真空玻璃中心部位热导的理想值,当材料和温度确定以后,它们都有确定值,可以视为常数。真空玻璃产品实测热导值的波动,很大程度上是由 $C_{气}$ 值的波动引起的,而影响 $C_{气}$ 值的最主要因素就是真空层内残余气体的量,或者说是真空层内的气压。所以,可以通过测量 $C_{气}$ 来推算出真空玻璃内部的气压。

1999 年 12 月,清华大学付承诵等人对真空玻璃的传热特性用红外热像仪进行了测量,测量装置如图 1.5 所示。

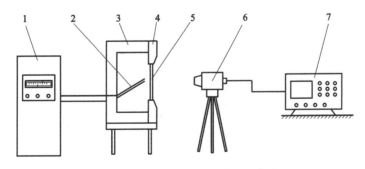

图 1.5 红外热像仪测量装置示意图

1—温度控制器;2—热电偶;3—保温箱;4—保温箱盖;5—真空玻璃;6—热像仪镜头;7—热像仪控制器

本试验在恒温箱体内模拟 60 ℃的环境温度下,采用红外热像仪对三种不同类型的真空玻璃,包括真空玻璃不镀膜(简称 N-N)、真空玻璃单层镀膜(简称 K-N)及真空玻璃双层镀膜(简称 K-K)对室温面的温度场进行了测量,数据见表 1.2。得到三种真空玻璃在室温面上的温度分布图(图 1.6)和温度场的彩色热像图(图 1.7)。对上述三种真空玻璃的保温性能进行了对比。试验结果表明,镀膜的真空玻璃的保温效果远好于不镀膜的真空玻璃,即"双层镀膜"优于"单层镀膜","单层镀膜"优于"不镀膜"。

温差 $\Delta T=(60-20)\,℃=40\,℃$ 时真空玻璃从边缘至中心的温度测量数据见表 1.2，图 1.6 为相应的温度分布曲线。

表 1.2 温差为 40 ℃ 时真空玻璃从边缘至中心的温度测量数据

测点	N-N 各测点温度(℃)	K-N 各测点温度(℃)	K-K 各测点温度(℃)
1	45	39.84	27.26
2	—	36.20	25.94
3	42.47	32.17	23.96
4	39.35	29.44	20.88
5	38.57	26.19	18.68

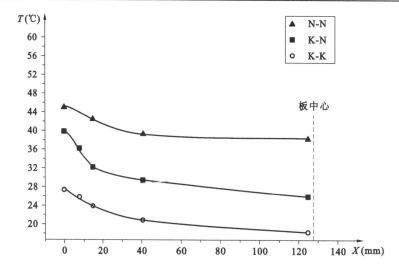

图 1.6 温差为 40 ℃ 时三种真空玻璃从边缘至中心的温度分布曲线

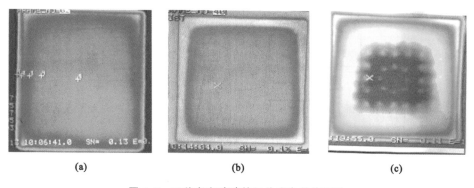

(a) (b) (c)

图 1.7 三种真空玻璃的红外彩色热像图片

(a) N-N 250 mm×250 mm，恒温腔 60 ℃，室温 23 ℃，室内侧样品中心 38.57 ℃；

(b) K-N 250 mm×250 mm，恒温腔 60 ℃，室温 20 ℃，室内侧样品中心 26.19 ℃；

(c) K-K 250 mm×250 mm，恒温腔 60 ℃，室温 18 ℃，室内侧样品中心 18.68 ℃

三种真空玻璃的红外彩色热像图片见图 1.7，用不同颜色显示了温度的分布。由图 1.7 可以看出：

（1）在恒温箱内温度和室温的温差下，其室温一侧表面的温度 N-N 最高，K-N 其次，K-K最低。这说明镀膜可以大幅度提高真空玻璃的保温性能。

（2）每块真空玻璃的表面温度均是：边缘高，中心低。这是因为真空玻璃的边缘密封部分无真空层，故其热传导远大于中心区。

（3）由图 1.7(c)可以看出，支撑物的局部区域温度较高，这是由于支撑物的直接热传导造成的。

（4）用红外热成像技术测量真空玻璃表面温度分布，在测量方法上具有非接触式、全场性的突出优点，且其数据采集和处理的自动化程度比较高。它为更全面深入地定量分析和研究真空玻璃这种新产品的隔热性能提供了一种重要的测量手段和科学实验依据。

从图 1.7(c)K-K 真空玻璃的图片可以看到，支撑物所在位置的温度高于其周边的温度，在 1993 年悉尼大学用冷箱拍摄的高分辨率图像（图 1.8）上，这一特点更为明显。

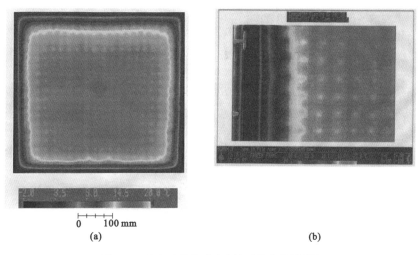

图 1.8　真空玻璃热成像图（悉尼大学拍摄）
（a）全图；（b）边部截图

1.2　真空玻璃的综合性能优势

真空玻璃是新兴的高科技节能产品，其制造工艺复杂，应用于节能要求很高的建筑。而中空玻璃为大众所知，发展至今已有 50 多年的历史，技术相对较成熟，其窗框等配套设施也较完善，应用于节能要求一般或较高的建筑。本节以中空玻璃和真空玻璃性能比较的方式来介绍真空玻璃综合性能优势。

1.2.1　传热系数小

1.传热系数的定义及计算方法

传热系数[2]定义：两侧环境温度差为 1 K（1 ℃）时，在单位时间内通过单位面积传递的热量。在我国,传热系数的法定计量单位为 $W \cdot m^{-2} \cdot K^{-1}$,简称 U 值或 K 值,本书简称 U 值。

　　传热系数一般指在没有太阳辐射条件下的冬季传热系数。同时,应当指出,对于门窗、幕墙玻璃而言,玻璃的传热系数通常均是指其中心区域(不包括边缘区域)的传热系数。因为边缘的传热与窗框和幕墙框架所用材料有关,同一种玻璃装入不同材质、不同尺寸的框材中,整窗或幕墙的传热系数是不同的,因此为了参数的可比性,只标明玻璃中心区域的 U 值。包含边缘传热的整窗或幕墙 U 值计算,将在第 7 章第 7.2 节中介绍。

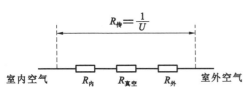

图 1.9　真空玻璃传热系数构成示意图

　　真空玻璃传热系数构成如图 1.9 所示。

　　真空玻璃传热系数 U 值均可按式(1.2)或式(1.3)计算:

$$\frac{1}{U} = \frac{1}{C_内} + \frac{1}{C_{真空}} + \frac{1}{C_外} \tag{1.2}$$

或

$$\left.\begin{array}{l} \dfrac{1}{U} = R_传 = R_内 + R_{真空} + R_外 \\[2mm] U = \dfrac{1}{R_传} = \dfrac{1}{R_内 + R_{真空} + R_外} \end{array}\right\} \tag{1.3}$$

式中　$C_{真空}$——真空玻璃热导($W \cdot m^{-2} \cdot K^{-1}$);

　　　　$R_{真空}$——真空玻璃热阻($W^{-1} \cdot m^2 \cdot K$);

　　　　$C_内$——内表面换热系数($W \cdot m^{-2} \cdot K^{-1}$);

　　　　$R_内$——内表面换热阻($W^{-1} \cdot m^2 \cdot K$);

　　　　$C_外$——外表面换热系数($W \cdot m^{-2} \cdot K^{-1}$);

　　　　$R_外$——外表面换热阻($W^{-1} \cdot m^2 \cdot K$);

　　　　$R_传$——传热阻($W^{-1} \cdot m^2 \cdot K$);

　　　　U——传热系数($W \cdot m^{-2} \cdot K^{-1}$)。

　　计算传热系数时要注意各国标准不同,计算结果也略有不同。表 1.3 列出了各国对计算传热系数的边界条件规定。

表 1.3　各国标准中对传热系数边界条件的规定

标准	传热系数符号	测试条件				内表面换热系数($W \cdot m^{-2} \cdot K^{-1}$)	外表面换热系数($W \cdot m^{-2} \cdot K^{-1}$)
		室外温度(℃)	室内温度(℃)	室外气流(m/s)	室内气流(m/s)		
中国 JGJ 151—2008	$K_冬$ 或 $U_冬$	−20	20	3.0	自然对流	7.6	19.9
欧洲 EN 673—2011	U	0	20	自然对流	自然对流	7.7	25
美国 ASHEAE	$U_冬$	−17.8	21.1	6.7	自然对流	8.3	30

计算 U 值时应注意两点，一点是各国对于（$R_内 + R_外$）的规定不同：

中国：
$$\frac{1}{7.6} + \frac{1}{19.9} = 0.1818$$

欧洲：
$$\frac{1}{7.7} + \frac{1}{25} = 0.17$$

美国：
$$\frac{1}{8.3} + \frac{1}{30} = 0.1538$$

另一点需要注意的是，各国对于环境温度的规定不同，因此在计算辐射热阻时采用的温度是不同的，因而算出的辐射热阻值不同，真空玻璃热阻 R 也不同。

应该指出，上述的规定只是为了给传热系数的测量和计算制定一个统一标准，也使产品的性能表示具有可比性。实际应用时，传热系数值因时因地而异，可根据实际情况计算。

2. 真空玻璃与中空玻璃传热系数（U 值）比较

目前，能满足低 U 值外窗的玻璃主要有三玻两腔中空玻璃和真空玻璃。目前生产的在线 Low-E 玻璃（硬膜）辐射率为 $0.13 \sim 0.25$，离线 Low-E 玻璃（软膜）辐射率为 $0.02 \sim 0.13$。表 1.4 中和图 1.10 中列出了当 Low-E 玻璃辐射率为 $0.02 \sim 0.17$ 时，三玻两腔中空玻璃和真空玻璃的 U 值对比。可见，三玻两腔中空玻璃和真空玻璃的 U 值均随着玻璃辐射率降低而降低。对于三玻两腔中空玻璃，与使用一片 Low-E 玻璃相比，使用两片 Low-E 玻璃的中空玻璃 U 值降低得更明显，但使用三片 Low-E 玻璃时，U 值相差不大。所以，三玻两腔中空玻璃优选两片 Low-E 玻璃。

表 1.4 三玻两腔中空玻璃和真空玻璃 U 值随 Low-E 玻璃辐射率的变化

项目		Low-E 玻璃辐射率	0.02	0.03	0.07	0.08	0.11	0.17
	玻璃结构（外-内）							
U 值 （$W \cdot m^{-2} \cdot K^{-1}$）	三玻两腔 充氩气 中空玻璃	单 Low-E （Low-E 位于第四面） 5T+16Ar+5TL+16Ar+5T	0.97	0.98	1.04	1.05	1.09	1.15
		双 Low-E （Low-E 位于第二、五面） 5TL+16Ar+5T+16Ar+5TL	0.67	0.68	0.75	0.76	0.81	0.90
		三 Low-E （Low-E 位于第二、三、五面） 5TL+16Ar+5TL+16Ar+5TL	0.66	0.67	0.72	0.73	0.77	0.84
	真空玻璃	单 Low-E （Low-E 位于第二面） 5TL+V+5T	0.39	0.43	0.58	0.61	0.72	0.90
		双 Low-E （Low-E 位于第二、三面） 5TL+V+5TL	0.35	0.37	0.46	0.48	0.54	0.67

注：① 表中 U 值数据由 Windows 7 软件计算，按照 JGJ 151—2008 标准选取边界条件，U 值取冬季边界条件。
② 符号表示：T—半钢化或钢化玻璃；TL—半钢化或钢化镀膜玻璃；V—真空层；Ar—氩气层。

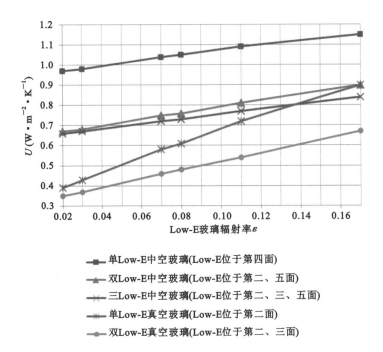

图 1.10　三玻两腔中空玻璃和真空玻璃 U 值随 Low-E 玻璃辐射率的变化曲线

对于真空玻璃,随着 Low-E 玻璃辐射率增加,使用一片或两片 Low-E 真空玻璃的 U 值相差越大。可以根据其他性能指标(如可见光透过率、太阳能得热系数等)选择 Low-E 玻璃片数。当玻璃辐射率较小时,优选单 Low-E 真空玻璃。

综合考虑,与双 Low-E 三玻两腔中空玻璃相比,单 Low-E 真空玻璃性价比更高。

图 1.11 给出了各种三玻两腔中空玻璃和真空玻璃按国家标准计算的 U 值的大致范围,可以直观地看出真空玻璃在保温性能方面的优势。

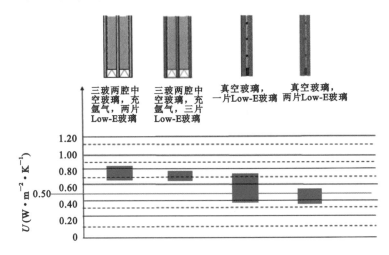

图 1.11　三玻两腔中空玻璃和真空玻璃传热系数 U 值范围对比图

注:Low-E 玻璃辐射率为 0.02～0.11。

1.2.2 隔声性能好

1.噪声特点与表示方法

（1）噪声特点

噪声的种类很多,城市噪声和人类行为息息相关,严重影响着人类的生活质量。城市噪声主要分为生活噪声、交通噪声、设备噪声和施工噪声。其中,交通噪声因其持续不断的性质对生活影响最大,但门窗和墙体可以减小这些噪声的影响。在建筑声学中,一般把200～300 Hz或以下的声音称为低频声,把500～1000 Hz的声音称为中频声,把2000～4000 Hz或以上的称为高频声[3]。人耳最为敏感的是频率为100～3150 Hz的声音。生活噪声在各个频段都有,交通噪声主要集中在中低频,包括汽车发动机的声音和轮胎摩擦路面的声音等。

（2）计权隔声量

隔声性能可以用隔声量来评价,但隔声量与频率有关,每个频率的隔声量是不相同的。通常,隔声量是在100～3150 Hz频段内的16个1/3倍频程测量,其结果是一组数值,而不是一个数值。但在实际使用时往往要比较不同材料隔声性能的优劣,用一组数值比较起来显然很不方便,所以就需要用一个单值量来评价材料的隔声性能。按我国现行的相关规范,这个量称为计权隔声量 R_w。

计权隔声量 R_w:将测得的试件空气声隔声量频率特性曲线与空气声隔声基准曲线按照规定的方法相比较而得出的单值评价量,单位为分贝(dB)。

空气声隔声基准是根据人体对不同频率声音的敏感程度制定的,其特点是对中高频隔声量要求高,对低频隔声量要求低。计权隔声量并没有考虑声源的特性,即噪声源对材料实际隔声效果的影响。为了解决这个问题,引入了频谱修正量。

粉红噪声频谱修正量 C:将计权隔声量值转换为试件隔绝粉红噪声时试件两侧空间的A计权声压级差的修正值,单位为分贝(dB)。粉红噪声是自然界最常见的噪声,简单来说,粉红噪声的频率分量功率主要分布在中低频段。瀑布声和小雨声都可被称为粉红噪声。"粉红噪声"这个名称来源于这种噪声介于白噪声($1/f_0$)与褐色噪声($1/f_2$)之间。粉红噪声是最常用于进行声学测试的声音。

交通噪声频谱修正量 C_{tr}:将计权隔声量值转换为试件隔绝交通噪声时试件两侧空间的A计权声压级差的修正值,单位为分贝(dB)。

隔声检测报告中,一般用计权隔声量 R_w 和频谱修正量来表示玻璃的隔声量。

例如:$R_w(C;C_{tr})=37(-1;-2)$ dB,表示计权隔声量为37 dB,频谱修正量分别为-1 dB和-2 dB。因为外门、外窗以"计权隔声量和交通噪声频谱修正量之和(R_w+C_{tr})"作为分级指标;内门、内窗以"计权隔声量和粉红噪声频谱修正量之和(R_w+C)"作为分级指标。因此,外门、外窗的实际隔声量 $R_w+C_{tr}=37-2=35$(dB),内门、内窗的实际隔声量 $R_w+C=37-1=36$(dB)。

2.真空玻璃隔声特点

声音的传播需要介质,无论是固体、液体还是气体都可以传声,在没有介质的真空环境下,声音是无法传播的,因此真空玻璃的真空层有效地阻止了声音的传播。然而,由于两片玻璃之间有刚性连接(支撑物),形成了声桥。第一块玻璃的振动通过支撑物传到第二块玻璃上,使第二块玻璃也随其振动,支撑物的刚性越大,其振动传递能力越强,导致隔声性能下降得也越多;而且支撑物的数量越多,声桥的影响就越明显,隔声性能下降得也就越多。真空玻璃的隔声性能正是这两方面相互影响的结果。实际真空玻璃产品的真空度已经达到10^{-2} Pa,再提高真空度对隔声性能的提高作用不大[4],必须通过减少支撑物的数量、接触面积以及改变支撑物材料来提高其隔声性能。

3. 真空玻璃与中空玻璃、夹层玻璃隔声性能比较[5]

隔声性能测试的结果表明真空玻璃隔声性能明显优于夹层玻璃和中空玻璃。不同玻璃的隔声性能主要是由结构决定的,真空玻璃的结构决定了其隔声性能优异,中空玻璃的结构导致其不利于隔绝中低频噪声。但每种玻璃都有自己的优点,将不同结构的玻璃复合在一起可以有扬长避短的效果。

国家权威检测机构的隔声性能检测结果见表1.5。隔声性能的表述需要根据其用途进行粉红噪声修正(R_w+C)或者交通噪声修正(R_w+C_{tr}),此处玻璃是用于外窗的,主要考虑其隔绝交通噪声的能力,所以取用R_w+C_{tr}值。从表1.5中的数据可以看出:真空玻璃隔声性能最高,其次是夹层玻璃,中空玻璃最低。

《民用建筑隔声设计规范》(GB 50118—2010)对各类建筑室内允许噪声等级、不同部位的隔声性能做了详细的规定:住宅建筑、学校建筑、医院建筑和办公建筑中临近交通干线的外窗隔声量(R_w+C_{tr})≥30 dB、非临近交通干线的外窗隔声量(R_w+C_{tr})≥25 dB;旅馆的特级房间(R_w+C_{tr})≥35 dB、一级房间(R_w+C_{tr})≥30 dB、二级房间(R_w+C_{tr})≥25 dB。对于单层窗而言,中空玻璃性能很难满足临街窗的要求;对于特级旅馆房间(即五星级或者五星以上宾馆),外夹层玻璃可以满足大多数外窗要求。而真空玻璃可以满足所有建筑外窗的要求,能提供更安静的生活环境。

在实际应用中,我们可以优化样品结构以获得更好的性能:比如增加玻璃的厚度,提高玻璃的面密度以适当地提高隔声性能;两片玻璃采用不同厚度以减小吻合效应的影响;增加中空层厚度;增加夹层胶片厚度;将真空、中空、夹层玻璃结构复合在一起等。

计权隔声量是对样品隔声性能进行单值评价时所用到的量,然而不同噪声源的频率是不同的,三种玻璃在不同频率上的隔声性能也存在较大差异,如图1.12所示。

真空玻璃隔声曲线的主要特点是中低频一直明显高于其他两个样品,在1250 Hz以后变低,在2500 Hz遇到吻合低谷后反弹,但仍然低于中空和夹胶结构。

真空玻璃低频段隔声量很高,这主要是因为真空玻璃的四边是刚性连接,所以较其他形式的玻璃抗变形能力强、劲度大。低频段的隔声量受劲度大小的影响,劲度越大,隔声性能越好,甚至达到了中空玻璃的两倍。如果按照中空玻璃共振低谷的计算方法,真空玻璃间隔层为0.15 mm,相比中空玻璃的9 mm,共振频率要高得多,已经完全移出中低频区,所以真空玻璃在低频没有明显的低谷,也有人称其为小空间效应。

表 1.5 类似结构真空、中空、夹层玻璃在不同频率的隔声量（dB）

项目	频　率（Hz）																					$R_w + C_{tr}$
玻璃结构	100	125	160	200	250	315	400	500	630	800	1000	1250	1600	2000	2500	3150	4000	
	真空、中空、夹层玻璃在不同频率的隔声量（dB）																	
5＋V＋5 真空玻璃	30	29	28	28	30	33	34	35	36	38	39	41	40	38	34	37	38	35
5＋9A＋5 中空玻璃	20.5	25.1	30.7	28.4	31.1	31.3	31.4	31.1	32	30.9	31.8	32.9	35.5	38.1	41.6	43.7	43.4	26
5＋0.76夹层＋5 夹层玻璃	16.3	20.7	23.3	19.7	29.6	30.5	32.7	35	34.6	34.7	34.6	34.6	37.4	37.7	39.5	40.6	39.4	32

注：数字代表玻璃和空气层厚度（mm）；V—真空层；A—空气层。

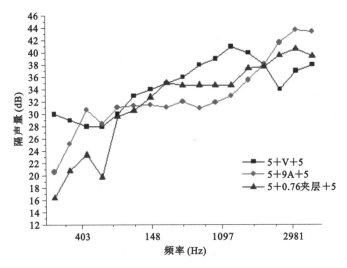

图 1.12　真空玻璃、中空玻璃、夹层玻璃隔声特点对比

　　三个样品的厚度都是 5 mm＋5 mm,共 10 mm,面密度都是约 25 kg/m² 。一般而言,玻璃在中频段受质量控制(即面密度)较明显,质量越大,隔声性能越好。本次测量的三个样品面密度相同,隔声性能不受质量效应影响。真空玻璃隔声性能具有明显的优势,主要是两方面共同作用的结果:一方面,真空层消除了声音传播的介质(即空气),几乎完全阻止了声音的传播;另一方面,由于支撑物按一定的间隔,以矩阵形式将两片玻璃间隔开的同时也将两片玻璃连在了一起,声音可以通过支撑物从一片玻璃传到另一片玻璃。两方面共同作用,结果是声桥传声的能力没有真空层隔绝声音的能力强,优势大于劣势,隔声曲线最终表现的则是良好的隔声性能。中空玻璃在这一频段受共振和质量效应的共同影响,其中共振的影响更大一些,所以中空玻璃的隔声性能在中频段一直不如真空玻璃和夹层玻璃,直到 2500 Hz 之后,中空玻璃的优势才显现出来。夹层玻璃从中频段开始表现出比较好的性能趋势,这主要是胶片对中频声波具有的较好的阻尼作用,可以有效地使声音衰减。

　　从吻合频率的一半 1250 Hz 开始,真空玻璃隔声性能呈减弱的趋势,在 2000 Hz 后低于中空玻璃和夹层玻璃,直到 2500 Hz 的低谷。夹层玻璃吻合频率处的隔声量几乎完全由阻尼值决定,由于胶片的高阻尼,夹层玻璃的吻合处隔声性能比较好,适当提高胶层厚度可提高低谷处的隔声量。在高频阶段,中空玻璃隔声性能明显优于真空玻璃和夹层玻璃。

　　总的来说,通过对比三种玻璃结构在不同频段下的隔声量测试数据,可以看出真空玻璃的隔声有如下特点:其四边刚性结构使其低频隔声性能特别突出,而真空层结构使其在中低频仍然优于中空玻璃和夹层玻璃,但其结构对隔绝高频噪声并无太大益处。

4.复合真空玻璃隔声性能

　　通常,提高玻璃隔声性能的方法是增加玻璃厚度,这种做法在玻璃本身隔声量比较低的时候是明显有效的,但对于上述隔声性能已经非常优异的真空玻璃来说,仅仅靠增加玻璃厚度是不可取的,不过可以将真空玻璃与中空玻璃或夹层玻璃复合,一方面可以提高隔声性能,另一方面也会使真空玻璃具有更多的优点。比如根据需要设计成保温隔声玻璃、遮阳隔声玻璃、安全隔声玻璃等不同特点的隔声玻璃。

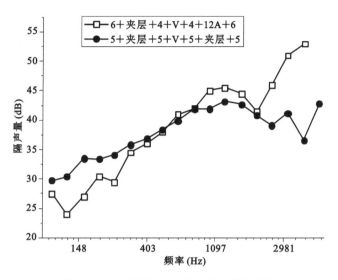

图 1.13　不同结构复合真空玻璃隔声特点

　　不同结构复合真空玻璃隔声特点曲线见图 1.13，一种为"夹层＋真空＋中空"结构(6＋夹层＋4＋V＋4＋12A＋6)，记作样品 A，玻璃总厚度为 20 mm，另一种为"夹层＋真空＋夹层"结构(5＋夹层＋5＋V＋5＋夹层＋5)，记作样品 B，玻璃总厚度也是 20 mm。这两种结构的隔声量分别是 42 dB 和 41 dB。可以看出，相比于普通真空玻璃，复合真空玻璃的隔声量有很大提高。相同厚度，不同结构的复合结构玻璃在隔声量上有所区别，但更明显的是它们在不同频段的隔声特点。中低频阶段，B 样品隔声性能明显优于 A 样品，而在高频阶段，A 样品隔声性能又优于 B 样品。根据噪声环境的特点对真空玻璃加以复合，可以在限定条件下，获得功能更丰富、隔声量更高、更具有针对性的隔声玻璃。

5. 真空玻璃隔声窗

　　窗是由窗框和玻璃组成的，整窗的隔声性能不仅取决于玻璃，还受窗框及密封性的影响。当玻璃隔声性能比较突出而窗框性能一般的时候，整窗隔声量可能会低于玻璃的隔声量。所以有很多研究者或者企业通过在窗框上做很多工作来提高整窗隔声性能，比如做成副框悬于主框中，或者在隔声的基础上实现通风。这些工作对提高整窗隔声性能有很大作用。

　　市面常见的型材主要分为断桥铝和塑钢窗(简称 PVC)，不同型材还按厚度不同加以区分。各种型材装备上复合真空玻璃后的计权隔声量测试值见表 1.6。

表 1.6　复合真空玻璃配合不同型材的隔声量测试值

玻璃结构	型材种类	隔声量(dB)
中空＋真空＋夹胶 6＋12A＋5＋V＋4＋1.14P＋5	60 断桥铝	41
	65 断桥铝	40
	65PVC	39
中空＋真空＋夹胶 6＋25A＋5＋V＋6＋0.76P＋4	86PVC	42

续表 1.6

玻璃结构	型材种类	隔声量(dB)
中空＋真空 8＋26A＋5＋V＋6	86PVC	40
中空＋真空 8＋15A＋5＋V＋6	65PVC	38

注:① 表中隔声量依据《建筑门窗空气声隔声性能分级及检测方法》(GB/T 8485—2008)检测。
　　② 数字和符号表示:数字代表材料层厚度(mm);A—空气层;V—真空层;P—夹胶层。

从表 1.6 可以看出,常规厚度 60 mm 或者 65 mm 型材中断桥铝的隔声性能更好一些,但 86PVC 型材因其"腔室"很多,隔声性能是最好的。可以看出 60 断桥铝比 65 断桥铝的隔声量要高 1 dB,这可能和夹持力有关。相同厚度的玻璃,装在 60 型材上,扣条比较紧密,夹持力大;而装在 65 型材上,主要靠密封胶固定,夹持力较小。

同时还应指出的一点是,很多窗隔声性能不好的问题并不是出在玻璃上,窗框变形导致密封不严、密封条老化等都会造成漏声,噪声将从漏声处进入室内[6]。同时窗户型材宜选择与玻璃厚度相匹配的、腔室较多的、开启扇尽量是单一的平开形式,平开上悬或者下悬因其五金件结构复杂,也容易出现漏声点。当然,对隔声性能要求高的地方是不宜选用推拉形式的窗户的,推拉窗没有良好的密封性,隔声性能大打折扣。

6. 小结

通过上述分析,真空玻璃的隔声性能优于传统的中空玻璃和夹层玻璃,尤其在低频和中频,真空玻璃的隔声性能更是突出,这个性能使得真空玻璃更适合用于临近交通干道的交通噪声比较多的房屋。

1.2.3　防结露性能好

结露就是指物体表面温度低于附近空气露点温度时表面出现冷凝水的现象。以室内温度为 20 ℃,相对湿度为 70% 为例,单 Low-E 中空玻璃和真空玻璃室内表面中心部位结露时临界室外温度见表 1.7。可见,当室外温度低于 -3 ℃时,Low-E 中空玻璃内表面就结露了;当室外温度低于 -56 ℃时,真空玻璃内表面才会出现大面积结露。

表 1.7　中空玻璃和真空玻璃结露性能比较

玻璃类型	玻璃结构外-内	Low-E 玻璃辐射率	U 值 (W·m^{-2}·K^{-1})	结露时临界室外温度
单 Low-E 中空玻璃	TL5＋9A＋T5	0.07	1.93	-3 ℃
单 Low-E 真空玻璃	TL5＋V＋T5	0.07	0.58	-56 ℃以下

注:① 计算条件:室内温度为 20 ℃,相对湿度为 70%。
　　② 符号表示:T—半钢化或钢化玻璃;TL—半钢化或钢化镀膜玻璃;A—空气层;V—真空层。

真空玻璃四周密封,内部为真空状态,其内部不存在结露的可能。此外,在室外温度较低的情况下,真空玻璃室内侧表面温度高于中空玻璃。正常情况下,真空玻璃室内侧表面温度高于露点,所以在室外温度降到很低时,真空玻璃也不会结露。

真空玻璃的边缘热导较大,当室外温度很低时,结露往往会先出现在边缘部位,如何减小边缘热导的问题将在第7章第7.2.2节讨论。

1.2.4 降低表面"冷辐射"

人在靠近冰冷的墙壁或窗户时,会产生冷的感觉,这就是人们常说的"冷辐射",实际是人体向玻璃表面的热辐射。这种辐射除使人感觉不舒服之外,对人体的伤害也较大。所以专家建议:在无阳光照射的情况下,冬季要远离过冷的墙壁或窗,睡觉时至少要离开墙壁或窗 50 cm 以上。

冬季,玻璃的保温性能越差,玻璃室内表面温度越低,对人体造成的"冷辐射"越严重。通过理论计算和实际测试得出,真空玻璃室内表面温度比室内空气温度低 2~5 ℃,在相同的环境下,远远高于其他玻璃表面温度。以室内温度为 20 ℃,室外温度为 -20 ℃ 为例,比较真空玻璃和中空玻璃表面温度,详见表 1.8。由表 1.8 可见,真空玻璃的表面温度高于高配置双 Low-E 三玻两腔中空玻璃的表面温度。

表 1.8 真空玻璃和中空玻璃表面温度比较

玻璃结构 外-内	辐射率	U 值 （W·m^{-2}·K^{-1}）	室内侧玻璃 表面温度（℃）
普通中空玻璃 T5+9A+T5	—	2.8	6.1
双 Low-E 三玻两腔中空玻璃 （Low-E 位于第二、五面） TL5+16Ar+T5+16Ar+TL5	0.03	0.68	16.7
单 Low-E 真空玻璃 T5+V+TL5	0.03	0.43	17.9
双 Low-E 真空玻璃 TL5+V+TL5	0.03	0.372	18.2

注:① 表中数据由 Windows 7 软件计算,按照 JGJ 151—2008 标准选取边界条件,U 值选取冬季边界条件。
② 符号表示:T—半钢化或钢化玻璃;TL—半钢化或钢化镀膜玻璃;V—真空层;A—空气层;Ar—氩气层。

1.2.5 放置角度对 U 值无影响

中空玻璃内部为气体,平放或斜放时,气体对流传导大大增加,U 值增加。

而真空玻璃内部为真空状态,平放或斜放时,U 值基本不变。因此,真空玻璃可应用于建筑物的斜面以及平面采光顶等部位。

复合真空玻璃和中空玻璃在垂直放置、45°放置、水平放置时 U 值的变化见表 1.9。可以看出,当玻璃由垂直安装变为水平安装时,三玻两腔中空玻璃的 U 值由 0.67 W·m^{-2}·K^{-1} 变为 0.97 W·m^{-2}·K^{-1},明显变大约 45%,而复合真空玻璃的 U 值基本上没有变化[7]。

表 1.9　真空玻璃和中空玻璃不同放置位置的 U 值对比表

玻璃结构 外-内	传热系数 U 值$(\mathrm{W} \cdot \mathrm{m}^{-2} \cdot \mathrm{K}^{-1})$		
	90°	45°	0°
中空＋真空玻璃 T5＋16A＋TL5＋V＋TL5	0.54	0.54	0.55
三玻两腔中空玻璃 TL5＋16Ar＋TL5＋12Ar＋TL5	0.67	0.81	0.97

注:① 0°即为玻璃水平放置,90°为玻璃垂直放置。
　　② 表中数据由 Windows 7 软件计算,按照 JGJ 151—2008 标准选取边界条件,U 值取冬季边界条件。
　　③ 符号表示:T—半钢化或钢化玻璃;TL—半钢化或钢化镀膜玻璃;V—真空层;A—空气层;Ar—氩气层。

1.2.6　应用地域广

我国地域辽阔,地形复杂,地势高低悬殊。从表 1.10 可见,海拔越高,气压越低。以青藏高原的平均海拔 4000 m 为例,粗略估算,青藏高原地区的气压比北京地区的气压低 25 kPa。如果在北京地区制作中空玻璃,其内部压强是一个标准大气压,运输到青藏高原后,则每平方米内外会产生 25 kPa 的压差,极易造成中空玻璃的破裂,已有实际的工程案例证实了这种情况。

表 1.10　我国不同地区海拔和气压

城市名称	海拔(m)	气压(kPa)
北京市	50	100
青海省西宁市	2300	85
西藏拉萨市	3600	76

另外,旅游数据显示,游客的高原反应往往发生在路途当中,这主要是由于路途中的压差不断变化造成的,有些地区的海拔超过 5000 m,则压差会更大。同理可知,中空玻璃在平原地区生产,运往高原地区时也存在这个问题,在高海拔地区的运输过程中,中空玻璃承受的压差会不断变化,更容易造成玻璃的胀裂。

真空玻璃由于内部为真空状态,不存在玻璃运到高原低气压地区的破裂问题,可应用于平原以及高海拔地区。从理论上讲,越是在高原地区,真空玻璃受到的压差越小,玻璃所承受的应力也就越小,安全性更高。

对于未来将会出现的高度超过数百米甚至千米的超高层建筑,选用玻璃时也会存在同样的问题。

1.2.7　寿命长

1.影响中空玻璃寿命的因素

中空玻璃周边采用丁基胶、硅酮、聚硫胶等高分子有机聚合物密封,这些材料若使用时间久了就会出现龟裂、粉化等老化现象,不但中空玻璃中充的惰性气体渗漏流失,大气中的水汽也会渗入空腔中,不仅改变了气体成分,更重要的是使含银的 Low-E 膜氧化失效,使 U 值不断降低,甚至使膜层变色而破坏了玻璃的透明度,而且在寒冷季节出现内外结霜、结露的现象。调查发现,水蒸气渗透造成中空玻璃的失效占总失效的 63%[8]。况且,中空玻璃在环境冷热变化或受太阳辐照时由于腔体内气体的热胀冷缩而发生图 1.14 所示的形变,加上风压及温差等自然因素造成的形变,这些有机材料更容易产生开裂漏气等影响使用寿命的问题。

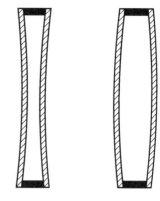

图 1.14 中空玻璃空腔中气体热胀冷缩造成的形变

以上各种因素导致中空玻璃的保质期一般只有 10 年,选材不严、工艺不佳的产品更是达不到 10 年,关于此类产品外观看不出变化而保温性能已下降的情况更是在所难免。

2. 如何确保真空玻璃的"真空寿命"

与中空玻璃不同,真空玻璃必须是全无机"真空材料"制成的,和过去已经进入千家万户的暖水瓶、真空杯、白炽灯泡、电视显像管、太阳能集热管等一样被称为"真空器件",其真空度必须始终低于 10^{-1} Pa,否则就像漏气的暖水瓶一样失去保温性,成为"负压中空玻璃"[9],所以保持真空玻璃的"真空寿命"极为重要。真空玻璃的真空寿命由下列条件保证:

(1) 真空玻璃组成材料上的保证

构成真空玻璃的上下片玻璃、封边材料、支撑物、吸气剂等真空腔体材料以及封接材料和内置材料都必须是经严格选择的"真空材料",真空玻璃所选用的钠钙玻璃、不锈钢、封边材料就是很好的真空材料,现分述如下:

① 浮法玻璃(建筑玻璃)

这部分主要从玻璃的渗透性与玻璃材料的放气两方面来论述。

a. 玻璃的渗透性

气体对玻璃的渗透以分子态进行,渗透过程与气体分子的大小和玻璃内部的微孔大小有关。制作真空玻璃的浮法玻璃由于其中的碱性氧化物(Na_2O、K_2O、CaO 等)在向 Si—O 骨架贡献了氧原子后,即以正离子的形式处于 Si—O 网格中,阻塞了分子的渗透孔道,所以空气中只有直径最小的氦(He)分子有微量渗透。因此,He 渗透对常温下使用的真空玻璃性能的影响可以忽略。

b. 玻璃的放气

玻璃材料在高温与光照下,表面会释放出气体,放气量与玻璃的烘烤排气温度有关,悉尼大学真空玻璃研究组就真空玻璃在高温与光照下的气体释放进行了深入研究[10]。采用高温排气的方式,可以大大降低玻璃的放气量。

② 封边材料

真空玻璃所选用的封边材料——玻璃焊料(solder glass)是广泛应用于电子显像管、

真空荧光显示屏、等离子显示屏等电真空器件的封接材料,熔封后形成玻璃态,对于金属-玻璃封边制成的真空玻璃,其封边材料也是电真空器件所用的真空封边材料。它们本身的气体渗透率和放气率都很低,理论与长期的应用实践证明它们具有非常优异的真空封接性能。

③ 支撑物

真空玻璃支撑物的材料采用的是不锈钢,不锈钢是真空器件最常用的材料,具有非常好的真空性能。经过真空烘烤 3～5 h(300～450 ℃)不锈钢的常温出气速率为每小时 10^{-9}～10^{-10} 量级,10 h 为 10^{-10}～10^{-11} 量级,并且长期出气速率的趋势是逐渐降低的。

(2)工艺的保证

① 支撑物处理

对支撑物进行超声清洗及脱脂处理,封口之前经过约 1 h、350 ℃左右的真空脱气。这样的处理过程可以大大降低其出气速率。

② 高温烘烤除气工艺

真空玻璃在制作过程中会经过约 350 ℃、一个多小时的烘烤排气。前面玻璃放气部分的论述,可以证明高温排气能大大降低玻璃在使用过程中的放气量。

(3)吸气剂的应用

对经过高温烘烤排气的真空玻璃样片进行长时间的曝晒试验,经测量后发现有一部分真空玻璃的热导值仍有一定幅度的升高。这说明在高温下烘烤排气并不能完全保证真空玻璃的寿命,必须在真空玻璃中放置吸气剂来提高并维持真空玻璃的真空度,从而延长真空玻璃的使用寿命[11]。

吸气剂也叫消气剂,在电真空器件和真空科技领域它是指一种能吸收气体的材料。其主要作用是:在短时间内提高真空空间的真空度,并在长时间内维持所要求的真空度。

经过科学的计算和试验得到每平方米真空玻璃内腔 50 年的放气量 $Q_放$,再根据吸气剂的性能选择吸气剂的种类、尺寸和含量,算出 50 年的吸气量 $Q_吸$,确保 $Q_吸 \gg Q_放$,则可保证真空玻璃 50 年的真空寿命。有关吸气剂问题本书第 2、3 章还会作进一步讨论。

为了研究真空玻璃的真空寿命,试验中制作了大量的样片,长年置于室外进行曝晒,并定期测量真空玻璃的热导。图 1.15 为典型样片的长期热导变化情况。

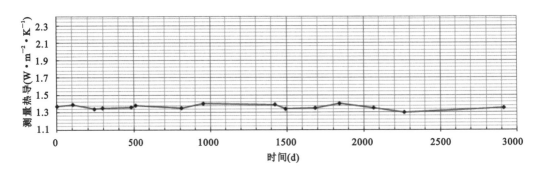

图 1.15　真空玻璃热导随时间的变化曲线

由图 1.15 曲线可知,经过 8 年多(3000 d)的气候循环变化,含有吸气剂样片的热导值始终在理论值 5% 上下波动,其中包括仪器测量误差在内的变化。由此可见,真空玻璃保温性能十分稳定。

实际测量证明,只要严格选材,工艺精益求精,真空玻璃的真空寿命是可以达到 50 年的。

3. 如何确保真空玻璃的"力学寿命"

中空玻璃在制作压合时会产生应力,在受到温差、风压、振动时还会产生附加应力,严重时会受力破裂,制作中空玻璃的原片钢化玻璃和夹胶玻璃本身也有各种应力,破坏性应力也会造成"自爆"式破裂,所以中空玻璃有"力学寿命"的问题。

真空玻璃由于必须有支撑物,在真空状态下又受到大气压的作用,产生了复杂的应力分布,如果支撑物设计不当或工艺处理不当,表面或边缘破坏性拉应力超标,就会在上述与中空玻璃同样的各种外部条件下破裂。所以,制造真空玻璃必须有良好的设计和工艺来确保其"力学寿命"与"真空寿命"匹配。这是可以做到的,有关内容将在第 5 章作进一步论述。

1.2.8 抗风压性能好

在日本板硝子公司产品手册中,曾给出了普通真空玻璃抗风压设计时采用的风压、玻璃使用面积与厚度之间的经验关系,如式(1.4)所示:

$$P = \frac{300\alpha}{A}\left(t - \frac{t^2}{4}\right) \tag{1.4}$$

式中　P——允许风压(Pa);

　　　α——玻璃品种系数;

　　　A——使用面积(m^2);

　　　t——玻璃总厚度(m)。

真空玻璃与普通浮法玻璃的 α 取值相同,均为 0.8。

玻璃的允许荷载 $= P \times A$,单位为 N,见表 1.11。

表 1.11　玻璃的允许荷载

玻璃品种	玻璃结构(外-内)	允许荷载(N)
真空玻璃	N3(L3)+V+N3	3600
	N4(L4)+V+N4	5760
	N5(L5)+V+N5	8400
中空玻璃	N3+A+N3	2363
浮法玻璃	N3	1575
	N5	3375

注:N—普通玻璃;L—普通镀膜玻璃;V—真空层;A—空气层。

日本板硝子公司对此计算作了说明:风压试验中,可以认为真空玻璃的抗风压性能与组成该真空玻璃的两原片玻璃相加厚度等同的单片浮法玻璃的抗风压性能相同,但考虑到制造过程中强度降低,为安全起见,设计时可以取表中数值。

在玻璃允许荷载条件下,不同的设计风压(P值)对应着玻璃可以使用的最大面积。

对于组合真空玻璃的抗风压性能,可以把真空玻璃看成是普通浮法玻璃,例如把结构为N3+V+N3 的真空玻璃抗风压性能等同于 6 mm 普通浮法玻璃,N4(L4)+V+N4 等同于 8 mm 厚普通浮法玻璃,其他部分按照国内中空玻璃和夹层玻璃的计算方法进行考虑。真空玻璃抗风压强度测试结果见表 1.12。

表 1.12 半钢化真空玻璃的抗风压强度

样片类别及结构		尺寸(mm)	破坏风压	正压挠度 (Pa/mm)	负压挠度 (Pa/mm)
半钢化 真空玻璃	T5+V+T5	1500×850	6000 Pa 无破碎	2000/2.22	-2000/-2.26
	T5+V+T5	1500×850	6000 Pa 无破碎	2000/2.26	-2000/-2.26
普通 真空玻璃	N4+V+N5	1500×1000	3916	2000/4.57	-2000/-4.57
	N4+V+N4	1500×1000	4596	—	—
	N4+V+N4	1500×1000	3880	—	—

注:T—半钢化玻璃;N—普通玻璃;V—真空层。

表 1.11 和表 1.12 中的数据说明,真空玻璃的允许荷载及抗风压强度明显高于同样厚度的两片玻璃构成的中空玻璃,这也是真空玻璃的一大优势。

但由于支撑物的存在,真空玻璃的抗冲击性能不如中空玻璃。有关真空玻璃力学性能的全面分析将在本书第 5 章进行详细论述。

如何扬长避短,充分发挥真空玻璃的上述多方面综合性能优势,将在本书第 7 章进行详细论述。

1.3 真空玻璃的发展历史

迄今为止,真空玻璃大致经过了三个发展阶段:

第一阶段,从 19 世纪末期发明保温瓶至 20 世纪 80 年代第一次世界能源危机时期,将近百年的启蒙阶段。

第二阶段,从 20 世纪 80 年代开始进入实验室研发至 20 世纪末日本建成真空玻璃试生产线,大约 10 年的产业化突破阶段。

第三阶段,从 20 世纪末至今约 20 年的真空玻璃产业化发展阶段。

1.3.1 真空玻璃的启蒙阶段

自从 1893 年 Sir James Dewar(杜瓦爵士)[12]发明保温瓶后,"真空保温瓶"逐渐进入千家万户,在金属或玻璃制的真空杯中即使盛上刚烧开的水,握在手里也不会烫手,说明"热传不出来"。反之,杯中放入冰水也不会感觉冻手,说明手上的"热传不进去"。人们在日常生活中就可感受到真空保温的威力。

图 1.16(a)所示的保温瓶夹层被抽成真空,杜绝了气体传热,内表面又镀有银膜或铝膜,使表面辐射率从原玻璃表面的 0.84 降到 0.04 左右,使两内表面之间的辐射传热极小,从而达到最佳保温效果,而且辐射热导的大小与间距无关,因此真空层可以做得很薄,如 0.1~0.5 mm。

把图 1.16(a)所示的保温瓶"展平",就成为图 1.16(b)所示的真空平板。由于从具有抗压抗变形性的圆柱形和球形变成平面,必须加支撑物点阵来承受大气压力,以保持真空间隙。

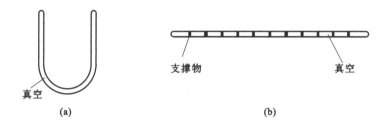

图 1.16　从真空保温瓶到真空平板的变化

(a) 保温瓶;(b) 真空平板

圆柱形、球形→平板;真空夹层→有支撑物点阵的真空层

不透明银膜、铝膜→透明 Low-E 膜

借鉴真空保温瓶技术,1913 年 A. Zoller 等人首次申请了真空平板玻璃专利[13],此专利中关于真空玻璃结构的几种设想见图 1.17。

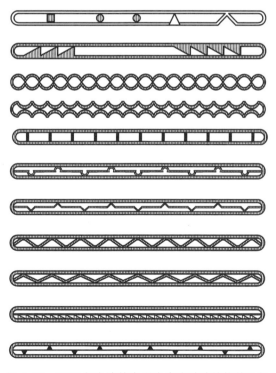

图 1.17　1913 年申请的专利中真空玻璃结构的设想

在此之后的数十年中不断有新的发明和专利申请,例如 1919 年申请的美国专利"绝热平板"[14]和 1947 年申请的专利"绝热平板玻璃及其制造方法"[15]等,都对真空玻璃的结构和制造方法进行了很多有益的探索。当然,设想和实践之间还有巨大的鸿沟要逾越。近百年来是什么阻碍着科学家的梦想成真呢? 除了当时的生产力发展水平和社会需求的客观条件外,还存在一些关键技术和材料有待突破,不突破这些难题,就不可能实现真空玻璃的产业化。

(1) 难题之一是玻璃原片必须非常平整且自身应力很小,这一问题在 1960 年浮法玻璃技术出现后解决了。

真空玻璃要得到低传热系数,还必须使用 Low-E 玻璃,Low-E 膜必须耐高温(大约500 ℃)且能保持低辐射率,这种 Low-E 膜在 1973 年第一次能源危机后有了突破性进展,近年来已达到辐射率不大于 0.05 的水平。

(2) 难题之二是支撑物的制造和布放。

从保温瓶变为平板,支撑物(Pillar)是科学家欲避无方的"缺陷",有人比喻为人脸上的雀斑,为尽可能减小"雀斑",支撑物的直径和高度要尽可能小,如同电视屏幕上的"像素"一样,使肉眼在明视距离(约 25 cm)以外从不同角度都难以"分辨"。比如目前国内外生产的真空玻璃中的支撑物直径为 0.3～0.6 mm,人在 1 m 距离观看时,如图 1.18 所示,人眼的视角小于 0.04°,远小于人眼可分辨的视角 0.1°～1°,所以在透过玻璃观景时就感觉不出支撑物的影响了。

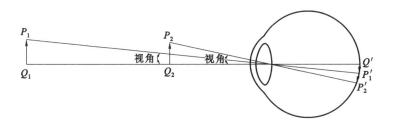

图 1.18　人眼的视角示意图

支撑物的尺寸和布放间距还必须考虑以下因素:

① 普通玻璃在大气压作用下玻璃外表面的拉应力应小于 4 MPa(国际标准允许永久拉应力上限 8 MPa 的 1/2)。玻璃在支撑物压力下不应产生锥形碎裂。

② 支撑物阵列的热导不得超过允许值(真空玻璃支撑物热导约为 0.5 W·m^{-2}·K^{-1})。因此,普通真空玻璃支撑物阵列的设计参数应在图 1.19 所示的斜线范围内选择。

当支撑物半径为 a,间距为 λ 时,每个支撑物承受的压强 $P = \lambda^2 P_{大气}/(\pi a^2)$。

例如,当选取 $a = 0.15$ mm,$\lambda = 25$ mm 时,由上式可算出 $P = 900$ MPa,因此制作支撑物应选抗压强度大于 900 MPa,且加热至 500 ℃时不会退火变软和氧化的耐热高强度材料,一般以金属、合金、陶瓷为宜。

另外,把这些材料加工成形状规整且表面光洁的小圆片、小圆环也有一定难度。在解决加工问题后,布放又是一个难题中的难题。

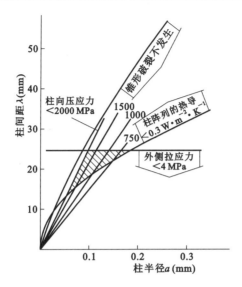

图 1.19　悉尼大学专利中给出的普通真空玻璃支撑物参数设计原理图

以 4 mm 厚玻璃为例,对于普通真空玻璃,设计支撑物半径 0.3 mm,间距 25 mm,这就要在 1 m² 玻璃上布放 1600 个支撑物构成点方阵。要在玻璃上准确摆放,要求一个不漏、一个不多,更不允许重叠,而且要几分钟布放一平方米,如何做到准确布放和检测,是一项急需解决的难题。

(3) 难题之三是生产过程中的应力控制问题。

真空玻璃的应力分布比较复杂,本书第 5 章进行了详细分析,例如真空玻璃外表面破坏性拉应力主要集中在边缘结合部和支撑物上方,如图 1.20(b)所示的阴影区域。如果生产时支撑物压缩形变或边缘间隙过大,都会造成表面拉应力超过前述的控制值 4 MPa,影响玻璃的强度和寿命。

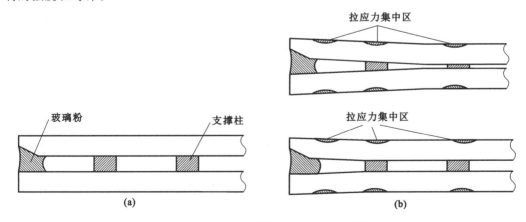

图 1.20　真空玻璃外表面拉应力示意图
(a)抽真空前;(b)抽真空后

在上述支撑物有关工艺技术都解决的基础上,如何在真空玻璃封边成型和高温排气及封离等工艺过程中确保表面应力始终控制在允许范围内,又是另外一个难题。

（4）难题之四是真空的获取和保持。

真空玻璃的特点是其真空层厚度仅为 0.1～0.3 mm，每平方米真空玻璃的真空腔体体积约为 100 cm³，相当于半径 2.9 cm 的小球的体积，但其玻璃内表面积却大于 2 m²，比上述小球表面积约大 200 倍。如何最佳地利用现有的真空排气技术和设备使玻璃表层和深层所含的各种气体排出，达到优于 10⁻¹ Pa 的真空度，并合理地选用吸气剂材料及工艺保持此真空度达到数十年的真空寿命，这是又一项挑战。

（5）难题之五是热导和应力精密测量。

目前，我国单 Low-E 真空玻璃的辐射热导已低至约 0.5 W·m⁻²·K⁻¹，支撑物热导也与此相近，今后此值还会降低。对于如此低热导的测量已属精密热测量范围，本身已相当难。现有的各种测量手段每测一块样片相当费时费工，更何况目前真空玻璃生产时要求对每一块产品实施在线检测，这就必须在研发精密热导测量仪的同时，再研发一种小型快速精密热导自动测量仪。这方面已有不少进展，但还有大量工作要做。

对真空玻璃表面应力的测量，更是一个至今尚未解决的难题。

（6）难题之六是钢化或半钢化真空玻璃的研制。

由于种种原因，很难把制成的真空玻璃进行钢化或半钢化处理。用两片钢化玻璃合成真空玻璃则遇到钢化玻璃受热退火的问题。图 1.21 所示是日本板硝子公司提供的 4.6 mm 厚钢化玻璃的退火特性曲线，由图可见，如果加热时间为 0.5～1 h，只有加热温度在 350 ℃以下才可能保留 80% 以上钢化度。而目前用于真空玻璃封接的玻璃焊料的工作温度都在

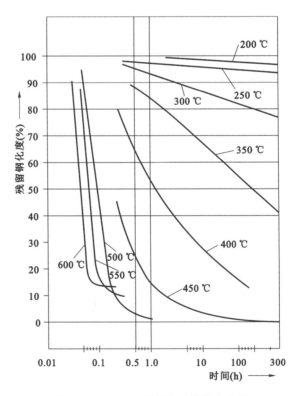

图 1.21　4.6 mm 厚钢化玻璃退火曲线

380 ℃以上,所以研制出低于 350 ℃工作温度且成本可接受的焊料就成为制作钢化真空玻璃的关键。一旦此难题解决,将是真空玻璃技术的一大飞跃。

(7) 难题之七是如何制作夹层真空玻璃。

解决真空玻璃安全性除制作钢化真空玻璃外,另一途径是在真空玻璃外侧制作夹层(夹胶),称为夹层真空玻璃,其结构如图 1.22 所示。

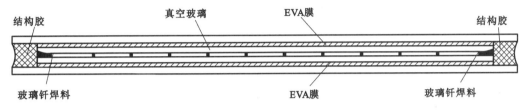

结构胶　　　　真空玻璃　　　　EVA膜　　　　结构胶

玻璃钎焊料　　　　　　EVA膜　　　　玻璃钎焊料

图 1.22　夹层真空玻璃示意图

通常,夹层玻璃制造有两种工艺。一种是使用 PVB(聚乙烯醇缩丁醛)膜,通过预压工序,最终在 130 ℃左右、12 kg/cm² 压力作用下成型的方法。由于真空玻璃是通过微小支撑物支撑起两片玻璃,两片玻璃中间具有真空层的结构,该结构使玻璃承受了一个大气压力(约 1 kg/cm²)的作用,如果采用 PVB 膜成型工艺,等于在玻璃上施加了 12 kg/cm² 的压力,真空玻璃在如此高的压力下将会被压碎,所以用 PVB 高压成型法合成夹层真空玻璃是困难的,一些企业已经成功试验低压成型的方法。另一种是使用 EVA(乙烯-醋酸乙烯共聚物,也称 EN)膜采用真空一步法成型工艺制成。该种方法由于作用在玻璃上的力始终是一个大气压力,因此真空玻璃不会被破坏。这种结构已通过权威机构安全性能检测并用于一些建筑物上,但还有一些技术问题有待解决,在研制性能更优良的夹层真空玻璃方面还有大量工作要做。

(8) 难题之八是研制无铅玻璃焊料。

与电视显像管和 PDP(等离子显示屏)一样,真空玻璃所用的封边材料是含铅的低熔点玻璃焊料,虽然用量很少,被密封于玻璃真空层中,又被窗框及密封胶遮挡,人接触不到,但也不符合环保原则,应该尽早解决这个问题。一个解决方法是研制无铅焊料,这早已是全世界玻璃焊料科技工作者关注的焦点课题之一。这方面已初显曙光,已有多家国内外企业正在抓紧研制,因此使用无铅焊料应是指日可待。另一个解决方法是采用其他材料与玻璃封接,如金属-玻璃封接等,国内外都有相关报道和专利申请,已有企业正在建设相应的生产试验线,期待能够成功。

综上所述,真空玻璃是集材料技术、真空技术、玻璃深加工技术、精密机械加工技术、工业自动化技术、精密测量技术于一身的综合性高新技术产品,其产业化是一项高科技系统工程。

1.3.2　从实验室到产业化的突破阶段

1973 年第一次中东战争引发了人们对"能源危机"的忧虑,从而引起了 20 世纪 70 年代中期对节能的世界性研讨。当时的研究发现,因门窗隔热不良而损失的能量约占全美国总能耗的 3%,而在瑞典,此数值高达 7%[16]。此后,美国开始研发和推广中空玻璃,并把玻璃窗的隔热标准提高了一倍,从而推动了隔热窗的研发和生产。

当时美国人把传热系数小于 1 W·m^{-2}·K^{-1} 的高性能窗称为"Superwindows",即"超级窗"[17]。由此就产生了把 Low-E 膜和充气技术用于多层玻璃组合成"超级玻璃"的设计,同时必须相应地设计出高隔热窗框[18]。

当时设计的超级玻璃一般由三层玻璃组成,包括两个气体隔层,最佳间隔经研究为 9～20 mm,美国加州大学洛仑兹伯克利国家实验室(LBNL)曾设计出薄形双中空玻璃[19],结构如图 1.23 所示,双侧为厚 2.75 mm 的玻璃板,中间一片是厚 1.5 mm 的玻璃板,两个气体间隔各为 9 mm,内充 98%氩气、2%空气,玻璃板的四个内表面镀有辐射率为 0.05 的 Low-E 膜。根据美国 ASHRAE 标准用 Windows 2 计算出的中心区域传热系数可达 0.63 W·m^{-2}·K^{-1}。此"超级玻璃"的厚度为 25 mm,在同类设计中是最薄的,但当时的技术水平可能较难提供辐射率如此低而且性能稳定的 Low-E 膜,其抗风压强度也很低,应用范围有限,但此设计可被视为"超级玻璃"的一个范例。

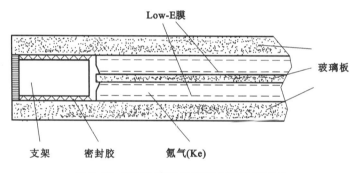

图 1.23 LBNL 高性能双中空玻璃剖面图

实用化的"超级玻璃"产品受到许多国家政府鼓励,如瑞典国家能源局(STEM)在 1991年就开始实施对厂商的奖励政策,鼓励厂商开发高性能中空玻璃窗以取代瑞典常规的三层窗(Triple Glazed Windows)。要求产品达到如下指标:传热系数≤1 W·m^{-2}·K^{-1};玻璃面积至少占总面积的 65%;隔声性能尽可能好;可见光透过率不低于 63%;质量尽可能小;保修期至少 10 年;寿命至少 30 年;窗框厚度≤140 mm。

后来有五家供应商获奖,全都是"双中空玻璃"设计,如表 1.13 所示。

表 1.13 五种双中空窗的技术指标

供应商	传热系数 (W·m^{-2}·K^{-1})	玻璃面积百分比(%)	隔声量 R_w(dB)	可见光透过率(%)	质量 (kg)	保修期 10 年	寿命 30 年	窗框厚度 (mm)
Elitfonster	0.98	65	33	66	45	√	√	105
Snidex	1.0	67	45	63	52	√	√	120～135
Terna Fonster	1.0	69	41	63	52	√	√	130
Overums Fonsterfabrik	0.98	65	40～41	65	51	√	√	105
Nor-Dan	0.98	66	41～43	65	52	√	√	129

表1.13中没有提供每种产品的具体技术细节,即三块玻璃的厚度、Low-E膜的特性及分布、所充气体的成分等,但可以看出窗框都相当厚,以欧洲标准计算,传热系数都接近 $1 \mathrm{~W} \cdot \mathrm{m}^{-2} \cdot \mathrm{K}^{-1}$,说明要真正做到传热系数小于 $1 \mathrm{~W} \cdot \mathrm{m}^{-2} \cdot \mathrm{K}^{-1}$ 还有相当大的难度。成本高可能也是一个重要因素。

在研究中空玻璃的同时,研究人员也对真空玻璃开始进行研究。真空玻璃不但可以解决中空玻璃越来越厚重的难题,而且它有更优良的保温性能,所以在1973年之后,出现了若干真空玻璃的发明和专利申请。其中特别要提出的是E. Bachli 在1986年申请的专利"绝热建筑和光电组件"[20]中首次提出真空玻璃金属弹性封边的多种构想,如图1.24所示。用焊料将金属箔片制成的弹性构件与玻璃进行金属-玻璃焊,抽真空后用封口片和保护罩进行密封。

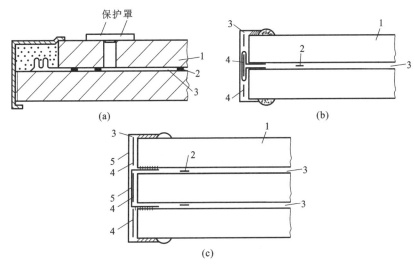

图 1.24　E. Bachli 金属弹性封边的构想

(a) 构想一;(b) 构想二;(c) 构想三

1—两片或三片玻璃;2—支撑物;3—真空层;4—吸气剂;5—金属箔片制成的弹性构件

E. Bachli 也提出了球形和圆片状金属支撑物的布放方法,他设计的直接用冲头从金属箔冲放支撑物的设想见图1.25。真空玻璃是应用科学,要解决各种难题,只有理论和设想是不够的,必须通过试验来验证各种设想,先做出实验室成果,再进行产业化推广应用。

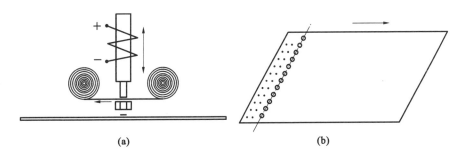

图 1.25　E. Bachli 提出的金属支撑物布放的构想

(a) 构想一;(b) 构想二

这一阶段具有历史意义的大事有三件：

1. D. K. Benson 开启真空玻璃实验室阶段

面对各种难题,科学家们并没有放弃,各种专利申请不断,但真正想通过试验实现真空玻璃产业化的是位于科罗拉多州的美国能源部太阳能研究所的 D. K. Benson。在美国能源部支持下,他在 1984—1990 年期间进行了相当规模的试验研究工作,建立了以激光扫描封边为特点的大型高温真空排气炉系统,也申请了专利[21]。

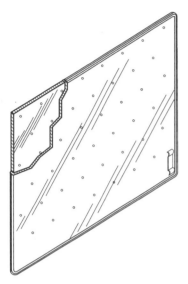

图 1.26　D. K. Benson 申请的专利中真空玻璃示意图

D. K. Benson 领导的研究小组设计的真空玻璃如图 1.26所示,真空玻璃的支撑物用玻璃微珠呈方阵式布放在两片玻璃之间,合片后半成品放入图 1.27 所示的真空炉中加热排气达到一定真空度要求,再用二氧化碳激光束扫描熔封其边缘,直接制成无排气口真空玻璃。图 1.27 所示的能制作 1 m×1 m 大样品的真空加热炉配有精密的激光自动扫描装置。试验未能成功的原因估计首先是高温激光束在真空中熔烧玻璃时会产生大量气泡,不仅破坏了真空也无法得到良好的封边。其次,玻璃微珠不仅难以布放,也达不到必要的抗压强度。不过,这是全球首个用真空炉制作真空玻璃的大胆尝试。

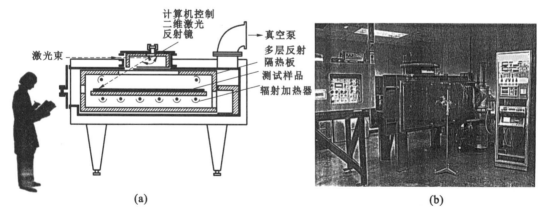

(a)　　　　　　　　　　　　　　　**(b)**

图 1.27　美国能源部太阳能研究所真空玻璃实验设备

(a) 设备示意图；(b) 设备实物图

2. R. E. Collins 知难而上

1990 年,D. K. Benson 的研究中断并做了总结报告[22]。虽然未能取得满意成果,但此项工作却引起悉尼大学物理学院 R. E. Collins 的强烈兴趣,他和研究生于 1989 年申请了一项专利[23],并开始了初步的试验研究。

　　为了实现真空玻璃的产业化,必须解决制作真空玻璃的结构、材料和工艺问题。悉尼大学研究小组做了大量试验工作,其成果集中体现在其专利和"技术诀窍"中。如图 1.28 所示,专利中一种真空玻璃采用两片尺寸相同的玻璃 1、2 的"平"封边形式,封边材料 3 是低熔点玻璃焊料。抽真空的排气口设于角部,由插入两片玻璃边部的玻璃管 4 经低熔点玻璃焊料熔封而成,抽真空排气后加热封离玻璃管,吸气剂 5 置于玻璃槽内。此结构明显是参考了电视显像管 CRT 玻壳和锥体的焊接和排气封离方式。

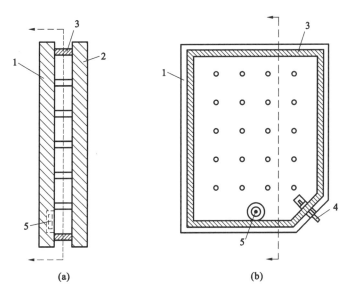

图 1.28　专利[23]中的封边封口方式

(a) 侧视图;(b) 俯视图

1,2—尺寸相同的玻璃;3—低熔点玻璃焊料;4—玻璃管;5—吸气剂

　　该专利中的支撑物的材料是在低熔点玻璃粉加调和剂混合的浆料中加入玻璃或金属微珠,然后用丝网印刷或用点胶机印在玻璃上加热成型,如图 1.29 所示。

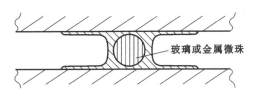

玻璃或金属微珠

图 1.29　专利[23]中的支撑物成型图

　　此专利中还包含多种玻璃管排气口设计方案,如图 1.30、图 1.31 所示。

　　专利[23]中的"片"封口方案及"真空杯"排气方案见图 1.32。

　　1990 年之前,R. E. Collins 和他的研究生在这些设计基础上做了一些尺寸为 100～200 mm 的小样品,由于此专利中各种排气口设计工艺较复杂,且一旦加工的封接表面有微裂纹就容易漏气,封离成功率低且支撑物成型后很难保持形状和密度,只能算是真空玻璃的雏形。

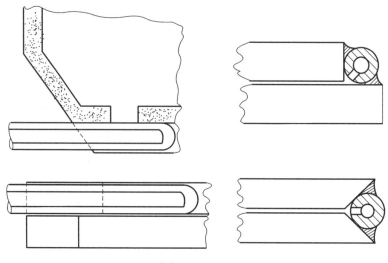

图 1.30 专利[23]中的侧面玻璃排气管方案

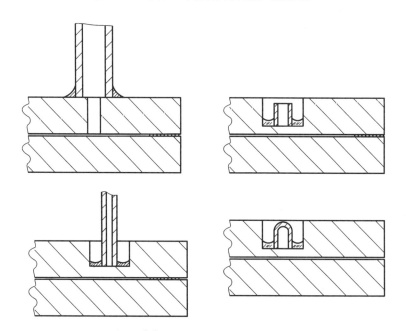

图 1.31 专利[23]中置于玻璃表面的玻璃排气管方案

1990 年下半年,北京大学物理系唐健正加入了该研究组。不久,Collins争取到了沙特阿拉伯王子基金、澳大利亚能源基金、联合国能源基金和悉尼大学的经费支持,多国的研究生先后加入了研究团队,研究工作得以进一步开展起来。在大量试验的基础上,Collins 和唐健正申请了多项国际专利[24-27],在 1998 年签定的"悉尼大学发明确认及发明人权益分配"协议中规定以上所有专利的权益由两人对半分配。这些专利对真空玻璃的结构、材料及工艺作了较大的改进,后来被誉为开创了真空玻璃的新纪元。首先是专利中真空玻璃的支撑物改成由金属、合金、陶瓷等高强度材料制成的各种特殊形状的支撑物,直接摆放在玻璃表面上。支撑物的形状如图 1.33 所示。

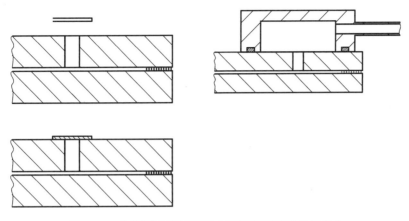

图 1.32 专利[23]中"片"封口方案及"真空杯"排气方式

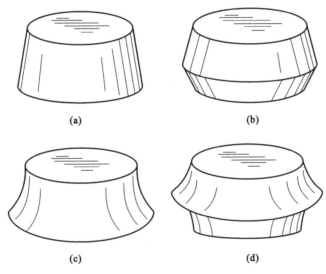

图 1.33 悉尼大学专利[24-27]中的四种真空玻璃支撑物结构图

(a) 结构一;(b) 结构二;(c) 结构三;(d) 结构四

　　采用这些形状是为了布放到玻璃板上时,确保支撑物不会直立,为减小真空玻璃因受压或温差形变而在支撑物边部产生的切应力,防止玻璃出现裂纹。专利中在支撑物上包有过渡层,过渡层可由"软"金属构成,如图 1.34 所示。悉尼大学专利中真空玻璃的整体结构如图 1.35 所示。

　　图 1.35 中两片玻璃尺寸不同,四边留出"错台",这样在下片玻璃上布放完支撑物后,把上片玻璃合上,支撑物被压住不会移动,然后再在周边布焊接浆料也比较方便。另外,排气口的结构也做了改变,使玻璃管不高于玻璃表面,根据此结构使用人工制作的合金支撑物并用人工布放及制作,制成了 700 多个测试样品和世界第一批面积为 1 m×1 m、总厚度约6 mm 的普通真空玻璃。

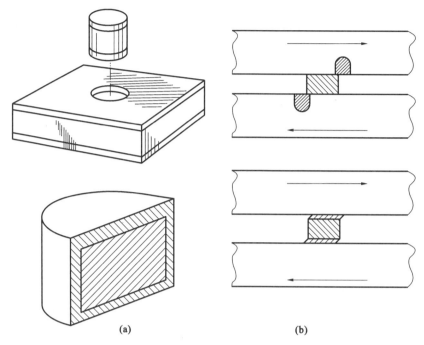

图 1.34　悉尼大学专利[24-27]中有过渡层的支撑物

(a) 支撑物结构图；(b) 过渡层减小切应力示意图

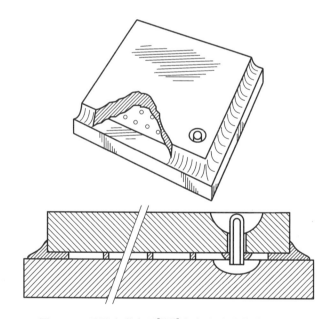

图 1.35　悉尼大学专利[24-27]中真空玻璃整体结构图

1993 年年初，世界第一块面积为 1 m×1 m、厚度仅 6 mm 的 Low-E 真空玻璃在悉尼大学诞生，见图 1.36。这些成果引起了各方关注。

图 1.36　世界第一块大面积真空玻璃诞生

3. 日本板硝子公司开创产业化先河

1995 年年底,日本板硝子公司取得悉尼大学专利使用许可,决定在京都投资建设第一条生产线。1997 年 1 月 29 日,日本板硝子公司正式宣告生产线投产,"神奇玻璃"问世,见图 1.37,日本各大媒体纷纷报道。其后,板硝子公司又在赤城建成规模更大的生产线,目前年生产能力据称已达到 50 万平方米。

图 1.37　日本板硝子公司 1997 年的广告首页和日本各大报纸的新闻报道

根据唐健正的建议,日本板硝子公司采用了图 1.38 所示的结构方案进行生产。

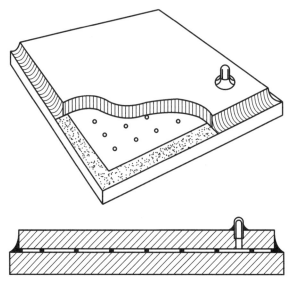

图 1.38　日本板硝子公司 1997 年投产的真空玻璃结构图

图 1.38 与图 1.35 的主要不同是排气玻璃管凸出于玻璃表面,这种结构的工艺难度有所降低,以利于批量生产。此结构一直被沿用至今。

日本板硝子公司京都生产线的工艺流程如图 1.39 所示。

图 1.39　日本板硝子公司"两步法"生产真空玻璃工艺流程示意图

图 1.39 中真空玻璃使用"两步法"生产,先把半成品放上多层料架,送入单体炉 1 完成约 450 ℃升降温过程,实现封边,降温出炉后接上排气头和真空系统,再进入单体炉 2 进行约 200 ℃排气,降温后封离出炉。由于是两次升降温过程或两次进出炉过程,故称"两步法",这也是第一代真空玻璃生产线的特点。

真空玻璃排气则采用图 1.40 所示的"真空杯"方式。

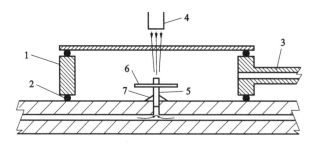

图 1.40　"真空杯"排气封口示意图

1—"真空杯"杯体;2—真空密封圈;3—接真空泵系统;4—红外加热灯;

5—排气玻璃管;6—防护板,防止红外光照射破坏;7—焊料

　　真空玻璃和排气头在加热炉中加温排气,达到设定的真空度后降温,出炉后用红外灯熔封玻璃管实现真空"封离",也可以用内置的电热线圈实现"封离"。

　　日本板硝子公司的产品在保温性、防结露、隔声等方面的指标均优于当时日本正开始大量使用的中空玻璃,因而轰动一时。

　　悉尼大学研究组当时限于材料及各种技术原因而未能解决下列重要技术问题。

　　(1) 安全性问题

　　受当时材料等技术条件所限,日本板硝子公司从悉尼大学得到的技术只能生产普通真空玻璃,该真空玻璃不能作为安全玻璃使用。为此,悉尼大学在专利[24]中申请了夹胶真空玻璃作为补充手段,见图1.41。

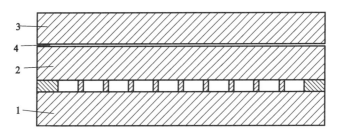

图1.41 专利[24-27]中的夹胶真空玻璃

1,2—真空玻璃片;3—另一片玻璃;4—夹胶层

　　日本板硝子公司在需要安全玻璃的场合,除使用这种夹胶真空玻璃外,也使用"真空＋中空"的复合真空玻璃。日本板硝子公司于1997年申请了相关专利[28],如图1.42所示。

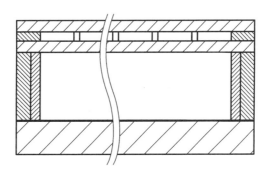

图1.42 日本板硝子公司申请的"真空＋中空"复合真空玻璃专利[29]附图

　　(2) 真空寿命问题

　　真空玻璃必须能保持至少10年的真空寿命才能进入市场,而保持真空寿命的关键是正确的真空"获取"及"保持"工艺。而高温(约350 ℃)排气及置入有效吸气剂是保证其真空寿命的两个关键环节。悉尼大学当时使用的真空排气装置"真空杯"必须使用密封胶圈,因为胶圈只能耐温200 ℃,因而只能在200 ℃以下排气,这样排气是不充分的。更由于当时的吸气剂不能承受高达450 ℃的封边温度,即使放入真空玻璃也会因高温而降解失效。因此,日本板硝子公司京都生产线生产的初期产品既未经高温排气,又未放入吸气剂。而当时悉尼大学研究组并未认识到问题的严重性。因为在技术转让前,曾经有一批样品在烤炉中做了

将近一年的反复升降温试验,温度在室温和150℃之间重复,多次测量表明样品的保温性能变化很小,因而误认为真空寿命没有问题。当日本板硝子公司销售真空玻璃不久后便发现,安装到建筑物上的真空玻璃保温性能很快就变差了,测试后发现传热系数增大3倍以上,连普通中空玻璃都不如,有些建筑物没过多久,就全部换掉真空玻璃。这不仅是经济损失,而且对真空玻璃声誉造成了很坏的影响。进一步的研究[29-31]发现,由于当时生产过程中真空排气温度低于200℃,真空玻璃内表面还有大量气体未排出,在太阳光(主要是紫外线)辐照下,这些气体释放出来,破坏了真空度,而当时的真空玻璃内部又限于技术原因未置入吸气剂,致使气压越来越高,气体热导增大,传热系数越来越大,真空寿命终结。所以,真空玻璃不仅要通过热老化检验,还要通过光老化检验。

这是一个严重的教训,也是对新生的真空玻璃产业的严峻考验,为了解决日本板硝子公司产品真空度衰减的质量问题,首先必须实现高温排气以确保封离真空度达标,而实现高温排气的障碍是"真空杯"排气头上的密封胶圈。悉尼大学研究组设计了很多种不采用密封胶圈的排气头方案,最终在实验室试验一种"带保护真空的排气头",并申请了专利[23],其结构如图1.43所示。

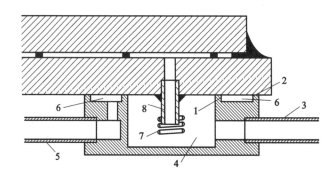

图1.43 悉尼大学带保护真空的排气头结构示意图
1,2—密封环;3,5—管道;4—主腔体;6—环形腔体;7—电加热器;8—玻璃管

图1.43中用不锈钢制作的真空杯,有1、2两个密封环与真空玻璃表面接触,真空杯与两套真空系统连接,主真空系统通过管道3使主腔体4达到高真空,辅助真空系统通过管道5使环形腔体6达到低真空以"保护"主腔体4的高真空。由于此排气头全部由不锈钢制成,可以置于加热炉中和真空玻璃一同进行高温排气。在主腔体达到高真空时,用电加热器7熔封玻璃管8。为增强密封环1、2与玻璃表面的密封性,可以在此二环上加铝箔作为衬垫。

用此排气头制作真空玻璃时试样温度和压强随时间的变化曲线见图1.44。

由图1.44(b)可见,加铝箔衬垫后,经300℃以上高温排气后,主腔体压强和玻璃内压强可达到优于10^{-4} Torr(约10^{-2} Pa),但在5.5 h封离时,由于熔化玻璃管时的放气高峰,肯定会在一定程度上降低真空玻璃内的真空度。所以,掌握封离的加热温度和时间等工艺条件是非常重要的。

如果希望真空玻璃的排气玻璃管更靠近边角部,则可采取图1.45所示的排气头设计方案。

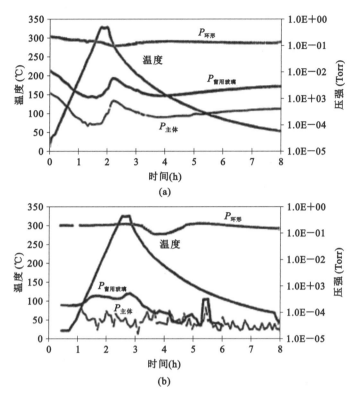

图 1.44 制作真空玻璃时的"温度-时间""压强-时间"曲线
(a) 抽吸一个不带衬垫的样品（1 Torr＝133.322 Pa）；(b) 抽吸一个带铝箔衬垫的样品

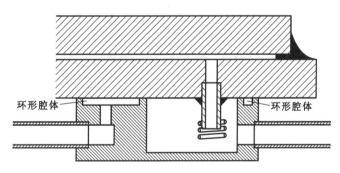

图 1.45 "带保护真空的排气头"的另一种设计

由图 1.45 可见,此设计的主要变化是环形腔体改为两个不同圆心圆环的合成。

由于没有了密封胶圈,这种排气头可以加热到玻璃焊料的熔点(当时约450 ℃)。因此,可以将"两步法"变为"一步法",即实现"封边-排气-封离"在一个升降温周期内完成。

(3) 边缘应力问题

制作真空玻璃的一个重要工艺问题是必须确保边缘部分两片玻璃的间距要尽可能接近支撑物的高度,俗称要把玻璃边缘的焊料"压平"。如果出现图 1.20(b)所示边缘焊料厚度远高于支撑物的情况,在大气压作用下,真空玻璃表面沿边缘将出现破坏性拉应力超标,可能导致玻璃很快或在一段时间后沿边缘破裂。1993 年,悉尼大学制成第一片面积为

1 m×1 m的真空玻璃时,大家都非常兴奋,测试热性能也合格,但当把真空玻璃抬下测试台时,玻璃就沿焊料边缘裂开了,这使大家充分体会到边缘拉应力超标的严重后果。

为了解决这一问题,首先要设计出能将两片玻璃周边夹住的夹子。历史上曾经使用过两种夹子,如图1.46(a)、图1.46(b)所示。

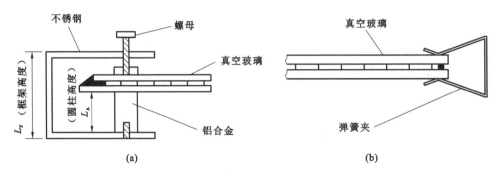

图 1.46　制作真空玻璃时使用的两种夹子

(a) 夹子一;(b) 夹子二

图1.46(a)所示是专为制作错台封边真空玻璃而设计的夹子。这种夹子由线膨胀系数为 α_F 的不锈钢框架和线膨胀系数为 α_A 的铝合金圆柱组成。使用时拧紧螺母把夹子夹在真空玻璃边缘支撑物所在玻璃上,只要选择圆柱的高度 L_A 和框架的高度 L_F,满足 $\alpha_F L_F \leqslant \alpha_A L_A$,则当炉温升高时,框架与圆柱的膨胀互补,始终夹紧玻璃从而"压平"焊料,这样就使真空玻璃边缘间隔基本上与支撑物高度保持一致。

这种夹子用于制作"错台"真空玻璃非常有效,悉尼大学研制的700多块真空玻璃都是用这种夹子制作的。但是在制作两片玻璃尺寸相同的"平封边"真空玻璃时,这种夹子就不适用了。而且在大批量生产时,用这种夹子很难实现自动化,用人力则费工费时,所以这些年来设计了图1.46(b)所示的用高温弹簧或弹簧钢板制作的弹性夹子,用各种方式解决自动化时夹子方面的问题,但是由于各种弹簧钢板经400 ℃以上高温多次使用会退火逐渐失效,因此必须不断更新夹子。另外,由于建筑玻璃尺寸不一,自动化上夹子的机器设计难度很大,成本也高,因此,这仍是一个历史遗留难题。

解决边缘应力的另一个方法就是"预压"。

悉尼大学研究小组设计的图1.43、图1.45所示的排气头,由于可以在高温时抽真空排气,就可以实现一个后来在中国被称为"预压"的工艺,即在边缘的玻璃焊料尚未完全凝固的温度点启动排气系统,利用内外气压差将两片玻璃压紧至支撑物的高度,随后的降温使焊料在一个大气压下凝固,可有效地减小真空玻璃边缘的拉应力。悉尼大学研究小组将以上这些设计和工艺都提交给日本板硝子公司,是否被采用及采用后的效果尚未见报告。

综上所述,夹子和"预压"的结合使用,可有效地减小真空玻璃边缘及其他部位的破坏性拉应力,延长真空玻璃的力学寿命。

回顾20世纪80年代至1998年这段真空玻璃从实验室走向产业化的历史,不到20年的"实验阶段",无论从理论还是试验都是成绩斐然的,悉尼大学研究小组和日本板硝子公司作为真空玻璃事业的开拓者功不可没。

1.3.3 真空玻璃产业化发展阶段

1. 真空玻璃进入中国后的快速发展

1998年10月,唐健正从悉尼大学回到中国,在一些企业家的支持下先在青岛建立真空玻璃实验工厂,试制出中国首批真空玻璃,经中国建筑科学研究院物理所检测,保温性能优异。后来又在北京成立了真空玻璃研究所,这成为世界首个专门研发真空玻璃的研究所。2001年,又在北京成立了集研发中心与生产工厂于一体的真空玻璃公司。

从1998年至2016年的18年间,中国的真空玻璃事业已经从一个单一企业发展成全国性的行业,在研发、生产和应用等方面都取得了举世瞩目的成绩。

中国的真空玻璃事业从1998年开始就在悉尼大学技术基础上走向创新发展之路,下面是中国近年来真空玻璃的创新技术:

(1) 制成水冷排气头

2000年,成功研制出图1.47所示的带水冷的真空玻璃排气头,用比悉尼大学(该校研发的排气头示意图见图1.43和图1.45)更简单实用的方式解决了高温排气和"一步法"生产的难题,同时成功地实施了第1.3.2节提到的"预压"工艺。

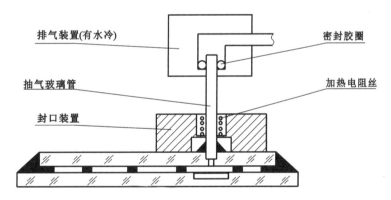

图 1.47 水冷式真空玻璃排气头示意图

这种排气头通过水流降温保护密封胶圈免受450 ℃高温损坏,其结构比悉尼大学设计的图1.45所示的排气头简单且更便于使用。

(2) 发明环形支撑物

采用了传热少、视觉上更不易察觉的环形支撑物,初期是开口"C"型[32],如图1.48(a)所示,因不易自动化摆放,后改为带槽的环形,如图1.48(b)所示,并申请了专利[33]。

中国专利中还有悉尼大学专利中没有的鼓形支撑物,如图1.48(c)所示。中国工程师吴卫岭为这些支撑物研发的布放机如图1.49所示,其布放头带有去磁、除静电、自动剔除不合格品等功能,漏放率达到十万分之一的世界级高水平。

(3) 发明"包封吸气剂"

无论是美国科罗拉多太阳能研究所,还是悉尼大学的真空玻璃专利中都提到吸气剂作为保持真空度的必要手段。但由于吸气剂在高温下会降解失效而一直没能实现。

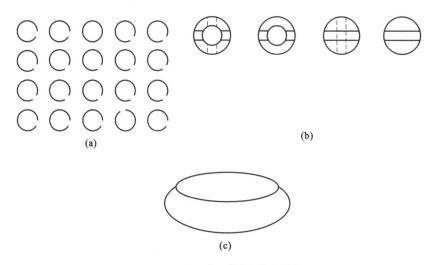

(a)　　　　　　　　　　　　(b)

(c)

图 1.48　中国专利[33]中的支撑物

（a）开口环形支撑物；（b）带槽环形支撑物；（c）鼓形支撑物

图 1.49　中国产高水平支撑物自动布放机

　　2001 年，唐健正提出了"包封吸气剂"的设想并申请了发明专利[34]，和王基奎等人共同设计了包封方案，做成了世界上首批带吸气剂的真空玻璃，经检验，吸气剂确实起到了长时间保持真空玻璃真空度的作用[35]。由于研制出了高温下不易降解的钡铝蒸散型吸气剂，日本板硝子公司于 2005 年以后也在真空玻璃中置入了吸气剂并申请了专利。

　　（4）制造了世界上第一台步进式连续真空玻璃封边炉

　　2005 年开始设计制造的这台连续炉，不但实现了良好的封边功能，而且也是首次在连续炉中选定的某一节炉体部位装了特殊设计的"预压头"和真空系统，实现了"预压"功能，并申请了专利[36]。在此次连续炉的基础上，后来又在下一台连续炉上对"预压头"及系统做了改造，使设计更加完善。

（5）用真空炉制作真空玻璃

虽然如前所述,美国科罗拉多太阳能研究所用真空炉制作无排气口真空玻璃的设想未能成功,但用真空炉制作真空玻璃的优点很多。比如没有真空杯的长抽气管制约,而且熔封时的放气也容易被真空炉的大空腔吸收,所以真空玻璃的封离真空度应该高于真空杯,而且由于没有真空杯密封环的限制,排气口可以不设或设计得更靠近边角部位。在单体式真空炉和连续式真空炉中做的试验都证明了上述优点,为制造真空玻璃积累了经验。

近年来,中国一些单位一直在研发"一步法"制造真空玻璃的工艺和设备。所谓"一步法"就是指在真空炉中实现封边、排气、封离等工艺过程,直接生产出真空玻璃。例如扬州大学张瑞宏依据其专利[37]做了多年实验研究,2016 年由江苏晶麦德真空玻璃科技有限公司建成了生产线(其生产情况尚待考证)。图 1.50 所示为该生产车间一角。

图 1.50　"江苏晶麦德"真空玻璃生产车间一角

（6）集预压、排气、封口三种功能于一体的真空排气头

为了使封边、预压、排气、封口等工艺能在一个加热循环中连续完成,设计了多功能排气头,并申请了国际和国内专利,专利[38]中的排气头既可用于单体炉,也可用于图 1.51 所示的排气小车式连续炉。

这种具有预压、排气、平封口多种功能的排气头设计已经用于生产,但还有待进一步改进。

（7）半钢化和钢化真空玻璃试制成功及其理论研究

研制钢化真空玻璃是个世界性难题,由于目前用于真空玻璃边缘封接的低熔点玻璃焊料的熔封温度高于或等于 380 ℃,钢化玻璃在此温度下会退火而失去钢化特点。世界各国的研究人员试图采用以下几种方法解决这一难题。

第一种方法是使用高于或等于 380 ℃的玻璃焊料,但通过提高钢化玻璃原片的钢化度并采用快速升降温减轻玻璃退火来达到目的,中国北京新立基真空玻璃技术有限公司于2012 年首次制成样品,其表面应力及碎片状况均达到标准的要求。2015 年试制成功大尺寸钢化真空玻璃,进行了四点抗弯测试,结果如表 1.14 所示。

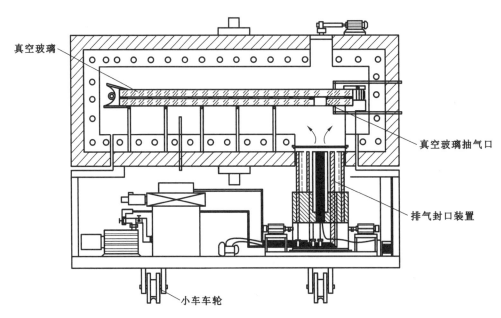

图 1.51　排气小车式真空玻璃生产线

表 1.14　四点抗弯测试结果

玻璃种类	厚度 （mm）	等效厚度 （mm）	测试片数 （片）	平均破坏载荷 （N）	平均抗弯强度 （MPa）
钢化真空玻璃	5+5	8	15	2186	116.17
半钢化真空玻璃	5+5	8	9	1779	94.92
	4+5	8	9	1495	80.16
普通真空玻璃	5+5	8.5	15	956.8	44.14

　　第二种方法是采用分区加热使边缘温度高于中心区域的方法,使玻璃大部分区域达到钢化标准。对于这种方法,不同途径的主要区别是实现温差的方式。中国专利[39]提出用边缘加热的方法制造钢化真空玻璃,提出采用红外吸收焊料配合红外辐射、高频感应、电热膜或内置电热丝通电发热的方式完成钢化真空玻璃边缘封接。中国建筑材料研究总院研制出红外吸收焊料并申请了专利[40]。已经按此焊料要求的工艺制造出用红外加热实现封边的步进式连续炉,由青鸟亨达玻璃科技有限公司用以生产钢化真空玻璃。

　　第三种方法是使用金属和玻璃封接的传统工艺进行真空玻璃边缘封接。

　　中国洛阳兰迪玻璃机器股份有限公司经过多年不懈努力实现了大尺寸钢化真空玻璃金属材料封边和封口,申请了专利[41]并建成了生产线,这项技术是世界首创,已引起广泛关注。图 1.52 所示为该公司钢化真空玻璃生产车间。

　　综上所述,目前,在中国已有多家企业可以批量生产钢化真空玻璃,产量居世界之首。

图 1.52　中国"洛阳兰迪"钢化真空玻璃生产车间

（8）提出"类钢化真空玻璃"概念

对钢化真空玻璃表面应力分布的研究表明，由于支撑物和边缘封接层的作用，在抽真空后钢化真空玻璃表面压应力呈波浪形不均匀分布，因而其力学性能与钢化玻璃不同，应称之为"类钢化真空玻璃"[42-43]。试验也证实了唐健正首次提出的这一概念，有关内容将在本书第 5 章详述。

（9）真空玻璃专用热导测量仪的研制

悉尼大学曾经为真空玻璃热性能测试研制了"防护热板法热导测量装置"，达到了比较高的测量精准度[44]。这个装置的测量头如图 1.53 所示。

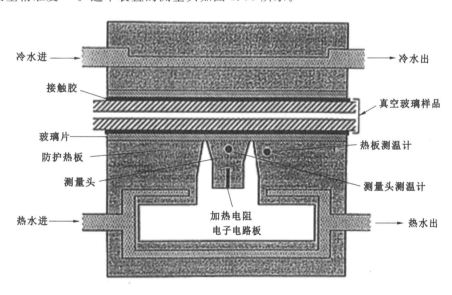

图 1.53　防护热板法测量装置的测量头

由图 1.53 可见,这种测量头的冷端和热端都是通过流动水来维持恒温的,一是装置很大很重,不适于移动,二是不易在短时间内达到恒温。为此,从 1998 年起,在北京大学物理系林福亨(已故)领导下成功研制了"台式防护热板法热导测量仪"[45],如图 1.54 所示,解决了真空玻璃热性能的测量问题,为产业化提供了质量控制手段。目前,正在将此热导测量仪升级为精密和快速两种类型的传热系数测量仪(又称 U 值测量仪),该测量仪将在第 6 章进一步介绍。

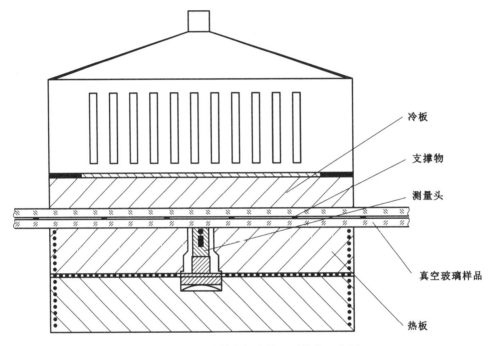

冷板

支撑物

测量头

真空玻璃样品

热板

图 1.54　台式防护热板法热导测量仪示意图

在过去十几年中,真空玻璃已被应用于中国的大型文化中心、展览场馆、图书馆、办公商务大厦、温室等各种大型公共建筑及被动房、零能耗房等绿色住宅建筑,遍布中国各地,数量居世界之最。图 1.55 所示为一些具有"世界第一"的建筑范例,图 1.56 所示则是各种具有典型性的建筑范例,中国真空玻璃也已经有少量出口到欧洲、加拿大等地区和国家,图 1.57 所示为几个国外建筑示例。

以上这些工程不仅对真空玻璃的宣传推广起了重要的作用,而且更重要的是人们从成功中积累了宝贵的经验,从失败中吸取了宝贵的教训,大大推动了真空玻璃应用技术的发展。

图 1.55　中国有"世界第一"称号的真空玻璃工程项目图

（a）北京天恒大厦，2005 年建成，世界第一座全真空玻璃幕墙写字楼；（b）长沙滨江文化园，2011 年建成，世界
第一个真空玻璃建筑群；（c）中关村生命科学院温室项目，2006 年建成，世界第一个真空玻璃温室大棚；

（d）秦皇岛"在水一方"被动房项目，2013 年建成，中国首座获得德国能源署质量认证的被动式住宅楼；

（e）郑州图书馆，2011 年建成，世界第一个全真空玻璃大型图书馆

图 1.56 中国具有代表性的真空玻璃工程项目图

(a) 北京中关村展示中心,2011 年建成;(b)青岛大荣世纪综合楼,2013 年建成;(c) 清华大学超低能耗示范楼,
2004 年建成;(d) 中国建筑科学研究院"CABR 近零能耗示范建筑",2014 年建成;(e) 天台桐柏资料馆,
2009 年建成;(f) 河北省建设服务中心,2008 年建成;(g) 北京奥运绿色微能耗幼儿园,
2008 年建成;(h) 长河湾碧河花园高档住宅,2006 年建成;(i) 武汉美林青城,
2008 年建成;(j) 青岛中德生态园体验运营中心,2012 年建成

(a)　　　　　　　　　　　　　　　　　　(b)

(c)

图 1.57　部分国外真空玻璃工程项目图

（a）德国斯图加特大学建筑系 Sobek 设计的主动房项目；

（b）德国法兰克福住宅项目；（c）瑞士办公楼项目

2.西方各国力求创新,呈后来居上之势

在中国真空玻璃产业发展期间,世界其他国家对真空玻璃的研发从未间断。

由于悉尼大学的真空玻璃制作技术采用的是低熔点玻璃焊料封接工艺,具有工艺成熟、封接可靠性强的优点。然而,其封接温度高,不但能耗高,而且导致钢化玻璃退火,此外,边缘的固化封接降低了真空玻璃抗弯曲强度等力学性能。中国"洛阳兰迪"创新的金属封边技术虽然大幅降低了封接温度,但其真空玻璃边缘仍是固化封接。

美国 Ulster 大学方遇平等提出用铟或铟合金等"软"金属实现柔性封边[46],德国和美国的一些企业试图再现历史上曾经有过的弹性金属封边的构想,瑞士一个研究所试图用"阳极键合"方法实现金属和玻璃封接,这些创新之举得到政府部门及企业的大力支持,做了不少实验,有的已经终止,有的仍在继续,但未见产业化报导。本书第 3 章第 3.3.2 节中对此做了较详细介绍。另外,美国 V-glass 公司宣称已经成功研发出在室温下进行金属和玻璃封接的真空玻璃制造技术并将进行产业化试验。

另外,一些企业仍然按悉尼大学的真空玻璃工艺路线开拓,有成功的也有失败的。法国

圣戈班(Saint-Gobain)和韩国 LG 旗下房地产集团(LG Hausys Group)就曾经自建真空玻璃试生产线,未获成功。美国佳殿(Guardian)公司于 2008 年就申请了用红外吸收玻璃焊料生产真空玻璃的专利[47],然后又经过多年探索,建成了真空玻璃试生产线,可生产 U 值为 0.4 W·m^2·K^{-1} 的钢化真空玻璃。

真空玻璃产业化的创始者日本板硝子公司(NSG)20 年来始终坚持把悉尼大学的工艺做到精益求精,以高保温性能且兼轻薄优势的精品供应国内市场,主打旧窗改造项目。目前,不仅日本国内销量节节攀升,而且打入了美国市场。与此相应,NSG 在超薄钢化真空玻璃及复合真空玻璃的研发上也取得优异成果。

令人欣喜的是 2017 年 12 月日本松下公司(Panasonic)宣布在其等离子显示屏(PDP)技术基础上建成真空玻璃生产线,其产品具有高保温(U 值 0.7 W·m^{-2}·K^{-1})、超薄(6 mm)、无铅、表面无排气口等特点。产品将首先供其美国全资子公司 Hussmann 用于冷藏柜门,随后将在全球销售[48]。虽然目前该生产线生产的可能仍是普通真空玻璃,从技术上仍有发展空间,但松下此举仍可说是悉尼大学工艺技术的一次飞跃,也给全球真空玻璃行业,特别是 NSG 公司一个激励。

除上所述,欧洲、美国和韩国等国家和地区还有一些玻璃及门窗幕墙企业在积极研发或洽谈收购真空玻璃生产线,未来真空玻璃发展趋势不可低估。

1.4 真空玻璃产业现状及发展方向

1.4.1 真空玻璃产业现状

真空玻璃产业现状可以说是机遇与问题并存。

1. 发展的动力与机遇

综上所述,从 1997 年日本建成世界第一条真空玻璃生产线至今,20 年来全球真空玻璃研发生产企业已经改变了"独木不成林"的状况,在中国和日本更是出现多家企业并存的状况。而且,一些企业失败了,又有一些企业出现了,可谓"前仆后继"。出现这种状况的原因有:

(1) 市场需求的推动力

从大环境看,全球节能减排的浪潮推动了建筑节能的需求,对建筑围护结构,特别是玻璃门窗性能的要求日益提高,例如,韩国鼓励建筑整窗传热系数(U 值)不大于 1.0 W·m^{-2}·K^{-1}。中国更是决定走在时代前列,中央和地方政府大力推动建筑节能,被动房等节能建筑如雨后春笋般在中国出现,为真空玻璃等节能玻璃的推广应用展现了巨大的市场前景。为了推动真空玻璃的产业化,中国"十三五"规划的"绿色建筑及建筑工业化"和"重点基础材料技术提升与产业化"两个重点专项中均列入了钢化真空玻璃研发及产业化。在中国国家发展与改革委员会 2017 年制定的"增强制造业竞争力三年行动计划(2018—2020)"中,钢化真空玻璃入选重点领域。在国家政策和市场推动下,中国有 10 多家企业或研究机构研发和生产真空玻璃,开始出现"百舸争流"的局面,这无疑是促进真空玻璃研发和产业化的大好事。

(2)真空玻璃的综合性能优势的吸引力

从技术上看,目前,节能玻璃的主流产品是三玻两腔中空玻璃,在北欧等严寒地区,甚至开始使用四玻三腔中空玻璃。正如本章第1.2节所述,中空玻璃的各项性能都无法与真空玻璃匹敌,加上厚重的问题更是难以解决。而目前除真空玻璃外,还没有另一种成熟的节能玻璃技术可以成为替代解决方案。

上述情况为真空玻璃的进一步发展提供了一个难得的机遇。

2.发展中存在的问题

作为新一代产品,真空玻璃在推广应用过程中出现一些问题是必然的,需要不断总结经验教训,改进工艺技术,不断寻求新的解决方案。在真空玻璃产品问世的20年中,出现的问题大致有如下几类:

(1)产品质量问题

产品质量问题,如真空寿命问题(真空度不良导致 U 值增大)和力学寿命问题(应力超标导致开裂等)。出现这些质量问题的原因是多方面的:

① 材料和工艺技术的不完善。比如,早期制备的真空玻璃产品,排气温度低,加之没有放置吸气剂,致使真空玻璃出厂后出现 U 值升高,甚至真空失效的情况,这和本章第1.3节所提及的日本生产初期的情况类似。又如一些企业的支撑物高低不一,玻璃平整度不够,制成的真空玻璃应力不均,特别是边缘应力超标,造成开裂,导致"力学寿命"终止。"真空寿命"和"力学寿命"二者只要一个终止,真空玻璃的使用寿命就终止了。此问题随着各厂商技术工艺和检测水平的提高及质量监督力度的加大是可以解决的。本书第2、3两章对真空玻璃的材料和工艺将进行比较详尽的介绍,本书第5章将对真空玻璃应力问题做系统分析。

② 检测设备不完备。20年来,虽然在中国、日本和美国都有个别企业致力于真空玻璃 U 值测量仪的研发,但尚无定型产品问世,更没有测试真空玻璃特殊力学性能的仪器,所以,生产企业缺乏严格控制产品质量的手段。相反,中空玻璃产品的一致性比较容易控制,只要确定 Low-E 玻璃、密封材料及充气种类,严格控制生产流程,抽样检测到位,即可保证产品质量。而以目前的工艺和设备情况,真空玻璃生产的产品性能的离散性较大,主要是难以保证每片产品的真空度达标,从而无法保证 U 值的一致性,因此必须对每个产品进行检测,这就要求配备能够又快又准地检测 U 值的设备,而大多数企业都不具备这个条件。

本书第6章将探讨检测方法和检测设备。

(2)真空玻璃不属于"安全玻璃",限制了真空玻璃的推广使用

由于支撑物的存在,真空玻璃的抗冲击性能因应力集中而变差,即使是抗弯强度和抗压强度很高的钢化真空玻璃,其抗冲击强度也比钢化玻璃差。本章第1.3节中说明应称其为"类钢化真空玻璃",此部分在本书第5章中将做详细分析。由于这一固有的"缺点",真空玻璃不能作为"安全玻璃"使用,根据现有的建筑玻璃标准和规范,真空玻璃的应用范围受到很大限制,目前,只有复合真空玻璃(复合中空玻璃或夹胶玻璃)才有可能用于有安全玻璃要求的领域。

但是在推广使用复合真空玻璃时,又出现了一些真空玻璃破裂的问题,引起了人们对真空玻璃安全性的担忧。真空玻璃应用于整窗时出现的力学问题,这不单纯是真空玻璃的"缺点"造成的,而是如何顺应自然规律更好地选择玻璃的配置,设计更合理的窗框等技术问题。

任何一种新产品问世后,都需要在实践中去总结和摸索出应用的经验和规律,比如曾有人把中国平原地区生产的中空玻璃运到海拔高的西藏拉萨去使用,结果出现胀裂问题;又如把中空玻璃用于采光顶,则发现保温不如预期的问题。每种产品都有"缺点",或称为"短板"。

研究发现,造成破裂的原因,一是当时使用的都是普通真空玻璃而不是钢化真空玻璃,普通真空玻璃强度低;二是"中空＋真空"复合玻璃安装方向的错误,不应把真空玻璃朝向室外安装;三是窗框设计及衬垫材料选择没有给玻璃变形留下足够的弹性空间。如果解决了这类问题,就能扬长避短,发挥真空玻璃的优势。

本书第5章分析了温差引起的真空玻璃破裂机理及解决方向,第7章通过试验数据分析了真空玻璃在应用中出现的问题,总结了经验教训。

（3）真空玻璃生产自动化问题

在市场竞争中,中空玻璃产品相对于真空玻璃最大的优势是价格,应该说二者的材料成本近似,而且真空玻璃由于只用一片Low-E玻璃可以稍占上风。但中空玻璃较真空玻璃工艺更简单,成品率更高,能耗更低,且有成熟的自动化生产线可购。因此,真空玻璃的价格居高不下。不解决自动化这一难题,提高生产效率,就难以降低真空玻璃生产成本,从而无法大规模占据市场。

（4）标准化和规范化问题

世界各国的建筑玻璃（包括门窗、幕墙、采光顶）标准和规范大多是在真空玻璃面世前制定的,对于如何应用和测试真空玻璃（如传热系数和力学性能）,各国都无标准和规范可依,这是真空玻璃推广和应用的一大障碍。

目前,真空玻璃应用尚处于初始阶段,除上述四类问题外,真空玻璃应用中的具体问题还有很多,有些尚无定论,本书第7章择要讨论一些问题供进一步研究参考。

1.4.2　真空玻璃产业发展方向

根据目前真空玻璃应用中存在的问题,其发展方向可概况为7点:

1. 重点加强钢化真空玻璃材料和工艺的研发

经过近百年的发展,有关真空玻璃结构的专利已经有很多,许多专利过了保护期,可以被无偿使用。应把研发重点放在材料和工艺方面,比如封边、支撑物、吸气剂、排气封口等方面,为提高钢化真空玻璃的生产效率、降低生产成本创造条件。近些年来,国内外许多企业都在研发新的低熔点焊料和支撑物材料或者各种金属封边工艺,在新工艺基础上制造红外热封边炉、一步法封边封口炉、金属封边炉等新型生产设备,这些都是正确的发展方向。

2. 研制高效的自动化生产线

在新材料、新工艺研发的基础上,只有高效的自动化生产线,才能生产出高质量、高成品率、低成本的钢化真空玻璃。

从 1997 年日本板硝子公司在京都建设第一条生产线至今,20 年间曾有 10 多家企业建设过真空玻璃生产线,积累了大量宝贵的经验。在总结这些经验的基础上,选择合适的材料和工艺,如果能设计或改造出一条高效节能的钢化真空玻璃生产线,那将是对真空玻璃产业化的卓越贡献。第 1.3.3 节中提到的日本松下公司建成高水平真空玻璃生产线就是一个可贵的范例。

3. 研发真空玻璃新产品

充分利用真空玻璃保温、隔声、防结露、轻薄等性能优势,和光伏、光热等不同领域技术结合,创造出各种新产品,这将大大扩充真空玻璃的应用和市场空间。本书第 7 章将重点讨论这些问题。

4. 加强真空玻璃配套型材的研究

本书第 5 章将说明,为了防止真空玻璃因温差过大而炸裂,对窗框和衬垫材料及安装有特殊的要求。本书第 7 章将说明,要提高真空玻璃的热工性能,降低 U 值,特别是降低边缘传热,应设计特殊窗框或幕墙框材。

目前,由于真空玻璃市场还很小,还没有真空玻璃专用窗框。应该研发和筛选出与各类真空玻璃配套的框材和衬垫材料,形成整窗系列。

5. 修订或制定真空玻璃标准和规范

标准不仅可以保证产品质量,而且还可以为产品开拓更广泛的应用领域,促进行业发展。

我国制定了世界上首部真空玻璃行业标准:《真空玻璃》(JC/T 1079—2008)。目前,美国、日本、欧洲的一些真空玻璃企业及悉尼大学物理学院真空玻璃研究组正在组织制定真空玻璃国际 ISO 标准,中国建筑材料研究院参与了这一工作。中国建筑玻璃与工业玻璃协会正在组织制定真空玻璃 U 值测量标准。另外,《建筑玻璃应用技术规程》(JGJ 113—2015)已把真空玻璃纳入其中。

今后在制定标准或规范时还应明确真空玻璃或复合真空玻璃可用的范围。比如单面夹胶或双面夹胶钢化真空玻璃可否用于大面积门窗幕墙和冰箱冰柜?又如钢化真空玻璃可否直接用于低速车辆侧窗?这样既可解决保温遮阳问题,又可解决在危急时刻敲碎玻璃逃生问题。总之,给各种真空玻璃产品应用定位,使真空玻璃产品与市场接轨。

对于玻璃安全性的定义和要求应该科学合理。不同应用领域应不同,例如应用于建筑、车辆和冷柜就应该不同;同一应用领域,又存在不同的要求,例如同样是建筑领域,门窗和幕墙不同,高层和低层不同;居住建筑和公共建筑不同……如果把安全玻璃定义为砸不烂、烧不透的“铁金刚”,可能在很多场合反而不能保证人的生命安全。应当根据不同领域、不同情况制定对玻璃安全性的合理标准,给各类真空玻璃以“对号入座”的机会。

6. 加大真空玻璃检测仪器研发力度

真空玻璃性能的检测仪器和方法,有些和中空玻璃相同,但有些是专用的。例如真空玻璃 U 值测量仪就是专用于测试真空玻璃传热系数的。

本书第 6 章将详细介绍真空玻璃热学和力学性能检测方法。这方面的工作应当继续,而且应该由 ISO 国际机构和国家级的研究机构牵头进行。把测试标准和仪器研制结合起来，成为统一和规范真空玻璃质量的手段。

7. 建立权威性的真空玻璃产品、工艺及设备的检测、认证、评价机构

真空玻璃是高科技产品，一种产品、一种工艺及设备是否具备推广应用价值，应该有权威公正的机构进行检测、认证和评价。

目前，各国对中空玻璃已经有这样的机构，比如美国与节能门窗幕墙技术相关的权威研究机构有洛仑兹伯克利国家实验室（LBNL）的相关研究部门。相关产品标准制定检测、认证、评价机构有美国国家标准院（ANSI）、国家可再生能源实验室（NREL）、国家幕墙评价委员会（NFRC）。但这些机构从未对真空玻璃进行过检测、认证及评价。目前，正和悉尼大学真空玻璃研究组合作开展这方面的工作。

中国作为一个大国，又是一个真空玻璃研发及生产的热门地区，建议由国家权威机构牵头建立合作机制，开展对真空玻璃的相关业务。对于技术可行性、经济可行性、环保可行性都通过检测、认证的产品、工艺及设备，应大力推广应用。

真空玻璃开始进入市场的 20 年，在人类社会历史发展的长河中只是短短一瞬间。任何新事物发展都不可能一帆风顺，很多科技新产品都是经过数十年甚至上百年的发展过程，这样的例子不胜枚举，相信在大环境土壤的滋养下，经过全球从业人员的不懈努力，真空玻璃产业一定会不断成长壮大，为全球节能减排做出贡献。

参 考 文 献

[1] 中华人民共和国国家发展和改革委员会.真空玻璃:JC/T 1079—2008[S].北京:建材工业出版社,2008.

[2] 唐健正,刘甜甜,许海凤,等. 单 Low-E 真空玻璃的 U 值可否达到 $0.2\ \mathrm{W \cdot m^{-2} \cdot K^{-1}}$？[C]//周志武,李会. 2011 年中国玻璃行业年会暨技术研讨会论文集. 北京:中国建材工业出版社,2011:347.

[3] 康玉成.建筑隔声设计-空气声隔声技术[M].北京:中国建筑工业出版社,2004.

[4] 庞塱,马眷荣,马振珠. 真空玻璃隔声性能研究. 2007 年中国浮法玻璃及玻璃新技术发展研讨会论文集[C]. 北京:中国建材工业出版社,2007:152-157.

[5] 王宁,李洋,唐健正.真空玻璃隔声性能分析[C]//周志武,李会. 2011 年中国玻璃行业年会暨技术研讨会论文集.北京:中国建材工业出版社,2011:360.

[6] 丁建洛,王新春. 玻璃的隔声性能及降噪设计[J]. 玻璃,2006,33(6):49-53.

[7] 刘甜甜,唐健正. 高原地区被动式低能耗建筑门窗玻璃的选择[J]. 建筑玻璃与工业玻璃,2016(2):8-14.

[8] 范珺.密封胶水蒸气渗透性对中空玻璃节能效果的影响分析及测试方法概述[J].玻璃深加工,2014,41(1):38.

[9] 董铺. 真空玻璃与负压中空玻璃[J].中国玻璃,2000(5):15-21.

[10] NG N,COLLINS R E,SO L. Thermal and optical evolution of gas in vacuum glazing[J]. Materials Science and Engineering,2005,119(3):258-264.

[11] 侯玉芝,唐健正. 非蒸散型吸气剂在真空玻璃中的应用[J].建筑玻璃与工业玻璃,2016(11):25-27.

[12] DEWAR J. Collected papers of Sir James Dewar [M]. Cambridge: Cambridge University

Press，1927.

[13] ZOLLER A. Hohle glasscheibe：DE 387655[P]. 1924-1-2.（1913 年申请）

[14] KIRLIN I K. Insulating pane：US 1370974A[P]. 1919-1-13.

[15] WHATTAN L W, MYERS I W. Manufacturing process for insulating panels or tiles：French 921,946[P]. 1947-5-22.

[16] GRANQVIST C G. Energy efficient windows ：present and forthcoming technology[J]. Materials Science for Solar Energy Conversion Systems,1991,1：106-107.

[17] COLLINS R E,TURNET G M, FISCHER-CRIPPS A C, et al. Vacuum glazing—a new component for insulating windows[J]. Building and Enviroment，1995, 30 (4)：459-492.

[18] JOHNSON V A. A state of the art survey[J]. Journal of Southeast Asian Studies, 1993，24(1)：2905-2906.

[19] ARASTCH D, SCLKOWITZ S , WOLFE J R. The design and testing of a highly insulating glazing system for use with conventional window systems[J]. Journal of Solar Energy Engineering, 1989，111(111)：44-53.

[20] EMIL BACHLI. Heat-insulating building and/or light element：US8885087A[P]. 1987-7-22.

[21] BENSON D K, Tracy C E. Laser sealed vacuum insulation window：US767218[P]. 1985-8-19.

[22] BENSON D K, SMITH L K, TRACY C E, et al. Vacuum window glazings for energy-efficient buildings[R/OL]. (1990-5-10)[2016-6-10]. https：//www. nrel. gov/docs/legosti/old/3684. pdf.

[23] COLLINS R E, ROBINSON S J. Thermally insulating glass panel and method of construction：PCT/AU90/00364[P]. 1989-8-23.

[24] COLLINS R E, TANG J Z. Improvement to thermally insulating glass panels：PCT/AU92/00040 [P]. 1992-2-31.

[25] COLLINS R E, TANG J Z, CLUGSTON D A. Methods of construction of evacuated Glazing：PCT/AU94/00305[P]. 1993-6-30.

[26] COLLINS R E, TANG J Z. Design Improvements to vacuum glazing：PCT/AU95/00640[P]. 1994-10-19.

[27] COLLINS R E, TANG J Z. Support pillars for use in vacuum glazing：US5891536 [P]. 1999-4-6.

[28] 加藤英美,御园生雅朗. 隔热复层玻璃和真空复层玻璃：97191542. 3 [P]. 1997-9-8.

[29] COLLINS R E. Evacuated glass panel having a getter：AU6549000D[P]. 2000-8-17.

[30] 唐健正,李洋. 真空玻璃技术的新进展——吸气剂在真空玻璃中的应用[C]// 佚名. 2006 年中国玻璃行业年会暨技术研讨会论文集[C]. 北京：中国建筑工业出版社,2006：200-204.

[31] MINAAI T, KUMAGAI M, NARA A，et al. Study of the outgassing behavior of SnO_2：F films on glass in vacuum under external energy excitation[J]. Materials Science & Engineering B, 2005，119(3)：252-257.

[32] 金广亨. 真空平板玻璃及其制造方法：95108228. 0 [P]. 1995-7-25.

[33] 唐健正. 真空平板玻璃支撑物：200920147601. X [P]. 2009-4-10.

[34] 唐健正,王基奎. 包封吸气剂：01140012.9[P]. 2001-11-20.

[35] 侯玉芝,唐健正.真空玻璃内部吸气剂的应用[J].真空,2014,51(6)：10-14.

[36] 杜宏疆.连续式真空玻璃封边炉：200710010225.5[P]. 2007-1-30.

[37] 张瑞宏,马承伟,管荣根,等. 新型真空平板玻璃制作方法：CN1475652[P]. 2004-2-18.

[38] 王立国,唐健正.真空玻璃抽气口封口装置：201310175507.6[P]. 2013-5-13.

［39］ 唐健正,董镛. 真空玻璃的边缘加热方法和采用该方法制造的真空玻璃:200410029896.2［P］.2004-4-1.

［40］ 黄幼榕,李要辉,王晋珍,等. 具有光谱选择性吸收特性的含铅封接玻璃粉及其制造方法:201310003969.X［P］.2013-1-7.

［41］ 赵雁,李彦兵,王章生. 一种真空玻璃封接方法及真空玻璃产品:201110101892［P］. 2011-4-22.

［42］ 唐健正,许威. 钢化和半钢化真空玻璃应力分析［J］.建筑玻璃与工业玻璃,2015,9:21-23.

［43］ 闫培起,孙景春,侯玉芝. 钢化真空玻璃的特性研究［J］.建筑玻璃与工业玻璃,2016,9:12-14.

［44］ COLLINS R E, DAVIS C A, DEY C J, et al, Measurement of local heat flow in flat evacuated glazing［J］. International Journal of Heat and Mass Transfer, 1993, 36: 2553-2563.

［45］ 林福亨,陶如玉. 真空玻璃热阻自动测试仪:02243245.0［P］. 2002-7-22.

［46］ FANG Y, HYDE T J, ARYA F, et al. Indium alloy-sealed vacuum glazing development and context ［J］. Renewable & Sustainable Energy Reviews, 2014, 37(37):480-501.

［47］ 大卫 J 库珀. 局部加热真空绝缘玻璃装置的边缘密封物,和/或用于实现该功能的组合炉:200880121170.8［P］. 2008-12-2.

［48］ Panasonic develops unique vacuum insulated glass based on its plasma display panel technology ［EB/OL］.（2017-12-5）［2018-4-5］. https://news. panasonic. com/global/press/data/2017/12/en171205-2/en171205-2. html.

2 真空玻璃所用材料及选型

真空玻璃所用的材料主要包括玻璃基片、封边材料、支撑物材料、封口材料及吸气剂。

2.1 玻璃基片

真空玻璃可选用的玻璃基片有浮法玻璃、镀膜玻璃(包括在线镀膜玻璃和离线镀膜玻璃)、超白玻璃、吸热玻璃(如各种着色玻璃)、彩釉玻璃、喷砂玻璃等,常用的玻璃厚度为3 mm、4 mm、5 mm、6 mm、8 mm。此外,根据工程项目对玻璃强度的要求,可以将上述各种玻璃进行钢化或半钢化处理后,再用于制作钢化或半钢化真空玻璃,从而提高力学强度和使用安全性。玻璃基片的光学和热工参数对真空玻璃的保温性能和遮阳性能有着直接影响,通常根据工程项目所处的气候带和建筑朝向来选择合适的玻璃基片以达到节能和提高舒适度的效果[1-2]。表 2.1 中列出了几种常用玻璃基片的性能参数。

2.1.1 浮法玻璃

浮法玻璃是平板玻璃的一种,属于钠钙硅酸盐玻璃。浮法玻璃成型过程是在通入保护气体(N_2 及 H_2)的锡槽中完成的。熔融玻璃从池窑中连续流入并漂浮在相对密度较大的锡液表面上,在重力和表面张力的作用下,玻璃液在锡液面上铺开、摊平,上下表面平整、硬化、冷却后被引上过渡辊台。辊台的辊子转动,把玻璃带拉出锡槽进入退火窑,经退火、切裁,就得到浮法玻璃产品。

目前,浮法玻璃广泛应用于建筑、汽车、电子产品、太阳能电池等领域。

1. 浮法玻璃的性能

浮法玻璃通俗地讲多指平板玻璃,属于钠钙硅酸盐玻璃,组成范围是:SiO_2 70%~73%(质量百分比,下同);Al_2O_3 0~3%;CaO_6 0~12%;MgO 0~4%;Na_2O+K_2O 12%~16%。它具有透光、透明、保温、隔声、耐磨、耐气候变化等性能。平板玻璃主要物理性能指标:折射率约1.52;透光度 85% 以上(2 mm 厚度以上的玻璃,有色和带涂层者除外);软化温度650~700 ℃;热导率 0.81~0.93 $W·m^{-1}·K^{-1}$;膨胀系数$(9\sim10)\times10^{-6}$ K^{-1};相对密度约 2.5;抗弯强度16~60 MPa。

浮法平板玻璃的厚度均匀性、透明度、平整度和机械强度均优于其他方法生产的平板玻璃。浮法玻璃的透光率为 86%~89%,铁含量高,厚玻璃偏绿色,单片浮法玻璃的传热系数约为 6.0 $W·m^{-2}·K^{-1}$,遮阳系数约为 0.98,保温、隔热性能很差;同时,单片普通浮法玻璃破碎后形成尖锐锋利的棱角,容易伤人,故目前多进行钢化或者夹胶等安全处理后用于建筑领域。

表 2.1　几种常用玻璃的性能参数

序号	种类	型号	生产厂家	厚度 (mm)	可见光透过率 (%)	可见光反射率(%)		太阳辐射透过率 (%)	太阳辐射反射率(%)		辐射率 ε	U 值 (W·m⁻²·K⁻¹)	遮阳系数 SC
						玻面	膜面		玻面	膜面			
1	浮法玻璃	Clear-6	中国南玻集团股份有限公司	6	89.7	7.4	7.4	89.7	8.1	8	0.84	5.814	0.981
2	超白玻璃	LowIron	中国南玻集团股份有限公司	6	91.1	8.1	8.1	89.3	8	7.9	0.84	5.807	1.036
3	在线镀膜玻璃	Energy Advantage	上海耀皮玻璃集团有限公司	6	81.9	10.8	10.2	66.2	11.3	10	0.157	3.655	0.809
4	离线单银高透型镀膜玻璃	CES-11-80	中国南玻集团有限公司	6	80	5.9	4.1	57	16	21.4	0.13	3.558	0.709
5	离线单银高透型镀膜玻璃	S1.16	山东金晶科技股份有限公司	6	89.1	6.1	5.2	60.4	20.3	28.1	0.07	3.205	0.723
6	离线单银遮阳型镀膜玻璃	CEB14-50	中国南玻集团有限公司	6	55.7	16.1	3.1	36.4	24	26.1	0.096	3.438	0.497
7	离线双银镀膜玻璃	LB69-1	中国南玻集团股份有限公司	6	66.9	9.1	5.3	32.5	30.1	41.9	0.033	3.214	0.443
8	离线三银镀膜玻璃	LB48s-a	中国南玻集团股份有限公司	6	49.3	24.1	16.5	18.7	44.8	59.7	0.02	3.168	0.279

注：① 以上数据来源为 IGDB(International Glass Data Base)。
② 序号 3～8 玻璃的辐射率均指膜面辐射率。
③ 表中数据由 Windows 7 软件计算，按照 JGJ 151—2008 标准选取边界条件，U 值取冬季边界条件，SC 取夏季边界条件，膜面朝向室内侧。

但由于浮法玻璃中含有微量的镍金属化合物,钢化后有自爆的风险,钢化自爆率通常为1‰～3‰。若厂家对玻璃原材料和生产工艺管控不严,钢化后的自爆率将远高于3‰,玻璃安装到建筑物后,也同样存在安全隐患,可能因此导致严重的安全事故和巨大的经济损失。

2.超白浮法玻璃

超白玻璃,又名低铁玻璃,具有透光率高、视觉效果好、钢化后自爆率低等一系列优点,目前已广泛应用于建筑与展柜等领域。

超白玻璃的性能特点如下:

(1)钢化后自爆率低

超白玻璃原料中杂质含量低,精细控制原料的熔化过程可使超白玻璃相对于普通玻璃的杂质含量低,从而降低了钢化后的自爆概率。

(2)颜色一致性好

由于超白玻璃原料中的含铁量不超过普通玻璃的1/10,超白玻璃相对于普通玻璃对可见光中的绿色波段吸收较弱,确保了玻璃颜色的一致性。

(3)可见光透过率高,通透性好

超白玻璃的可见光透过率大于91.5%,像水晶一样晶莹剔透,可以让展示品显得更清晰,更能突显展示品的原貌。

(4)紫外线透过率低

相对于普通玻璃,超白玻璃对紫外波段的吸收更强,可以有效降低紫外线的透过率,有利于人体健康并减缓建筑内家具及展柜内展示品的褪色和老化。但农业温室用玻璃则要求一部分波段的紫外线透过,有利于植物生长。

(5)节能效果差

超白玻璃的U值约为$6.0\ \mathrm{W\cdot m^{-2}\cdot K^{-1}}$,遮阳系数约为1.04,用于建筑时应与Low-E玻璃组合成真空玻璃或中空玻璃,以此来补偿其节能效果差的缺点。

3.真空玻璃对浮法玻璃的技术要求

浮法玻璃按照外观质量分为合格品、一等品和优等品,用于真空玻璃的浮法玻璃,应选择一等品或优等品。玻璃质量除了需符合国家标准《平板玻璃》(GB 11614—2009)中一等品和优等品的相关规定之外,还应尽量选择国内外知名厂家的浮法玻璃产品。这是因为浮法玻璃的质量直接影响到玻璃钢化后的自爆率,使用质量差的浮法玻璃,钢化后自爆率高,除了会造成安装后玻璃自爆的安全隐患和经济损失,还会给真空玻璃和中空玻璃的生产带来很多不便和麻烦。如果钢化玻璃在制作真空玻璃的过程中自爆,不但要清理生产场地和设备、对破损的玻璃进行补片之外,玻璃碎片还有可能损坏传动装置和生产设备。此外,真空玻璃的上下基片应尽量选择同一厂家生产的浮法玻璃和镀膜玻璃,以保证上下玻璃基片膨胀系数匹配,避免出现膨胀系数差异所引起的玻璃弯曲和角部破裂的问题。

2.1.2　镀膜玻璃

镀膜玻璃是在玻璃表面涂镀一层或多层金属、合金或金属氧化物薄膜的玻璃产品。膜层改变了玻璃对电磁波包括光波的反射、折射、吸收及其他表面性质,赋予了玻璃表面特殊性能并丰富了玻璃的颜色。

镀膜玻璃按照不同的生产制造工艺分为在线镀膜玻璃和离线镀膜玻璃;按镀膜玻璃功能可分为阳光控制型镀膜玻璃、低辐射镀膜玻璃、导电膜玻璃、吸热镀膜玻璃及减反射膜玻璃等[3-4]。

1. 在线 Low-E 玻璃

在线镀膜玻璃是指在浮法玻璃生产线上采用高温热解法生产的镀膜玻璃,高温热解法又分为热喷涂和化学气相沉积法(CVD 法),目前多采用 CVD 法。在线镀膜玻璃根据膜层性能特点可分为低辐射在线镀膜玻璃和阳光控制型在线镀膜玻璃。

在线镀膜玻璃的特点如下:

(1) 辐射率较高

低辐射在线镀膜玻璃的辐射率一般为 0.15～0.25,而离线镀膜玻璃根据银膜层数的不同,其膜面辐射率一般为 0.03～0.15。

(2) 膜层具有较好的牢固度和稳定性,加工性好

在线玻璃镀膜时,由于玻璃处在约 640 ℃的高温下,保持新鲜状态,具有较强的反应活性,膜层与玻璃通过化学键结合得非常牢固,而且膜层全部由氧化物构成,具有很好的化学稳定性和热稳定性。因此,在线镀膜玻璃的膜层坚硬耐用、不易划伤和脱膜,在空气中不会被氧化,也因此称其为硬膜。可进行各种冷加工及热弯、钢化、夹层、合中空、真空处理等,对加工周期和工人的操作要求较低,对加工时间无特殊要求,便于安排生产。在线镀膜玻璃可以单片使用,而且用于制作真空玻璃或中空玻璃时不需要除去边部膜层。

需要特别注意的是,需要进行钢化或制作真空玻璃的在线镀膜玻璃,在其加工过程中,也需要避免膜面被划伤,否则划痕会在加热之后"显形",造成产品外观不良。

2. 离线 Low-E 玻璃

离线镀膜玻璃,也称离线低辐射玻璃或离线 Low-E 玻璃,是采用真空磁控溅射的方法,将辐射率极低的金属银(Ag)或其他金属和金属化合物均匀地镀在玻璃表面上制成的。

离线镀膜玻璃根据银层的数量分为单银 Low-E 玻璃、双银 Low-E 玻璃、三银 Low-E 玻璃。其中,单银离线 Low-E 玻璃根据遮阳系数的高低又分为高透型 Low-E 玻璃与遮阳型 Low-E 玻璃。

(1) 单银 Low-E 玻璃

单银 Low-E 玻璃是指在膜系中只有一层银功能膜的离线 Low-E 玻璃,整个膜层由一层银功能膜和各种介质膜组成。典型的单银 Low-E 玻璃的膜系结构见图 2.1。

① 高透型 Low-E 玻璃

这种玻璃具有较低的辐射率、较高的可见光透过率和遮阳系数。用高透型 Low-E 玻璃制成的真空玻璃传热系数可以达到 $0.6～0.8$ W・m^{-2}・K^{-1},可以有效地减少温差传热,从而起到良好的保温作用。同时,较高的可见光透过率和遮阳系数可以使得较多的可见光和太阳热量进入室内,提高室内亮度并增加室内的热量。高透型 Low-E 玻璃特别适用于北方寒冷地区。

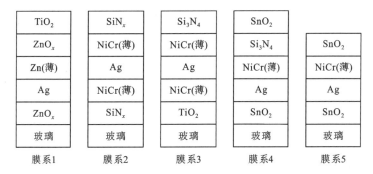

图 2.1 典型单银 Low-E 玻璃的膜系结构

② 遮阳型 Low-E 玻璃

遮阳型 Low-E 玻璃除了具有低辐射特性之外,还具有较好的隔热效果。遮阳型 Low-E 玻璃采用二氧化锡(SnO_2)作为介质膜,在单银膜系基础上,增加银膜层的厚度或者增加银膜外侧起遮蔽作用的金属膜层的厚度,来达到降低可见光透射比和遮阳系数的作用。与热反射玻璃相比,遮阳型 Low-E 玻璃具有较高的可见光透射比,有利于建筑物采光,同时还具有低的辐射率和丰富的颜色选择。

使用遮阳型 Low-E 玻璃制成的真空玻璃,除了具有良好的保温效果外,还可以有效地阻挡太阳辐射热量进入室内,起到隔热作用。遮阳型 Low-E 玻璃特别适合于南方炎热地区,既能减少冬季因室内外温差导致的热量损失,又可以在夏季有效减少进入室内的太阳辐射热量。

(2) 双银、三银 Low-E 玻璃

双银和三银 Low-E 玻璃是分别镀有两层和三层银功能膜的 Low-E 玻璃,是目前较高级的 Low-E 玻璃。与单银 Low-E 玻璃相比,双银和三银 Low-E 玻璃在保持较高的可见光透过率的同时还拥有更低的膜面辐射率和遮阳系数。因此,使用双银和三银 Low-E 玻璃制成的真空玻璃和中空玻璃不仅可以满足保温遮阳的节能要求,还可以满足建筑采光的要求。使用双银或三银 Low-E 玻璃制成的真空玻璃,传热系数可以达到 $0.3\ \text{W}\cdot\text{m}^{-2}\cdot\text{K}^{-1}$,在冬季具有非常好的保温效果。由于遮阳系数低,在夏季又可以有效地阻挡太阳辐射进入室内,起到隔热作用,可以广泛应用于中、高纬度地区。

Low-E 玻璃的特性及其用于真空玻璃及中空玻璃的节能原理将在第 4 章进行更详尽的分析。对于真空玻璃,选择低辐射率的 Low-E 玻璃对于降低 U 值至关重要。因此,离线 Low-E 玻璃成为真空玻璃的首选,由于膜层置于真空层内,因此,Low-E 膜也得到充分的保护。

3. 在线镀膜玻璃与离线镀膜玻璃综合性能比较

在线镀膜玻璃与离线镀膜玻璃的综合性能比较见表 2.2。

表 2.2 在线镀膜玻璃与离线镀膜玻璃综合性能比较

对比指标	离线镀膜玻璃	在线镀膜玻璃
镀膜类型	软膜—不能单片使用	硬膜—具有良好的牢固性和稳定性

续表 2.2

对比指标	离线镀膜玻璃	在线镀膜玻璃
生产线特点	单独生产线,开发新产品较容易	必须有高质量的浮法生产线,生产技术要求较高,生产中很难更换品种
种类	种类多,颜色丰富	种类和色系较少
膜层稳定性	较差	很好
单片保质期	玻璃开箱后需在 24～48 h 内制成真空或中空玻璃	可以像普通浮法玻璃一样长期单片保存和使用,膜层不会氧化和脱落
深加工性能	对环境、设备、加工时间和人员操作要求高	加工要求较离线 Low-E 玻璃低,无须热处理的产品加工要求与浮法玻璃基本一致
真空、中空操作	合真空或中空前需将膜面边部的膜层去除	无须去除边部膜层
膜层位置	膜层必须合在真空或中空层内侧	膜层可以在外侧

4.真空玻璃对镀膜玻璃的技术要求

(1)用于真空玻璃的镀膜玻璃,其质量和性能参数要符合国家标准《镀膜玻璃》(GB/T 18915.2—2013)的相关规定。

(2)离线镀膜玻璃由于膜面在受到潮气和某些氧化剂的侵蚀时会被氧化,膜面会出现斑点或脱膜的现象,膜面辐射率也会升高,因此离线镀膜玻璃不能单片使用,只能复合成真空玻璃或中空玻璃使用。而且,离线 Low-E 玻璃在运输、存储、切割、磨边、钻孔、清洗、钢化及人员操作等方面要求很高,要遵循 Low-E 厂家提供的 Low-E 玻璃加工规范,以避免出现膜层氧化、划伤和脱膜现象,造成经济损失。

(3)由于真空玻璃在制作过程中,还要经过较长时间的加热来完成边部密封和排气,因此要求玻璃基片具有良好的耐加工性和耐热性,特别是离线 Low-E 玻璃,制成真空玻璃后,膜层不应出现氧化、脱膜等外观问题,膜层的辐射率不变大,其他性能参数不应出现明显衰减和变化。

(4)镀膜玻璃的辐射率尽可能低。由于镀膜玻璃的辐射率直接影响真空玻璃的辐射热导和传热系数,所以应尽可能选用膜面辐射率低的镀膜玻璃。

(5)应尽量选择同一厂家的浮法玻璃和镀膜玻璃,以保证真空玻璃上下基片的膨胀系数匹配。

2.1.3　钢化玻璃

钢化玻璃根据生产工艺分为物理钢化玻璃与化学钢化玻璃,由于化学钢化玻璃的碎片较大,不属于安全玻璃,一般不应用于建筑,因此本节只介绍物理钢化玻璃,本书内容中的钢化玻璃均指物理钢化玻璃。

1.钢化玻璃的定义

钢化玻璃,指经热处理之后的玻璃,其特点是在玻璃表面形成压应力层,机械强度和耐热冲击强度得到提高,并具有特殊的碎片状态。钢化玻璃的表面应力不应小于 90 MPa。

2.钢化玻璃的性能特点

（1）钢化玻璃的优点

钢化玻璃与普通平板玻璃的性能比较见表2.3。

表 2.3　钢化玻璃和普通平板玻璃的性能比较

种类	玻璃厚度（mm）	热稳定性（℃）		钢球撞击强度（Pa）	抗弯强度（×10⁷ Pa）
		不破坏	100％破坏		
普通平板玻璃	5	60	120	1.3	6.35
钢化玻璃	5	170	220	8.5	14

① 高强度。钢化玻璃的应力分布在玻璃厚度方向上呈抛物线形。表面层为压应力，内层为张应力。同等厚度的钢化玻璃抗弯强度和抗冲击强度是普通玻璃的2～5倍。

② 较好的抗风压性能。不同类型玻璃的平均破坏风载荷见表2.4。

表 2.4　不同类型玻璃的平均破坏风载荷

玻璃板规格 1.8 m×1.5 m	厚度（mm）	平均破坏风载荷（kPa）	玻璃板规格 1.8 m×1.5 m	厚度（mm）	平均破坏风载荷（kPa）
普通浮法玻璃	3	3.52	钢化玻璃	5	5.32
	8	5.46			
半钢化玻璃	5	6.14	钢化中空玻璃	5＋5	8.08
	8	8.36	钢化夹层玻璃	5＋5	6.86

③ 良好的热稳定性。钢化玻璃具有良好的热稳定性，可承受的温度突变范围为220～300 ℃，普通平板玻璃仅为70～100 ℃。

④ 安全性。钢化玻璃破坏时首先是发生在内层，由拉应力作用引起破坏的裂纹传播速度很快，同时外层的压应力有保持破碎的内层不易散落的作用，因此钢化玻璃在破裂时，只产生没有尖锐角的小碎片，可极大地降低对人体的伤害。钢化玻璃的碎片状态见图2.2。

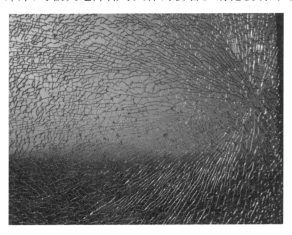

图 2.2　钢化玻璃的碎片状态

（2）钢化玻璃的缺点

钢化玻璃存在自爆缺陷，自爆率一般为 1‰～3‰。钢化玻璃自爆是指在无外部作用力的情况下，玻璃自身发生破碎的现象。

① 自爆的原因

玻璃中存在着微小的硫化镍结石，硫化镍是一种晶体，存在两种晶相——高温相 α-NiS 和低温相 β-NiS，相变温度为 379 ℃。玻璃在钢化炉内加热时，因加热温度远高于相变温度，NiS 全部由 β 相转变为 α 相。然而，在随后的快速冷却过程中，α-NiS 来不及转变为 β-NiS，从而被冻结在钢化玻璃中。在室温环境下，α-NiS 是不稳定的，有逐渐转变为 β-NiS 的趋势。这种转变伴随着 2%～4% 的体积膨胀，使玻璃承受巨大的相变拉应力，在玻璃内部引发微裂纹，从而导致钢化玻璃自爆。

此外，钢化度不均、磨边质量差、安装不当给玻璃造成额外应力等均有可能引起钢化玻璃自爆。

② 自爆的解决方法

● 使用含较少硫化镍结石的原片，即使用优质原片；

● 避免玻璃钢化应力过大；

● 钢化后表面应力均匀；

● 对钢化玻璃进行二次热处理，通常称为引爆或均质处理。进行二次热处理时，一般分为 3 个阶段：升温、保温和降温过程。升温阶段为玻璃的表面温度从室温升到 280 ℃ 的过程；保温阶段为所有玻璃的表面温度均达到（290±10）℃，且至少保持此温度 2 h；降温阶段为从玻璃完成保温阶段后开始降至室温的过程。

值得一提的是，真空玻璃的封边与排气过程可相当于对钢化玻璃进行了二次热处理，有自爆隐患的玻璃在此过程中破碎，从而有效地避免了钢化真空玻璃在安装到建筑物以后自爆。

（3）钢化后的玻璃不能再进行切割和加工，只能在钢化前将玻璃加工成需要的尺寸和形状。

（4）钢化后玻璃会产生弯曲变形

钢化玻璃有一定程度的弯曲变形，变形程度由设备与钢化工艺决定，变形过大会造成真空、中空、夹层玻璃的黏结部分开裂，影响产品质量，并且会产生光畸变，影响建筑的外观效果。

（5）高温加热后退火

钢化玻璃高温加热时表面应力会松弛和变小，导致强度变小，碎片颗粒度变大。钢化玻璃的退火程度与加热温度关系曲线见第 1 章图 1.21，从图中可以看出，钢化玻璃表面应力的衰减速度随着加热温度的升高而逐渐加快。经过真空玻璃的封边过程，钢化玻璃的表面应力有一定程度的衰减，如何在保证封边质量的前提下使表面应力仍维持在钢化水平是钢化真空玻璃工艺的难点所在。

3. 真空玻璃对钢化玻璃的技术要求

用于制作真空玻璃的钢化玻璃，应符合下列要求：

（1）外观质量及性能必须满足《钢化玻璃》（GB 15763.2—2005）国家标准的相关规定。

（2）较低的自爆率。

（3）玻璃变形小。弓形弯曲小于 2‰，波形弯曲小于 1.5‰。

另外，需要指出的是，由于真空玻璃是由两片玻璃通过支撑物形成狭缝空腔，其支撑厚度为 0.15～0.50 mm，为了减小因玻璃平整度偏差引起的无效支撑或者过度支撑等支撑缺陷，避免应力集中甚至玻璃破碎，当采用钢化玻璃作为真空玻璃原片进行制备时，对钢化玻璃的平整度要求更高，除应满足国标要求外，还应严格限制玻璃的平整度指标，尤其是波形弯曲应控制在 0.1 mm（甚至更低）以内。同时，由于真空玻璃在制备过程中存在钢化玻璃应力退火，故应根据应力衰退程度选择合适的钢化度（即原始表面应力），以确保真空玻璃制备后玻璃的钢化度和应力指标满足要求。

2.2 封 边 材 料

用于玻璃之间封接的密封材料根据化学成分可以分为无机非金属材料（低熔点玻璃粉）、金属材料（Pb-Sn 焊锡等）和有机材料（聚酰亚胺胶粘剂等）。目前，多数真空玻璃生产企业采用低熔点玻璃粉作为封边材料，也有企业宣布已成功用金属材料封边技术生产真空玻璃，用有机材料封边的技术尚未有成功的报道。本节重点介绍低熔点玻璃粉材料的性能和特点，并简要介绍有机封接材料，金属封接材料将结合金属封边工艺在第 3 章介绍。

2.2.1 真空玻璃对封边材料的技术要求

真空玻璃是一种静态真空器件，为了保持良好的保温性能，要求内部气体压力在其寿命期间内始终维持在 0.1 Pa 以下。作为建筑整体的一部分，真空玻璃的真空寿命应按 50 年设计。真空玻璃的封边材料应满足如下条件：

（1）较低的气体渗透率；

（2）较低的放气率；

（3）足够低的饱和蒸气压；

（4）与玻璃可以形成良好的密封；

（5）具有较好的化学稳定性和热稳定性；

（6）足够的机械强度；

（7）具有良好的耐久性。

为了获得可靠的边部封接，保证边部在真空玻璃使用寿命周期内的密封性，低熔点玻璃粉必须满足下列条件：

（1）低熔点玻璃粉的热膨胀系数与基板玻璃的膨胀系数差异不宜超过 10%。这是因为在封接过程中，低熔点玻璃粉与玻璃黏结并固化以后，在冷却过程中，两种材料的热收缩特性不一致会产生应力。作用于玻璃基板上的应力 F 可以用下式表达：

$$F = E(\alpha_s - \alpha_g)\Delta T$$

式中 E——玻璃基板的纵向弹性模量（N/mm²）；

α_s——玻璃基板的膨胀系数($\times 10^{-5}/℃$);

α_g——低熔点玻璃粉的热膨胀系数($\times 10^{-5}/℃$);

ΔT——固化温度与测定温度之差(K)。

当 $\alpha_s > \alpha_g$ 时,$F > 0$,玻璃基板受到拉应力,固化的玻璃焊料承受压应力;

当 $\alpha_s < \alpha_g$ 时,$F < 0$,玻璃基板受到压应力,固化的玻璃焊料承受拉应力。

由于玻璃材料的抗压强度远大于抗拉强度,所以玻璃焊料承受压应力时,焊料的强度较大,而玻璃基板承受压应力时,基板不易破裂。因此,玻璃粉的膨胀系数应根据低熔点玻璃粉和玻璃的强度特性,综合考虑后做出选择。两者的膨胀系数差异不宜超过 10%。

(2) 玻璃焊料要保证足够的气密性,其熔封后要形成玻璃态,渗透率和放气率低到可以忽略不计的程度,这样才能保证真空玻璃的真空寿命。

(3) 低熔点玻璃粉的封接温度必须低于玻璃基板的软化温度,在满足封接要求的前提下,玻璃粉的封接温度越低越好。如果封接温度高于玻璃基板的软化温度,玻璃基板在封接过程中会软化变形,而且封接温度高会造成工艺时间长、钢化玻璃退火能耗大、成本高等一系列问题。

(4) 低熔点玻璃粉要有良好的润湿性。润湿性反映了玻璃粉与玻璃间结合的能力,其优劣以图 2.3 所示润湿角 θ 来表示,润湿角越小,玻璃粉与玻璃结合得越好。润湿角的几何做法是以液滴与基板的交界线作为润湿角的一边,在液滴边缘与基板相连接的地方作切线,便构成润湿角的另一边,这两边之间的夹角 θ 即为润湿角。当 $\theta = 0°$ 时,液体对固体"完全润湿",液体将在固体表面完全展开,铺展成一层。当 $\theta = 180°$ 时,此时液体对固体"完全不润湿"。

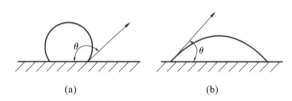

(a)　　　　　　　　　　(b)

图 2.3　液滴在固体表面上的润湿现象

(a) Hg 在玻璃表面($90° < \theta < 180°$);(b) 水在玻璃表面($\theta < 90°$)

(5) 低熔点玻璃粉在熔化温度下要有一定的流动性。流动性是一项重要的指标。它是将 10 g 低熔点玻璃粉在 7 MPa 压力下压制为 $\phi 12$ mm 的圆柱体,然后将圆柱体加热熔化,使其在基体上铺展为纽扣的形状,通过测定此"纽扣"的平均直径来确定样品流动性的好坏,通常也叫作"纽扣试验"。流动柱直径越大,流动性越好。流动柱直径为(20 ± 1.5)mm 为佳,超过这个范围的上限,低熔点玻璃粉容易渗出封接面,致使封接层达不到一定的厚度,容易出现边部应力和封接缺口。而当小于下限时,流动性太差,不能填满整个封接面,造成封接缺口和边部应力。

(6) 封接后的低熔点玻璃粉应具有很高的机械强度、很好的热稳定性和化学稳定性。在封接和使用过程中,封接玻璃应当稳定,不与空气和水汽产生激烈的化学反应,也不放出气体或析出其他物质。在温度变化时,固化的玻璃焊料不破裂和漏气。

2.2.2　含铅低熔点玻璃粉

低熔点玻璃粉又称为焊料玻璃或封接玻璃,它是一种用于玻璃、金属、陶瓷之间封接的焊接材料,具有良好的密封性与耐久性,是电子行业广泛使用的封接材料,常用于 CRT(阴极射线管)、VFD(真空荧光显示屏)及 PDP(等离子显示板)等显示器件玻壳的封接。低熔点玻璃粉按照封接后是否析晶分为结晶型玻璃粉与非结晶型玻璃粉[5-6]。

1. 结晶型低熔点玻璃粉

结晶型低熔点玻璃粉在熔融状态下开始析晶,这时黏度较小,流动性好,在熔封的过程中同时完成晶化。常用的结晶型低熔点玻璃粉有 PbO-ZnO-Bi_2O_3 系和 ZnO-Bi_2O_3-SiO_2 系,可应用于彩色显像管屏锥的封接。

(1)结晶型低熔点玻璃粉的优点

① 膨胀系数在一定程度上的可控性。通过结晶化,析出不同膨胀系数的晶体。根据析出结晶相的种类和数量,可以较大幅度地调节焊料的膨胀系数。

② 一般情况下,结晶型低熔点玻璃粉中的结晶相的强度高于玻璃相,这样,封接玻璃的总体强度提高。

③ 由于在封接玻璃中均匀地分布着晶体,大大提高了封接玻璃的机械强度、热稳定性和化学稳定性。

(2)结晶型低熔点玻璃粉的缺点

① 由于在封接过程中析晶,结晶型低熔点玻璃粉不能重复加热封接。因此,当使用结晶型玻璃粉制作真空玻璃时,如果出现封接漏点、焊料未充分熔融等封边缺陷,组件将直接报废,不能再次加热返工。

② 由于析晶过程与熔封工艺一次完成,若析晶过快,焊料会流散不畅,黏度瞬时增大,被封接体不能被很好地润湿,影响气密性。

③ 结晶型焊料的封接条件比非结晶型焊料的要求高,操作工艺的选择性强。若选择不当,一方面达不到调节性能的目的,另一方面由于晶相转化引起体积变化,会导致封接件漏气或炸裂。

④ 由于析晶过程包括晶核形成与晶体生长两个阶段,为了使析晶充分、晶化完全,一般都需要保温一段时间,因而封接过程所需的时间比非结晶焊料的长。

2. 非结晶型低熔点玻璃粉

非结晶型低熔点玻璃粉在加热熔封过程中和封接后始终保持稳定的玻璃态而不析晶。多数是用含有较多 PbO、Ti_2O、Bi_2O_3、CdO 等重金属氧化物制得的,并添加多种 Al_2O_3、SiO_2、Na_2O、CaO、BaO 等金属或非金属氧化物,来调节膨胀系数、耐水性、封接温度、化学稳定性和流动性。

非结晶型低熔点玻璃粉的优点如下:

① 在封接过程中不析晶,因此可以重复加热封接;

② 具有良好的流动性和润湿性,能充满所需封接的空间;

③ 封接接合处的外观质量好,气密性也好;

④ 由于封接过程中不存在晶相转化问题,因而热膨胀系数前后一致,不存在明显的体积变化,产生的封接应力相对稳定;

⑤ 封接工艺简单。

不足之处是与结晶型玻璃粉相比,非结晶型玻璃粉封接层的力学性能和抗震能力稍差。

目前,我国低熔点铅系封接玻璃已取得技术性突破并实现工业化生产,并广泛应用于真空玻璃的封接和各种电子封接领域,部分牌号产品的封接温度已接近 360 ℃。真空玻璃常见铅系低熔点封接焊料的性能如表 2.5 所示。

表 2.5　铅系低熔点玻璃焊料的性能

性 能 参 数	指 标
封接温度(℃)	360～460
热膨胀系数(×10^{-7}/℃)	75～85
玻璃密度(g/cm^3)	6.8
化学稳定性	—
体积电阻率(Ω·cm)(室温、湿度 50%)	>10^{14}
黏结强度(MPa)	>0.8
流动性(φ10 mm 流动柱)	>150%

注:表中指标数据仅供参考。

2.2.3　无铅低熔点玻璃粉

目前,绝大多数可实用化的封接玻璃材料为含铅玻璃,其氧化铅含量都比较高,一般在 30%～80% 之间。因此,大部分电子器件以及真空玻璃还在使用含铅的玻璃焊料。但是相对来说,真空玻璃中使用含铅焊料的比例很低,以长、宽各为 1 m 的厚 5 mm 的两片玻璃制成的真空玻璃为例,玻璃约重 25 kg,需要 40 g 左右的焊料进行封接,玻璃焊料中的氧化铅含量仅占到真空玻璃总质量的 1‰ 左右。这与某些小型电子元器件中高比例使用含铅焊料相较而言,几乎可以忽略不计。并且真空玻璃封接焊料被两片玻璃夹在中间,再被密封在门窗框内,不会接触到外界空气、水和人体,危害十分有限。然而从长远考虑,含铅玻璃及焊料的广泛使用必然刺激其大量生产,仍然给人类的绿色生活造成了隐患,需要予以重视,应逐渐使用无铅化产品来替代。某些无铅玻璃焊料的组成及用途、性质见表 2.6。

表 2.6　某些无铅玻璃焊料的组成及用途、性质

玻璃组成	用　途	性　质
V_2O_5-P_2O_5	低熔封接	$\alpha=(7.1\sim8.5)\times10^{-6}$/℃,烧结温度 400～600 ℃
SnO-P_2O_5	CRT、PDP、VFD 封接	$\alpha=(8.9\sim10.3)\times10^{-6}$/℃,烧结温度 410～490 ℃
ZnO-P_2O_5	CRT、PDP、VFD 封接	$\alpha=(8.0\sim11.0)\times10^{-6}$/℃,软化温度 390～470 ℃
R_2O-Al_2O_3-B_2O_3-SiO_2	PDP 障壁	$\alpha=7.5\times10^{-6}$/℃,烧结温度 580 ℃

玻璃组成	用　途	性　质
R_2O-SrO-BaO-SiO_2	阴极射线管	$\alpha=(9.7\sim10.0)\times10^{-6}/℃$
B_2O_3-SiO_2 RO-R_2O-SiO_2	放电灯芯柱用 白炽灯、荧光灯芯柱	$\alpha=(9.25\sim9.45)\times10^{-6}/℃$
RO-WO_3-P_2O_5	装饰、电子材料的 封接、被覆	$\alpha=(5.0\sim9.5)\times10^{-6}/℃$
RO-B_2O_3-Bi_2O_3	电子电路的封接、 绝缘、被覆	$\alpha=(8.0\sim11.8)\times10^{-6}/℃$,烧结温度 430~650 ℃

当前,无铅玻璃焊料是国内外电子材料业界的研发热点,国内外诸多材料厂家都在封接焊料无铅化这一领域做了大量工作,并取得了丰硕的成果,500 ℃左右的无铅封接焊料已经是成熟的产品。在低温无铅封接玻璃研究和开发方面,目前较多的研究集中在磷酸盐、钒酸盐、铋酸盐等几个体系,但是封接温度、膨胀系数、密封性、黏结强度、化学稳定性等参数都能符合真空玻璃要求的无铅玻璃焊料十分稀少,大多数市场产品的封接温度和膨胀系数都较高或者化学稳定性较差,不满足真空玻璃制备要求。目前,国内某科研机构已开发出 430 ℃的无铅红外封接焊料,可用于钢化真空玻璃的边部封接。另据报道,日本已研发出封接温度在 360 ℃以下的无铅低熔点玻璃粉,但价格较高。期待低封接温度、平价的无铅低熔点玻璃粉研发能早日取得技术突破,使得无铅钢化、半钢化真空玻璃早日实现规模化生产[7-8]。

2.2.4　调和剂

低熔点玻璃粉使用时需与调和溶剂混合搅拌成膏状之后再涂覆到封接面上,常用的溶剂由黏结剂溶解到有机溶剂中制成,黏结剂一般选用硝棉或乙基纤维素。采用的溶剂通常是醋酸戊酯、醋酸乙戊酯、丁酯、甲基丙酸酯、原甲酸三乙酯、松油醇等。

2.2.5　真空密封胶

真空密封胶在真空行业常用于动态真空下的密封和真空堵漏。常用的真空密封胶的主要成分是有机高分子材料,这类胶粘剂黏结性好,操作方便,可连接各种不同材料,但其耐热性不好,只能在较低温度下使用。而可以在 200~500 ℃或更高温度下使用仍不失原有黏结性能的耐高温密封胶,目前主要是环氧类、改性酚醛类、有机硅类、聚酰亚胺类和其他含氮杂环类。日本板硝子公司在专利中曾提出使用乙烯-乙烯醇聚合物作为封边材料,通过紫外线吸收剂、光稳定剂、苯酚系列稳定剂等防止其氧化分解放气,并且配有由能够吸收或反射紫外线及可见光等光线的材料构成的抛光槽,阻断紫外线照射封边材料,但未见成功的报道[9-10]。

真空玻璃属于长寿命的静态真空器件,要求封接材料具有耐高温、低饱和蒸气压、低放气率和渗透率、高化学稳定性、高强度、长寿命等一系列的性能特点,此外,材料价格也是一个重要的考虑因素。目前,还未发现适用于真空玻璃边部密封的真空密封胶。

2.3　支撑物材料

真空玻璃内部真空层与外部大气间存在一个大气压的压差，因此每平方米真空玻璃要承受约 10^5 Pa 的大气压力。为防止上下片玻璃贴合，需要在两片玻璃中间放置支撑物来间隔和支撑。根据支撑物所使用的材料，可以分为金属支撑物与玻璃支撑物两类。

2.3.1　真空玻璃对支撑物的技术要求

真空玻璃对支撑物的技术要求如下：

(1) 具有较高的力学强度。由于每平方米真空玻璃承受 10^5 Pa 的大气压力，每个支撑物要承受很高的压强，因此要求支撑物具有较高的力学强度，否则支撑物会产生变形（金属支撑物）或破裂（玻璃支撑物）。

(2) 真空下出气量低。每平方米真空玻璃中置有 500～2500 个支撑物，如果支撑物的出气量较大，会使真空玻璃内部真空度升高，影响真空寿命。

(3) 支撑物的直径不超过 1 mm。支撑物是两片玻璃间的热桥，直径大会产生较大的支撑物热导，此外，支撑物直径大于 1 mm 时会特别醒目，视觉效果差。一般金属支撑物的直径为 0.3～0.6 mm，并可以做成圆环状，由于圆环的中心部位可以透光，视觉效果较好。

(4) 传热系数尽可能小。为了减少支撑物传热，应选择传热系数尽可能小的材料。

(5) 可以承受 400 ℃以上的高温加热而性能不发生改变。由于真空玻璃的封边温度通常为 380～460 ℃，因此，要求支撑物经过封边过程后其力学强度和性能不发生明显变化。

(6) 支撑物无毛刺和尖角。由于支撑物与玻璃直接接触，在大气压的作用下在接触面处产生较大的应力，支撑物上的毛刺和尖角会使得玻璃产生微裂纹甚至破裂。

(7) 尺寸一致性好。个别支撑物直径过小或者厚度差异过大都会造成支撑应力分布不均，从而可能使玻璃破裂。

2.3.2　金属支撑物

金属材料具有较高的力学强度和良好的变形能力，是制作支撑物的理想材料，可选用不锈钢、可伐合金、铝合金等。支撑物的形状可以是圆片形、圆环形、C 形。其中，圆环形的支撑物为了使得中心圆孔内的气体充分排出，在圆环的一面设有通气槽。金属支撑物外径一般为 0.3～0.6 mm，厚度为 0.1～0.5 mm。为了防止金属硬度过大使得玻璃产生微裂纹，应选择硬度适中的金属或合金。一种不锈钢支撑物正面和侧面的照片见图 2.4。

2.3.3　玻璃支撑物

玻璃支撑物按照制作工艺可分为采用玻璃板腐蚀工艺制成的支撑物、玻璃粉膏烧结制成的支撑物和微晶玻璃支撑物三种。下面分别介绍这三种支撑物的性能和特点。

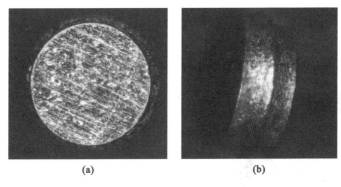

图 2.4 一种不锈钢支撑物

(a) 正面的照片；(b) 侧面的照片

(1) 采用玻璃板腐蚀工艺制成的支撑物

采用玻璃板腐蚀工艺制成的支撑物如图 2.5 所示，支撑物为不规则的圆台形。制作时先在玻璃平板上按支撑物间距和直径点上油墨点，油墨固化后使用酸液将平板玻璃的一面按照支撑物的厚度腐蚀掉一层，只保留其中油墨覆盖的部分。腐蚀工艺控制得当的话，支撑物的上表面即玻璃平板的原表面，若腐蚀程度过大或油墨与玻璃黏结力不够，酸液会将支撑物上表面腐蚀，则容易造成支撑物高度不一致的问题，制成真空玻璃后，支撑应力不均，容易造成支撑物或玻璃破裂，而且支撑物的形状较难控制。此项技术对腐蚀工艺的技术要求较高。

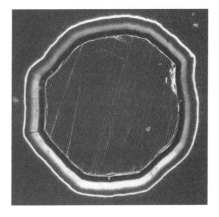

图 2.5 采用玻璃板腐蚀工艺制成的支撑物

由于支撑物本身就是平板玻璃，因此支撑物的传热系数较小，约为 $1.0\ \mathrm{W \cdot m^{-2} \cdot K^{-1}}$，由此种支撑物制成的真空玻璃其支撑物热导较低，传热系数稍低于使用金属支撑物的真空玻璃。

(2) 玻璃粉膏烧结制成的支撑物

此种支撑物是借鉴电子工业制造厚膜电路的技术，用点胶机将调和好的液态封接玻璃浆料按矩阵点在玻璃板上，再经高温烘烤固化成型，制成粘在一片玻璃上的支撑物。其形状如图 2.6 所示，颜色可以做成透明、半透明、黑色、深灰色等。直径在 0.4～0.8 mm 之间，厚度为 0.1～0.16 mm。

图 2.6 玻璃粉膏烧结制成的支撑物的形状

此种支撑物的抗压强度低于金属支撑物,因此支撑物间距不宜过大,否则支撑物会因为压强过大而破碎。而且,由于不同温度下熔融玻璃焊料的流动性不同,因此,在加热固化时,温度高的位置玻璃焊料流动性好,支撑物厚度小,温度低的位置玻璃焊料流动性差,支撑物厚度大,所以该种支撑物的厚度均匀性较难控制[11]。

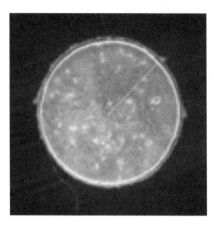

图 2.7　微晶玻璃支撑物图片

（3）微晶玻璃支撑物

微晶玻璃支撑物,顾名思义,是采用微晶玻璃制成的支撑物,具有机械强度高、绝缘性能好、热稳定性好、使用温度高的优点。其传热系数约为 $1.6\ \mathrm{W\cdot m^{-2}\cdot K^{-1}}$,低于不锈钢,高于普通玻璃。微晶玻璃支撑物的成本相对较高,目前并未得到批量应用。一种微晶玻璃支撑物的实物照片见图 2.7。

2.3.4　其他

通俗地讲,能够满足真空玻璃支撑应力需求并且在真空下气体释放满足要求的材料均可做成支撑物使用,目前已有的支撑物报道还有:金属微珠、玻璃微珠、陶瓷微珠、高分子材料及玻璃表面微结构等。

除材料要求外,支撑物形貌和微结构更是支撑物性能评价的关键指标,比如第 1 章第 1.3.2 节中图 1.34 所设想的带有过渡层结构的支撑物是非常理想的,但目前尚未实现,同时要兼顾支撑物在玻璃表面布放的效率和方便性。一般来说,支撑物与玻璃平板成弧面接触有利于减小应力集中和玻璃表面微裂纹,空心支撑比实心支撑更有利于降低热导。根据不同的支撑物类型和结构,应设计合理的支撑物间距和布放方式,支撑物选择和布放间距应以不造成支撑物自身破损和玻璃表面出现微裂纹为标准。支撑物布放间距的设计和计算将在本书第 5 章中介绍。

2.4　封口材料

真空玻璃通过玻璃基板上的抽气孔完成烘烤排气并达到指定的真空度之后,需要加热封口材料将抽气孔密封。封口材料根据不同的封口工艺可分为玻璃管、封口片和封口玻璃珠三种。目前,玻璃管与封口片已用于规模化真空玻璃生产,由于玻璃珠材料开发的原因,玻璃珠密封排气孔的方法目前未能实现技术突破。真空封离是真空玻璃制作过程的最后一道工序,因此封口材料的质量对真空玻璃的真空度有着至关重要的影响。

2.4.1　封口玻璃管

采用玻璃管封口的真空玻璃的一种结构见图 2.8。抽气管的位置有两种,可位于玻璃表面一角或玻璃侧边。抽气管的材质影响到熔化温度、加热熔化时的放气量和玻璃管的膨胀系数;抽气管的直径影响着封离高度和排气速率;抽气管的壁厚会影响封离后抽气管的强度和密封质量。因此,封口玻璃管的材质选择和尺寸设计非常重要。

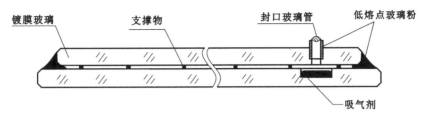

镀膜玻璃 支撑物 封口玻璃管 低熔点玻璃粉

吸气剂

图 2.8 玻璃管封口的真空玻璃

(1) 真空玻璃对封口玻璃管的技术要求

① 玻璃管的膨胀系数与浮法玻璃的膨胀系数接近,差值不超过 5%;

② 玻璃管的封接温度低于 700 ℃;

③ 玻璃管加热熔融后形成可靠的密封。

(2) 封口玻璃管的材质

封口玻璃管采用制造干簧管继电器用的红外吸收玻璃管,这种红外吸收玻璃管是在玻璃配料中加入 Fe 元素,而且使之成为 Fe^{2+} 的形态。Fe^{2+} 具有红外吸收特性,其吸收高峰为 $1.02 \sim 1.12~\mu m$[12]。而卤钨灯的灯丝或在真空中通电加热的钨丝线圈的辐射光谱的峰值恰好在 $1~\mu m$ 左右。CO_2 激光器的发射波长为 $1.06~\mu m$,都可以作为加热光源来熔封红外吸收玻璃管,达到快捷有效的封离。第 1 章图 1.40 即为使用卤钨灯熔封红外玻璃管的示意图。对封口玻璃除了要求具有较高的红外吸收率外(一般超过 90%),还要求膨胀系数与平板玻璃及所用的低温焊料匹配,使之产生压应力效果。

(3) 封口玻璃管的尺寸设计

抽气管的内径越大,抽气速率越大;管壁越厚,需要的加热功率越大,加热时间也越长,而管壁薄的话,管口会封不住,造成漏气。综合考虑,一般封口玻璃管的内径可选择 $1.5 \sim 2.5~mm$ 之间,壁厚选择 $0.3 \sim 1~mm$ 之间。

玻璃管的长度与排气装置有关,对于接触式真空杯排气方式,玻璃管的长度一般为 $5 \sim 10~mm$。对于第 1 章图 1.47 所示的悬浮水冷真空头方式,玻璃管的长度一般为 $40 \sim 50~mm$,两种排气装置将在第 3 章中讲述。

2.4.2 金属封口片

玻璃管的强度较差,容易在搬运、安装过程中被碰坏造成真空失效,扁平结构的金属封口片正好可以弥补这个缺点。相比于封口玻璃管,金属封口片有以下几个优点:

① 扁平结构,使强度得到提高,不容易被碰坏造成漏气;

② 可以加大抽气孔直径,从而减少抽气孔流阻,并且消除了抽气管流阻,可以在一定程度上加快抽气速度;

③ 可以将吸气剂放置在抽气孔内,从而无须在另一片玻璃上磨出吸气剂凹槽,简化了生产工艺。

考虑到与玻璃的匹配封接问题,封口片可选择与玻璃膨胀系数接近的可伐合金,使用低熔点玻璃粉将可伐合金与玻璃封接。为了保证可伐合金与低熔点玻璃粉黏结的密封性和可靠性,对可伐合金进行烧氢处理,在金属表面形成一层致密的氧化层,保证封接质量。封口片和采用封口片封口的真空玻璃的结构见图 2.9,封口片直径在 $10\sim20$ mm 之间,金属片厚度约为 0.2 mm,封口片整体厚度约为 0.5 mm。

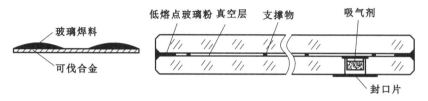

图 2.9　封口片和采用封口片封口的真空玻璃

需要注意的是,普通的低熔点玻璃粉在真空中加热时,其中的金属氧化物会发生氧化还原反应,产生大量的气孔,无法形成可靠的封接,因此封口片必须采用可在真空下加热封接的低熔点玻璃粉。

2.4.3　封口玻璃珠

使用封口玻璃珠封口是真空保温杯封离的成熟技术,封口玻璃珠由封接玻璃材料制成,一般为圆桶形或带有通孔的圆球。使用时将封口玻璃珠固定在抽气孔处,待排气完成后,将工件加热或单独对封口玻璃珠进行加热,使其熔化后将抽气孔密封。目前,现有封口玻璃珠的膨胀系数和封接温度较高,不适用于真空玻璃。

使用封口玻璃珠的优点是可以将封口玻璃珠在真空玻璃加热前放置到抽气口上,避免了封口片在封口时的定位问题。

2.5　吸　气　剂

吸气剂也称消气剂,是能有效地吸收某些(种)气体分子的制剂或装置的通称。使用吸气剂的目的是获得、维持真空或者纯化气体成分。吸气剂广泛应用于各类真空器件中,用以维持稳定器件的真空度,对维持器件的性能和使用寿命发挥着重要的作用。真空玻璃和电视显像管、太阳能集热管等真空器件一样,属于全玻璃密封静态真空器件,在使用过程中,在光照和温度的作用下,真空层内的材料会释放出少量气体。此外,也会有微量气体通过玻璃表面渗透到真空层。为了保持真空度,除采用高温烘烤排气等真空获取技术外,还需要在真空玻璃内置入吸气剂,不断吸收真空层内增加的气体,从而维持真空玻璃的性能和真空寿命[13,14]。

2.5.1　吸气剂的分类

吸气剂根据获得清洁(活性)表面的不同方式,可分为蒸散型吸气剂与非蒸散型吸气剂两大类。

（1）蒸散型吸气剂

蒸散型吸气剂也称为扩散型或闪烧型吸气剂,是用加热蒸散的方法,将吸气材料沉积在真空器件内壁上形成吸气膜,用以吸附气体的一类吸气剂。常用的蒸散型吸气剂有钡铝镍吸气剂、掺氮吸气剂。使用时,在真空中加热蒸发形成疏松多孔的钡金属薄膜,这层薄膜具有非常好的化学活性,在室温至 200 ℃的范围内,能有效地吸收 N_2、H_2、O_2、CO_2、H_2O 等气体,并且具有较高的吸气速率。

蒸散型吸气剂在高温时会释放出气体,其中含有一定量的氩气,氩气是吸气剂不可吸收的气体,将长期残留在器件内。因此,对于小尺寸的真空玻璃,蒸散型吸气剂高温烤消时释放出的氩气会造成真空玻璃真空层内压强升高,从而导致真空玻璃的传热系数变大。4 种国产蒸散型吸气剂的性能参数见表 2.7。

表 2.7　4 种国产蒸散型吸气剂的性能参数

吸气剂种类	型号	起蒸时间（s）	总蒸时间（s）	得钡量（mg）	总放气量（Pa·L）
钡铝镍吸气剂	TPY14/0/5/1	5.0	7	1.0	＜1.33
钡铝镍吸气剂	BI5U1X	4.5	10	1	≤1.33
掺氮吸气剂	TPY224/0L/13/25	6.3	20	25	＜12
掺氮吸气剂	BN12L25	6.8	20	25	≤26.66

（2）非蒸散型吸气剂

非蒸散型吸气剂是指加热激活获得清洁（活性）表面后,吸气剂不改变形状就可以直接吸收活性气体的吸气剂。此类吸气剂适于应用在不能使用蒸散型吸气剂的真空器件。例如器件体积很小,或者没有合适的蒸散成膜表面,或者怕漏电和工作温度高的器件等。常用的非蒸散型吸气剂有锆铝吸气剂、锆钒铁吸气剂、锆石墨吸气剂、钛钼吸气剂、钛锆钒吸气剂等。非蒸散型吸气剂具有吸气量大、维持时间长、可反复激活使用、器件可以返修、应用范围广的优点,可广泛应用于电光源、热绝缘装置、电真空器件、惰性气体净化和基本粒子研究等领域,起到了维持器件真空度和提纯惰性气体的作用。

非蒸散型吸气剂激活时会放出 H_2、H_2O、CO、CO_2 及 C/H 化合物等气体。每种吸气剂的激活条件与工作温度都各不相同。

表 2.8 中列出了几种非蒸散型吸气剂的成分、性能和应用范围。

表 2.8　各种非蒸散型吸气剂

名称	意大利 SAES 公司代号	成分	性能	应用范围
锆铝 16	st101	Zr 84%，Al 16%	700～900 ℃激活,300～400 ℃工作	电光源,锆铝泵,气体纯化
锆钒铁	st707	Zr 70%，V 24.6%，Fe 5.4%	350～450 ℃激活,室温工作	热绝缘装置,行波管,图像增强器,氦处理
锆石墨	st171	Zr 84%，C 16%	700～900 ℃激活,室温工作	图像增强器,含铯器件,X 射线管

续表 2.8

名称	意大利 Saes 公司代号	成分	性能	应用范围
锆铁	st198	Zr,Fe	吸收除 N_2 外的活性气体	充气灯,气体净化,氚处理
锆铁锰	st909	Zr,Fe,Mn		氚的处理和储存
锆镍	st199	Zr,Ni	有较强的吸收 H_2O、H_2 的能力	核装置
锆-锆铝 16	st181	Zr+ZrAl 16	烧结多孔型	粒子加速器,气体净化
锆-锆钒铁	st172	Zr+ZrVFe	烧结多孔型	粒子加速器,气体净化
锆钴		Zr,Co		氚的预处理
钛-锆铝 16	st121	Ti 70%,ZrAl 16 30%	烧结多孔型,750 ℃激活	粒子加速器,气体净化
钛-锆钒铁	st122	Ti 70%,ZrVFe 30%	烧结多孔型,750 ℃激活	粒子加速器,气体净化
钛钼		Ti 90%,Mo 10%	在大气中加热至 400～500 ℃,1 h 吸气量可大增	能承受较大的机械外力
镧镍铝	st929	La,Ni,Al		重氢的预处理及回收
钛汞齐	st505	Ti,Hg	释汞,少量放气	释汞剂

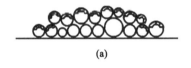

(a)

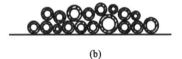

(b)

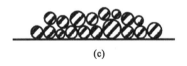

(c)

图 2.10 吸气剂的吸附-扩散模型

(a) 表面吸附;(b) 表面扩散;(c) 内部扩散

（3）吸气机理

吸气剂的吸气机理主要为吸附和扩散,且两者相依相存,吸附-扩散模型见图 2.10。非蒸散型吸气剂的吸气过程为表面吸附、内部扩散。蒸散型吸气剂的吸气过程为蒸散吸气、表面吸附和内部扩散（体扩散）。

① 蒸散吸气:蒸散型吸气剂加热烤消时,蒸散出来的钡原子与空间内的气体分子相碰撞,在碰撞过程中有的钡原子仅改变其蒸散方向,有的则与气体分子发生化学作用,产生相应的化合物,并且沉积在管壳内表面上。

② 表面吸附:当气体分子碰撞固体表面时,它可能被弹回,也可能被吸附。

③ 内部扩散:表面被吸附的气体,具有较大的表面迁移率,它可以迅速地在整个表面扩散开来,随着表面扩散的进行,在一定的条件下,表面吸附的气体将进一步向吸气金属内部进行内部扩散。内部扩散的形式有:

a. 深入金属表面凹陷或损伤部位;

b. 浸入晶界之间;

c. 扩散到结晶本身的缺陷之中;

d. 和金属化合成金属间化合物;

e. 和金属形成固溶体。

（4）吸气剂的激活与再生

吸气材料是活性的，很容易吸收活性气体，当吸气剂工作一段时间或在大气中暴露后，活性气体分子停止向吸气剂体内扩散，在吸气剂颗粒表面形成一层由氧化物和碳化物组成的致密的钝化膜，这层膜阻止了吸气材料与气体的进一步作用。吸气剂被放入真空器件后，在吸气剂发挥其对气体的吸附作用之前，必须在真空下经过一定温度和时间的加热，使吸附在吸气剂颗粒表面的气体分子向体内扩散，从而消除钝化层，露出新鲜的表面，吸气剂才具有吸气能力，这一过程被称为激活。吸气剂激活常采用高频加热的方法。非蒸散型吸气剂可以反复激活数十次，直到全部饱和为止。

2.5.2　吸气剂在真空玻璃中的应用

目前，真空玻璃所采用的吸气剂有耐高温蒸散型吸气剂、包封非蒸散型吸气剂、耐氧化非蒸散型吸气剂 3 种，下面分别对 3 种吸气剂加以介绍并进行应用技术比较。

（1）耐高温蒸散型吸气剂

日本某公司于 2005 年在专利中提出在真空玻璃中放置蒸散型吸气剂[15]，将真空玻璃抽气口下方打出环状收容孔，放置改善型耐高温 Ba-Al 蒸散型吸气剂。在真空玻璃封离后，将吸气剂加热，蒸散出的金属钡附着在上层玻璃表面形成吸气薄膜。

（2）包封非蒸散型吸气剂

真空玻璃在制作过程中要经受大气中 400 ℃以上较长时间的加热，大多数的吸气剂都会因高温氧化而失效。为解决这个问题，有学者于 2002 年提出了包封吸气剂技术[16-17]。包封吸气剂是指将非蒸散型吸气剂放在金属薄壁容器（包封盒）内，包封盒在真空炉内抽真空、加热，在吸气剂激活之后钎焊密封。将加工好的包封吸气剂放入真空玻璃的凹槽内，待真空玻璃封离后，使用激光透过玻璃在包封盒上打孔将包封吸气剂解封，使得吸气剂可以通过小孔吸收真空玻璃腔体内的气体。

使用包封吸气剂的优点：一是被激活的吸气剂真空密封在金属包封盒内，从而有效避免了真空玻璃制作时较长时间的高温加热对吸气剂性能的影响；二是吸气剂被激活后钎焊料熔化将金属包封盒密封，激活时产生的气体从包封盒内排出，因此不会对真空玻璃的内部真空度产生影响。

（3）耐氧化非蒸散型吸气剂

耐氧化吸气剂的特点是经过空气中较长时间的高温加热后，仍可以保持良好的吸气性能。近几年，国内外吸气剂研究单位与企业都曾开展过耐氧化非蒸散型吸气剂的研究，并取得了较大的进展。但在选用时仍需要考虑吸气剂自身特性与真空玻璃工艺的匹配问题。有的吸气剂虽然在真空玻璃的制作过程中不会氧化失效，但是吸气剂需要在真空玻璃封离前进行 900 ℃左右长达几分钟的加热激活。几分钟的高温激活容易产生热应力导致玻璃破裂，而且封离前激活在真空玻璃的工艺中并不容易实现。

（4）真空玻璃 3 种吸气剂应用方式的比较

3 种吸气剂的应用方式比较见表 2.9。

表 2.9 3 种吸气剂应用方式比较

吸气剂类型	耐高温蒸散型吸气剂	包封非蒸散型吸气剂	耐氧化非蒸散型吸气剂
应用结构	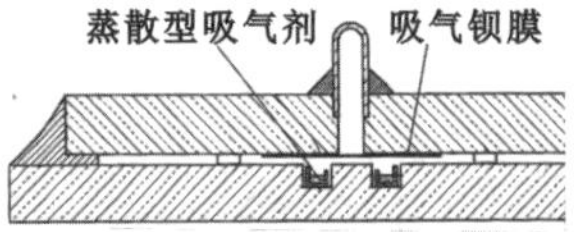 对于采用金属片封口的真空玻璃,吸气剂须放置在远离金属封口片的位置,以避免高频加热时封口片温度升高而脱落	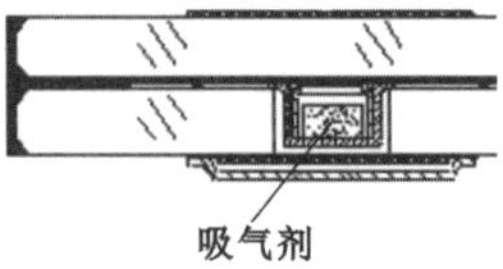 吸气剂可放置在抽气孔内	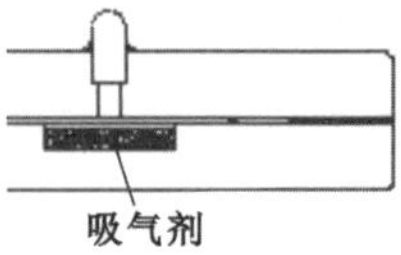 对于采用金属片封口的真空玻璃,吸气剂须放置在远离金属封口片的位置,以避免高频加热时封口片温度升高而脱落
吸气量	受空间限制,蒸散面积小,吸气量小	吸气量较大	吸气量较大
工艺	需在玻璃上打一凹槽放置吸气剂	将吸气剂放置在抽气孔内,玻璃上少打一个孔,吸气剂包封工艺较复杂	需在玻璃上打一凹槽放置吸气剂
外观	钡膜形成不规则的暗斑,视觉效果不佳	形状规则统一,视觉效果好	形状规则统一,视觉效果好
性能	吸气剂蒸散时释放出不可再被吸气剂吸收的氩气,会导致小尺寸真空玻璃的热导升高	性能较好	性能较好

2.5.3 吸气剂的作用

1. 真空玻璃内部气体来源及出气量

在普遍条件下,对任何真空系统均有:

$$\sum Q = Q_c + Q_s + Q_l + Q_g + Q_f$$

式中 Q_c——表面出气率;

Q_s——外部大气的渗透率;

Q_l——漏气率(真空玻璃封边封口采用的材料及工艺路线与显像管生产中的屏锥封接完全相同,显像管近半个世纪的生产和使用实践证明:封边的漏气率完全可以满足真空玻璃使用寿命 50 年的要求,故在计算中漏气率的因素可以忽略不计);

Q_g——工作气源(真空玻璃属静态真空器件,此项不存在);

Q_f——泵液返流(隔层抽真空采用分子泵机组,机组入口至真空玻璃抽气口之间装有平衡罐及总长度超过 1 m 的细长管路,可以认定返流对真空玻璃内出气率无影响)。

因此,具体到真空玻璃的条件下:

$$\sum Q = Q_s + Q_c$$

下面具体计算各种气源对真空玻璃内部真空度的影响。

计算条件：真空玻璃尺寸 1.8 m×2.8 m，N5＋V＋L5 结构，使用寿命 50 年。支撑物为不锈钢圆环，外径 0.6 mm，内径 0.3 mm，厚度 0.15 mm。支撑物间距为 30 mm。采用高温烘烤排气技术，在 300 ℃以上排气 60～90 min。

（1）外部气体的渗透

气体对玻璃的渗透以分子态进行，渗透过程与气体分子的大小和玻璃内部的微孔大小有关。气体分子直径越小，越容易渗透。在各种气体中，氦气对玻璃的渗透率最高，虽然在大气中氦气分压只有 0.53 Pa，但对玻璃主要应考虑氦气的渗透。

同属钠钙玻璃系列的浮法玻璃，其中的碱性氧化物（Na_2O、K_2O、CaO 等）在向 Si—O 骨架贡献了氧原子后，即以正离子的形式处于 Si—O 网格中，阻塞了氦气分子的渗透孔道，因而大大降低了氦气的渗透系数。

对室温 20 ℃的钠钙玻璃用外推法求得氦气的渗透系数 K_s 为 $1×10^{-15}$。

渗透速率：

$$Q_s = K_s × (P_2 - P_1) × \frac{A}{d}$$

式中　K_s——氦气对玻璃的渗透系数[$cm^3 · cm/(cm^2 · s · Pa)$]，数值为 $1.0×10^{-15}$；

　　　$P_2 - P_1 = \Delta P$——玻璃内外氦气压差（cm Hg），数值为 $4.0×10^{-4}$；

　　　A——玻璃面积（cm^2），180 cm×280 cm；

　　　d——玻璃壁厚（mm），5 mm。

由上述数据可得 $Q_s = 8.064×10^{-18}×1.0×10^5$（Pa · L/s）。

因此，50 年渗透量为 $Q_s×t = 8.064×10^{-18}×1.0×10^5$（Pa · L/s）$×1.5768×10^9$（s）$=1.27×10^{-3}$（Pa · L）。

（2）表面出气

真空玻璃内表面的出气率 Q_c 由两部分组成，即由不锈钢支撑物的表面出气率 Q_1 和浮法玻璃表面出气率 Q_2 组成，$Q_c = Q_1 + Q_2$。

① 支撑物出气

本书中支撑物的出气量是以支撑物材料为不锈钢作为基础计算的。

为了减少支撑物在真空玻璃内部的出气量，在使用之前应经过超声清洗及脱脂处理。由于支撑物在真空玻璃封离之前经过了真空脱气，其出气量可取同样温度下经 3 h 真空烘烤的不锈钢 SUS27（日）的出气率作为计算依据。从《真空设计手册》[18]可查出 SUS27 的出气率：1 h 为 $8×10^{-9}$ Pa · L/(s · cm²)；10 h 为 $2×10^{-10}$ Pa · L/(s · cm²)。

不锈钢的长期出气速率总的趋势是逐渐降低，公式：

$$Q_n = \frac{Q_1}{t}$$

式中　t——制成真空玻璃的时间，单位为 h。

对于制成 10 h 的真空玻璃，$Q_1 = 2×10^{-10}$[Pa · L/(s · cm²)]。

50 年（438000 h）不锈钢总的出气速率：

$$Q_n = \int_{10}^{438000} \frac{Q_1}{t} dt = 9.35×10^{-6}（Pa · L/cm^2）$$

对尺寸为 1.8 m×2.8 m 真空玻璃支撑物的出气量为：

$$Q_1 = Q_n \times A_1 \times \beta$$

式中　A_1——支撑物表面积（cm^2）；

　　　β——表面粗糙度系数，$\beta = 5 \sim 10$，在此均取 $\beta = 10$。

本计算中圆环形支撑物的表面积计算如表 2.10 所示。

表 2.10　此圆环形支撑物的表面积计算

外圆半径 （cm）	内圆半径 （cm）	外周长 （cm）	内周长 （cm）	上下表面积 （cm^2）	外侧表面积 （cm^2）	内侧表面积 （cm^2）	总面积 （cm^2）
0.03	0.015	0.1884	0.0942	0.004239	0.002826	0.001413	0.008478

单个支撑物的总面积为 0.008478 cm^2，尺寸为 1.8 m×2.8 m 真空玻璃内支撑物个数为 2671 个。

$$Q_1 = 9.35 \times 10^{-6} \times 0.008478 \times 2671 \times 10 = 2.12 \times 10^{-3} (Pa \cdot L)$$

② 玻璃表面出气

按照菲克定律，在稳态下钠钙玻璃的出气速率与温度 T(K) 及时间 t(h) 有如下关系：

$$\frac{dQ}{dt} = 2.83 \times 10^{-3} \times 10^{-5420/T} \times t^{-\frac{1}{2}} \times 133 [Pa \cdot L/(s \cdot cm^2)]$$

对于室温 20 ℃，制成 10 h 的真空玻璃有：

$$\frac{dQ}{dt} = 2.83 \times 10^{-3} \times 10^{-5420/293} \times 10^{-\frac{1}{2}} \times 133$$

$$= 380 \times 10^{-3} \times 10^{-18} \times 10^{-0.498} \times 10^{-\frac{1}{2}}$$

$$= 3.8 \times 10^{-20} [Pa \cdot L/(s \cdot cm^2)]$$

对于制成 5 年的真空玻璃有：

$$\frac{dQ}{dt} = 2.83 \times 10^{-3} \times 10^{-18} \times 10^{-0.498} \times (5 \times 365 \times 24)^{-\frac{1}{2}} \times 133$$

$$= 376 \times 10^{-21} \times (209.3)^{-1} \times 3.15^{-1}$$

$$= 5.7 \times 10^{-22} [Pa \cdot L/(s \cdot cm^2)]$$

考虑到：

a. 钠钙玻璃出气量的最低点在 420 ℃附近，有关钠钙玻璃出气速率的测试值并非最低；

b. 限于现有真空玻璃生产条件及工艺，并不能创造完全符合菲克定律的边界条件；

因此，在以后的计算中选取短期实测值（4.8×10^{-6}）与短期计算值（3.8×10^{-20}）的平均值，即 4.3×10^{-13} Pa·L/(s·cm²) 作为计算依据。

对于远期（5 年、10 年、20 年）真空玻璃表面出气速率，由于缺少相关实测数据，暂时仍以玻璃长期高温烘烤后的实测值[10^{-13} Pa·L/(s·cm²)]与理论计算值[5.7×10^{-22} Pa·L/(s·cm²)]之间的中间值[8×10^{-17} Pa·L/(s·cm²)]作为远期推算的依据。这样的取值更偏于安全及保守。

对于尺寸为 1.8 m×2.8 m 的真空玻璃：

近期的出气率为：

$$Q_{2j} = 4.3 \times 10^{-13} \times 10 \times 180 \times 280 \times 2 = 4.33 \times 10^{-7} (\text{Pa} \cdot \text{L/s})$$

远期的出气率为：

$$Q_{2y} = 8 \times 10^{-17} \times 10 \times 180 \times 280 \times 2 = 8.064 \times 10^{-11} (\text{Pa} \cdot \text{L/s})$$

（3）真空玻璃 50 年内部出气量估算值

综上所述，50 年寿命内，真空玻璃表面出气量为：

$$Q_2 = 8.064 \times 10^{-11} \times 1.5768 \times 10^9 = 1.27 \times 10^{-1} (\text{Pa} \cdot \text{L})$$

50 年内真空玻璃内总的出气量：

$$Q = 1.27 \times 10^{-3} + 2.12 \times 10^{-3} + 1.27 \times 10^{-1} = 1.3 \times 10^{-1} (\text{Pa} \cdot \text{L})$$

2. 真空玻璃出气量的实测结果

意大利 Saes 公司实验室测试的真空玻璃老化前后内部真空度对比数据见表 2.11。

表 2.11　真空玻璃老化前后内部真空度对比

样品	1# （未经老化）		2# （老化后）	
成分	压强(Pa)	百分含量(%)	压强(Pa)	百分含量(%)
H_2	8.6E−03	5.08	2.2E−02	4.88
He	4.1E−04	0.24	4.6E−04	0.1
CO	1.4E−03	0.82	0	0
N_2	1.5E−01	88.7	3.9E−01	87.74
CH_4	6.1E−03	3.6	2.4E−02	5.3
H_2O	0	0	5.1E−05	0.01
O_2	0	0	0	0
C_3H_8	7.6E−04	0.44	3.4E−03	0.77
Ar	2.1E−03	0.07	5.4E−03	1.2
CO_2	0	1.24	0	0
总计	1.7E−01	100	4.5E−01	100.0

受紫外老化测试仪器尺寸的限制，测试样品的尺寸为 300 mm×240 mm，均未放置吸气剂，样片在封边时在 400～430 ℃进行高温烘烤，在降温至 300～360 ℃时开始 1 h 左右的真空排气。老化条件为：紫外辐照 695 h＋高温高湿 37 d＋自然老化 11 d。两块样品采用相同的工艺同批次制作。2# 样品老化前热导值比 1# 样品稍大一些，因此换算出的内部压强也稍大一些，为 0.22 Pa。从表 2.10 中可知，经过 77 d 的老化测试后，2# 样品压强从 0.22 Pa 升高到 0.45 Pa，增加了 0.23 Pa，出气量为 0.22×10^{-2} Pa·L。根据理论计算，300 mm×240 mm 面积的真空玻璃，50 年的放气量为 0.19×10^{-2} Pa·L。理论计算放气量与实际测试结果基本吻合。

3.真空玻璃的真空寿命

以规格为 $\phi 6\ mm \times 2\ mm$ 的锆钒铁吸气剂为例,锆钒铁对各种气体的吸气量如图 2.11 所示。

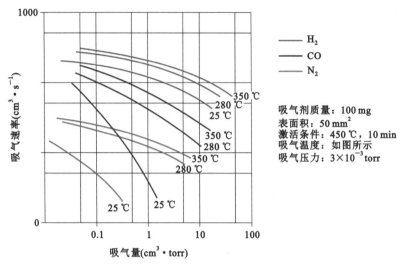

图 2.11 锆钒铁吸气剂的吸气量

由于真空玻璃表面出气主要是 CO、CO_2 等碳的化合物,计算吸气剂吸气量是以 CO 为依据。

由图 2.11 可知,室温下,每 100 mg 吸气剂对 CO 的吸气量约为 2 $cm^3 \cdot torr$,即:

$$Q_{CO} = 2\ cm^3 \cdot torr = 2 \times 10^{-3}\ L \times 133\ Pa = 0.266(Pa \cdot L)$$

$\phi 6\ mm \times 2\ mm$ 规格的吸气剂质量约为 280 mg,因此,每片吸气剂吸收 CO 的量为:

$$Q_{CO} = 2.8 \times 0.266(Pa \cdot L) = 0.745(Pa \cdot L)$$

由本节第 1 部分可知,50 年内 $1.8\ m \times 2.8\ m$ 真空玻璃总出气量为 0.13 $Pa \cdot L$。

每片吸气剂的吸气量为 50 年真空玻璃出气量的 5.7 倍,因此,即使对于尺寸为 $1.8\ m \times 2.8\ m$ 的超大玻璃,使用 1 片吸气剂也可以保证真空玻璃 50 年的寿命。

参 考 文 献

[1] 王承遇,陶瑛.玻璃材料手册[M].北京:化学工业出版社,2007.

[2] 赵金柱.玻璃深加工技术与设备[M].北京:化学工业出版社,2012.

[3] 宋秋芝.玻璃镀膜技术[M].北京:化学工业出版社,2013.

[4] 李超,高鹤.玻璃复合及组件技术[M].北京:化学工业出版社,2014.

[5] 马英仁.封接玻璃(八)——三种低熔粉末玻璃焊料[J].玻璃与搪瓷,1993(5):46-50.

[6] 赵偶.低温封接玻璃的研究[D].长沙:湖南大学,2007.

[7] 李要辉,王晋珍,黄幼榕.钢化真空玻璃技术进展及红外辐射加热封接技术研究[J].建筑玻璃与工业玻璃,2016(7):7-13.

[8] 李楠,黄幼榕,唐健正.无铅真空玻璃的研制开发与应用:中国玻璃行业年会论文集[C].北京:中国建材工业出版社,2011.

[9] 巴德玛,乔玉林.耐温有机胶粘剂的发展现状[J].中国表面工程,2003,16(2):5-9.

［10］　郭玉花,张其土,王丽熙.耐高温真空密封胶性能的研究[J].化学与粘合,2005,27 (5):261-263.

［11］　王晋珍,李要辉,黄幼榕,等.真空玻璃支撑材料、制备方法及真空玻璃:201610980720.8[P]. 2017-4-19.

［12］　连铁军.近红外高吸收封接玻璃[J].电真空玻璃技术,1981 (2):15-18.

［13］　庄寿全.现代吸气剂及其应用技术[J].真空电子技术,1994 (5):42-49.

［14］　侯玉芝,唐健正.真空玻璃内部吸气剂的使用[J].真空,2014,51(6):10-14.

［15］　日本板硝子株式会社.玻璃面板:03824694[P].2005-11-9.

［16］　唐健正,王基奎.包封吸气剂:01140012.9[P].2002-7-27.

［17］　唐健正,王基奎.带吸气剂的真空玻璃:01275879.5[P].2002-11-27.

［18］　达道安.真空设计手册[M].3 版.北京:北京国防工业出版社,2004.

3 真空玻璃制造方法及工艺

真空玻璃一般指平板真空玻璃。真空玻璃的独特结构和性能要求基本决定了真空玻璃的制备工艺和技术领域。目前,国内外主流的真空玻璃制作方法主要是通过低温玻璃焊料四周封接法,通过抽气口获得高真空后进行封离,此种结构和制备工艺已经经过了多年应用的检验,被认为是较为可靠的制备工艺。近年来,我国真空玻璃技术发展迅速,真空玻璃产品结构及制备工艺创新成为研究的热点,申请的专利更是层出不穷,但其真空玻璃制备工艺大同小异,如图 3.1 所示,均包含原片玻璃加工、玻璃封接、高真空获取、封口、支撑物布放及检测和包装等。可见,真空玻璃的制造涉及玻璃工艺与材料科学、真空技术、物理测量技术、工业自动化及建筑科学等领域,工艺烦琐,需要不同技术和工序的协同配合,才能获得质量优异的真空玻璃制品。

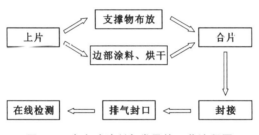

图 3.1　真空玻璃制备常见的工艺流程图

3.1　支撑物布放方法及工艺

支撑物布放是真空玻璃制作中非常重要的一个环节,支撑物重叠、缺位、竖立、间距过大,均会导致玻璃板应力增加,使玻璃破裂的风险增加。支撑物布放有点阵布放、玻璃粉膏点胶和玻璃板腐蚀 3 种工艺方式。

3.1.1　支撑物点阵布放工艺

点阵布放是通过支撑物布放头、模板或人工将支撑物按照一定的间距摆放在清洁的玻璃表面。支撑物间距要根据玻璃基片的种类和强度并结合支撑物的材料及规格来设计,如第 1 章所述,应在确保真空玻璃力学强度的前提下尽可能减小支撑物热导。以外径0.6 mm的圆环形不锈钢支撑物为例,普通真空玻璃支撑物的设计间距为 30 mm,每平方米约有1100 个支撑物。这对支撑物点阵布放设备提出了特别高的要求,既要符合上面的布放技术

要求,又要求布放速度满足生产节拍。真空玻璃对支撑物点阵布放的技术要求如下:

(1) 支撑物位置布放偏差≤±2 mm;

(2) 不允许支撑物重叠、缺位或竖立;

(3) 每平方米多余的支撑物不应超过5个;

(4) 最边缘一排支撑物距下片玻璃边缘的距离 D 应满足 10 mm≤D≤(10 mm+支撑物间距)/2;

(5) 支撑物的间距应根据支撑物的强度、形状、尺寸和玻璃板的强度而设计;

(6) 布放过程不得造成玻璃划伤和污损。

点阵布放的支撑物由于是直接被摆放在光滑的玻璃表面上的,玻璃和支撑物之间没有任何黏结,因此在后序的工艺中需要保证传输平稳、无剧烈的振动,否则会造成支撑物移位。制成真空玻璃后,支撑物在大气压的作用下被紧紧地夹在两片玻璃中间,一旦真空失效,支撑物会移位或掉落,这是判断真空玻璃是否真空失效的一个简单有效的方法。

需要特别注意的是,当在镀膜玻璃上布放支撑物时,需特别注意布放装置不能划伤膜面,并且在合片后不能推动上片玻璃,以避免造成膜面被划伤。

3.1.2 玻璃粉膏点胶工艺

玻璃粉膏点胶工艺是借鉴电子工业中制造厚膜电路的技术,用点胶机将调和好的玻璃粉浆料按矩阵点在玻璃板上,再经高温烘烤固化成型,制成粘在一片玻璃上的支撑物。

悉尼大学1987年申请的专利就提出过这个工艺的构想,后来国内外不断有专利出现,这项技术的难点一是要找到适用的材料和如何用机械来控制每个点的材料量,精确控制支撑物的尺寸和高度;二是精确控制支撑物在熔融状态时的流动性和玻璃板温度的均匀性,避免玻璃板温度不均匀导致支撑物流动性不一致,造成支撑物厚度有差异。

玻璃粉膏点胶制作支撑物的工艺特点如下:

(1) 不用事先制成支撑物再布放,降低了工艺难度和成本;

(2) 玻璃粉浆料烧结后与浮法玻璃黏结为一体,支撑物不会移动,减小了对传输装置平稳性的要求和支撑物发生移位的概率,而且可以制作弯曲的真空玻璃;

(3) 由于降温凝固后的液态浆料属于脆性材料,在外力的作用下可能会产生裂纹和碎裂。

3.1.3 玻璃板腐蚀工艺

玻璃板腐蚀制作支撑物的工艺流程是:玻璃清洗干燥→将耐高温玻璃油墨按所需的支撑物间距点涂在玻璃表面→曝光或加热固化→按照设计的支撑物厚度用酸液将平板玻璃除油墨覆盖的区域腐蚀掉一层→去掉油墨→清洗干燥。

1. 优点

采用玻璃板腐蚀工艺制作支撑物的优点如下:

(1) 腐蚀工艺控制得当的话,支撑物的表面即原平板玻璃的表面,因此支撑物厚度一致性好;

（2）支撑物与玻璃是一个整体，不存在真空玻璃制作过程中支撑物移位的问题，并可以用于制作弯曲真空玻璃。

2. 缺点

采用玻璃板腐蚀工艺制作支撑物的缺点如下：

（1）腐蚀工艺较难控制，容易将支撑物处的玻璃腐蚀，造成支撑物高度不一致；

（2）腐蚀玻璃的酸液需进行环保处理，否则会对环境造成危害；

（3）支撑物的形状很难做到完全一致，但由于支撑物尺寸较小，因此对外观效果影响不大；

（4）支撑物的强度低于金属材料的支撑物，在外力的作用下可能会产生裂纹和碎裂。

3.2　封接焊料涂布方法及工艺

根据真空玻璃不同的封边结构，真空玻璃的布料方法和工艺也有所区别。

3.2.1　错台结构布粉方法及工艺

错台结构的真空玻璃，在上下玻璃基片合片后由涂布设备或由人工持胶枪将调和好的玻璃粉膏均匀地涂布在边部的台阶上。为实现良好的封接，涂好的玻璃粉膏需满足如下要求：

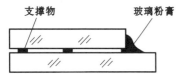

图 3.2　错台结构玻璃粉膏涂布效果

（1）涂好的玻璃粉膏粗细均匀，无缺口和堆积；

（2）玻璃粉膏形状饱满，与台阶处上片玻璃的侧面和下片玻璃的上表面紧密贴合，如图 3.2 所示；

（3）玻璃上、下表面和侧面无多余的玻璃粉膏；

（4）玻璃粉膏中无液体析出和流入真空玻璃夹层。

3.2.2　平封结构布粉方法及工艺

平封结构的真空玻璃，需在上下玻璃基片合片前将玻璃粉膏均匀地涂布在清洁的玻璃边部表面。玻璃粉膏可以根据生产场地和生产节拍的设计选择涂布在上片玻璃上或下片玻璃上，玻璃粉膏干燥定型后进行合片。由于平封结构玻璃粉膏位于两片玻璃之间，烧结后粉膏的厚度与支撑物的厚度一样，所以玻璃粉膏的涂布量决定了封边宽度。如果涂布的玻璃粉膏粗细厚度不均匀，那么在封接完成后，真空玻璃的封边宽度将非常不一致。要想获得均匀的封边宽度，必须保证粉膏的均匀涂布，一般设备涂布的方式，通过精确控制行进速度和气体压力，即可获得理想的涂布效果。也有技术人员提出采用丝网印刷技术将玻璃粉膏印刷在玻璃边部的方式，这也是实现玻璃粉膏均匀涂布的一个技术方案。

对于平封结构的真空玻璃，对布粉工艺的要求如下：

（1）涂布好的玻璃粉膏平直，宽度和厚度均匀，转角处无粉膏堆积；

（2）粉膏表面饱满，无凹陷；

（3）涂布的玻璃粉膏距玻璃边部的距离相等；

（4）玻璃上下表面和侧边无多余粉膏；

（5）当原片是钢化或半钢化玻璃时，粉膏厚度应不小于支撑物厚度的 3 倍。这是因为钢化玻璃和半钢化玻璃都存在不同程度的弯曲，若玻璃粉膏薄，容易造成玻璃板与粉膏无法贴合和黏结，导致边部漏气。

图 3.3 为平封结构玻璃粉膏的涂布效果示意图，图中用高温弹簧夹将粉膏压至支撑物的高度，如果加上第 1 章第 1.3.2 节中介绍的悉尼大学首创的"预压"工序，效果会更佳。

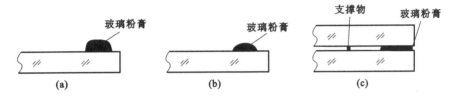

图 3.3　平封结构玻璃粉膏的涂布效果

（a）刚涂完的粉膏剖面图；（b）烘干或烧结后的粉膏剖面图；（c）加热封接后真空玻璃边部的剖面图

3.2.3　玻璃粉膏调和工艺

低熔点玻璃粉使用前需使用溶剂调成液态浆料，低熔点玻璃粉与溶剂的质量比一般为 10∶1 左右，两者混合后搅拌约 30 min，再静置 30 min 进行脱泡。

3.3　封边方法及工艺

玻璃与玻璃的封接工艺主要有直接加热熔封和过渡材料封接两种。由于真空玻璃的尺寸多种多样，而且直接加热熔封的工艺温度高、玻璃易变形和会产生应力，因此直接加热熔封并不适用于平板真空玻璃的封接。用于封接的过渡材料种类按化学成分可以分为无机非金属材料（如低熔点玻璃粉）、金属材料（如铅锡合金封接、阳极键合封接等）和有机高分子材料（如聚酰亚胺胶粘剂）。目前，规模化生产的真空玻璃大多采用低熔点玻璃粉封接技术，也有企业采用金属封接工艺批量生产真空玻璃。有机高分子材料封接仅在少量专利中提及，并无产业化相关报道，因此本节将不介绍有机高分子材料封接工艺。

3.3.1　低熔点玻璃粉封边技术

（1）传统电加热封边技术

低熔点玻璃粉封接是电子行业成熟的封接技术，具有密封性好、机械强度高、热稳定性好、封接寿命长等优点，广泛应用于显像管电视、等离子电视、真空荧光显示屏等领域[1]。

低熔点玻璃粉封边工艺流程是：将装配好的真空玻璃组件进行加热升温至玻璃焊料的工作温度→保温至玻璃焊料完全熔融→降温固化。封边工艺的重点就是温度-时间曲线的设计，真空玻璃的封边工艺曲线如图 3.4 所示。整个封边过程可以被划分为以下 5 个阶段：

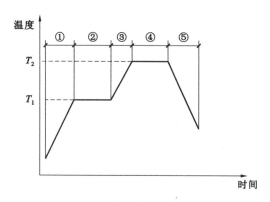

图 3.4　真空玻璃封边工艺曲线

第①阶段:从室温升至 T_1,升温速率 5~15 ℃/min。

第②阶段:在温度 T_1 保温,目的是排除玻璃粉膏中的硝棉或乙基纤维素等黏结剂。T_1 应低于玻璃焊料的软化温度,保温时间取决于布粉方式和烘干工艺。对于错台真空玻璃,在 T_1 保温 30 min 左右,可有效地排出粉膏中的黏结剂,减少封接玻璃中的气孔。对于布粉后采用低温烘干工艺的平封真空玻璃,在 T_1 温度应保温至少 30 min,以充分排除黏结剂,避免封接部位出现气孔、气泡等缺陷。对于布粉后采用高温烧结的平封真空玻璃,由于在烧结过程中黏结剂已经被充分排出,在 T_1 温度可不保温,直接继续升温。

第③阶段:从 T_1 升温至 T_2,T_2 为玻璃焊料的封接温度,升温速率为 3~15 ℃/min,根据设备加热功率调整。

第④阶段:在温度 T_2 保温。保温时间取决于加热设备的温度均匀性,应保证玻璃最低点温度达到玻璃焊料的封接温度,并维持 10~15 min。

第⑤阶段:降温。降温过程可以与抽真空过程同时进行,并可在适当的温度进行"预压"。

（2）红外辐射加热封边技术

红外辐射加热通过光谱在 0.7~100 μm 之间的电磁波的发射和传送,具有明显的、定向的能量传播,且无须交换媒介。中短波加热作为提供高能量、高强度、全波段、高密度、高穿透性的强力红外辐射的高效加热技术,其快速有效的加热方式被各个领域所接受并得到了广泛的应用。应用于真空玻璃封接时,可以采用具有特征光吸收的低温封接玻璃焊料,配合特定能量波段的光辐射加热,可实现内部封接焊料在光热的作用下快速升温,而玻璃基片则由于较好的透光性而升温缓慢,基于此,可解决高温封接与钢化玻璃二次加热导致应力衰减之间的矛盾[2]。

为了实现红外辐射的选择性加热,需要满足如下技术要求:

① 由于平板玻璃在波长小于 5 μm 的红外波段具有较高的透过率,所以,红外热源的主要能量波段必须集中在近、中红外波段（主能量波长小于 5 μm）;

② 低温封接玻璃粉或浆料在波长小于 5 μm 的红外波段具有较好的吸收效果。

图 3.5 中光谱曲线所示,普通平板玻璃或者钢化玻璃在可见光和近红外波段具有很好的光透过特性,而低熔点封接玻璃粉体在近红外和可见光波段具有强烈的吸收。因此,利用

主能量波段为近红外(小于 5 μm)的红外辐射进行加热时,封接焊料依靠对光热的强烈吸收,在短时间内先于钢化玻璃达到设定温度,实现焊接料的熔融、流动、致密封接,而平板玻璃由于避开了主能量波段的吸收,玻璃基片的温度升幅较小且降温较快,可以避免钢化玻璃过度升温引起的应力衰退。

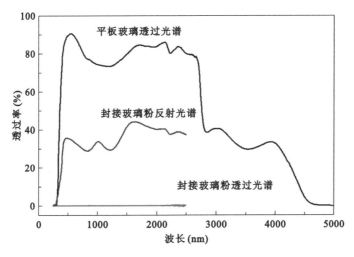

图 3.5 平板玻璃和封接玻璃焊料(XR-47-1 型)的光谱曲线

封接过程中,设定温度、封接焊料温度与玻璃基板的温度曲线对比见图 3.6。图中数据表明,利用红外辐射加热结合特征红外吸收封接焊料,加热过程中钢化玻璃温度和封接焊料的温度差值在 30 ℃左右,且低熔点封接焊料的升温速率较快,可以在短时间内达到预定封接温度,可以有效缩短基板玻璃在高温封接温度段的保持时间,这对实现封接过程钢化应力的维持具有重要意义。在关闭红外加热后,热源迅速被切断,可有效避免热传导引起钢化玻璃继续升温、缓慢降温等不利影响,克服了传统电加热炉温度滞后的缺陷。

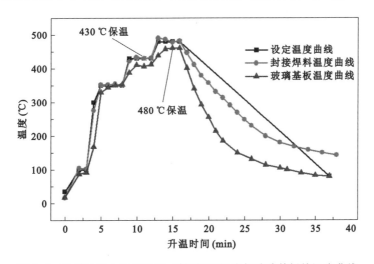

图 3.6 封接过程中设定温度、封接焊料温度与玻璃基板的温度曲线

3.3.2 金属封边技术

对于真空玻璃金属封边技术,近些年来,国内外有许多公司和研究机构都开展过相关的研究,发表了相关的论文并申报了专利。相关专利见表3.1。金属封边具有工艺温度低、柔性好、强度高的优点,可以用于制作钢化真空玻璃,是未来真空玻璃封边技术的发展方向。本节简要介绍几种金属封边方式。

表 3.1　国内外关于真空玻璃金属封边技术的专利

序号	名　称	申请号	专利权人/申请人
1	metal-inclusive edge seal for vacuum insulating glass unit, and/or method of making the same(真空玻璃包含金属的边缘封边方法)	US12000651	Guardian Industries Corp. (Auburn Hills MI US)
2	flexible edge seal for vacuum insulating glazing units(真空玻璃柔性封边)	US12688859	Eversealed Windows, Inc. (Evergreen CO. US)
3	asymmetrical flexible edge seal for vacuum insulating glass(真空玻璃不对称弹性封边)	US12537816	Eversealed Windows, Inc. [US]
4	method and apparatus for an insulating glazing unit and compliant seal for an insulating glazing unit(真空玻璃及其封接方法和设备)	US13464951	Eversealed Windows, Inc. [US]
5	method and device for producing multiple-pane insulation glass having a high-vacuum insulation(制造真空玻璃的方法和装置)	WO2011 DE01080	Grenzebach Maschb Gmbh[DE] Friedl Wolfgang [DE] Leitenmeier Stephan [DE]
6	method of sealing glass(玻璃封边方法)	US20000959111	英国 Ulster 大学
7	method for sealing tempered vacuum glass and product(钢化真空玻璃封接方法和产品)	CN2010105300860	Landglass Technology CO. LTD (洛阳兰迪玻璃机器股份有限公司)
8	具金属封边结构的真空玻璃	201320087986.1	中国建材检验认证集团股份有限公司;北京新立基真空玻璃技术有限公司
9	金属焊料焊接、沟槽封边的平面真空玻璃及其制作方法	201210374041.8	戴长虹
10	金属焊料微波焊接沟槽封边的平面真空玻璃及其制作方法	201210374025.9	戴长虹
11	含有金属边的真空玻璃及其制备方法	201110149572.2	朱雷

(1) 阳极键合封边技术

此项技术以瑞士材料研发与测试中心(EMPA)建筑科学部门为代表,他们于 2006 年年末着手研究新型的真空玻璃技术。

阳极键合是在电压和加热的作用下,将导电性材料(如金属和半导体)和非导电材料(如玻璃和陶瓷)进行焊接[3]。下面以金属铝和玻璃的焊接为例,阳极键合的基本方法及原理如图 3.7 所示。为方便说明问题,界面间隙被明显地放大了。焊前将材料待焊表面先进行表面加工处理,然后以金属材料为阳极,以非金属绝缘材料为阴极。将材料放在炉中升温并加热至某一温度(低于材料的软化温度),在保温的同时施加直流电压。此时,由于介质极化,被连接材料结合面附近产生很大的静电力,将两种被连接材料表面紧密吸合在一起。

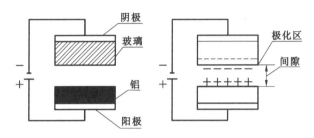

图 3.7 阳极键合基本原理图

目前,阳极键合技术的成熟理论规律尚未建立起来,许多问题如阳极键合的适用范围、工艺过程、结合机理、材料的匹配及接头应力的计算等还有待深入的探讨研究。但是作为一种新型的具有广阔应用前景的焊接技术,相信该技术会有进一步的研究进展。

(2) 真空玻璃金属柔性封边技术

真空玻璃金属柔性封边技术以德国 Grenzebach 公司和美国 Eversealed Windows 公司为代表。Grenzebach 公司的工艺方法如图 3.8 所示,首先把金属片焊接到上下片玻璃内表面边沿,之后在真空中将上下片玻璃的金属片焊接后折弯,其生产线设想如图 3.9 所示。

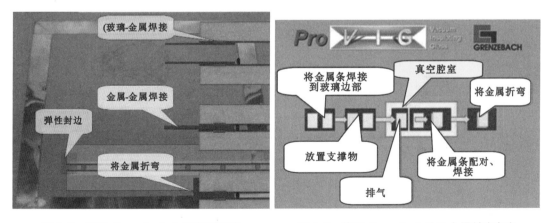

图 3.8 德国 Grenzebach 公司真空玻璃 金属封边技术

图 3.9 德国 Grenzebach 公司金属封边真空 玻璃生产线示意图

Eversealed Windows 公司金属封边真空玻璃的结构如图 3.10 所示,金属片分别被焊接在两片玻璃外表面,之后在真空炉内将两个金属片焊接。

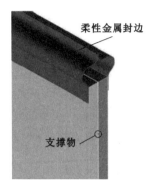

图 3.10 美国 Eversealed Windows 公司柔性金属封边方式

上述这两种"弹性封边"技术的优点是明显的,可以减小温差等因素造成的边缘应力,提高真空玻璃的抗温差、抗风压强度。但是,金属片如何适应不同的玻璃尺寸和形状,玻璃转角处的焊接处理,以及玻璃与金属片之间的气密焊接都是较难解决的工艺问题。

(3)铟合金封边技术

铟是银白色略带淡蓝色的金属,很柔软,熔点为156.61 ℃,延展性和传导性良好,可塑性强,可被压成极薄的片。铟-锡合金可作真空密封材料和用于玻璃之间的封接。英国 Ulster 大学方遇平等研究人员对将此材料用于真空玻璃封接做了多年研究。在真空环境下,将边部放置有铟或者铟合金的上下基板加热到近 220 ℃,即可实现边部封接。但如果封接温度较低,难以实现材料间的化学键结合和高温烘烤排气。此外,这种封接用于大面积真空玻璃边缘密封的可靠性尚未知晓,而且由于铟合金的价格较高,未必能为市场所接受,因而此项技术尚未进入产业化阶段。

(4)低熔点金属焊料封边技术

低熔点金属焊料是电子行业常用的封接材料,以铅锡合金为代表,具有封接温度低、黏结强度高的优点,其封接结构如图 3.11 所示。低熔点金属焊料封边的工艺步骤是:

① 在上下玻璃基片的封接面上分别涂、镀或印刷一层金属浆料;
② 将玻璃加热,形成一层与玻璃紧密结合的金属过渡层;
③ 在下片玻璃上布放支撑物;
④ 在两片玻璃的金属过渡层区域放置低熔点金属焊料(膏);
⑤ 加热使金属焊料熔化,与金属过渡层形成封接。

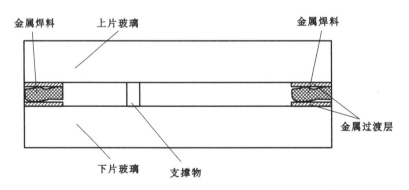

图 3.11 低熔点金属焊料封边结构

该项技术具有封接温度低、黏结强度高的显著优点。其技术难点在于:如何充分去除过渡材料中的有机溶剂和金属焊料中的助焊剂,从而减少气孔以保证边部封接的密封性和可靠性。

以上介绍的金属封边技术虽然降低了封边温度,但为了获取高真空度又如何实现下一节将介绍的高温排气,这是一个值得关注的技术难点。

3.4 真空获取技术及工艺

真空获取是真空玻璃工艺中至关重要的一个环节,直接影响着真空玻璃产品的性能和寿命。未经充分烘烤排气的真空玻璃,内部真空度将在短时间内快速衰减,性能也因此快速丧失。

3.4.1 真空基本知识

真空是指气体压力低于一个标准大气压的气体状态。完全没有气体的空间状态称为绝对真空。绝对真空实际上是不存在的[4]。

(1)真空区域的划分

为了实用上便利起见,常把真空度粗划为几个区段,根据我国国标《真空技术 术语》(GB/T 3163—2007)的规定,真空区域的大致划分如表 3.2 所示。

表 3.2 真空区域的划分

真空状态	气体压力	气 体 性 质
低真空	$10^5 \sim 10^2$ Pa	气态空间近似为大气状态,分子仍以热运动为主,分子间相互碰撞频繁
中真空	$10^2 \sim 10^{-1}$ Pa	气体分子间、分子与器壁间的相互碰撞不相上下,气体分子密度较小
高真空	$10^{-1} \sim 10^{-5}$ Pa	分子间相互碰撞极少,分子与器壁间碰撞频繁。气体分子密度小
超高真空	$10^{-5} \sim 10^{-12}$ Pa	气体分子密度极小,与器壁碰撞的次数极少,致使表面形成单分子层的时间增长。气态空间中只有固体本身的原子,几乎没有其他原子或分子存在

(2)真空度的测量单位

在真空技术中,常用真空度来度量真空状态下空间气体的稀薄程度。通常,气体的压强值用真空度来表示。气体的压强越低,气体越稀薄,也就是说,真空度越高。因此,低压强与高真空或高压强与低真空,在含义上是完全相同的。

1971 年国际计量会议正式确定“帕斯卡(Pa)”为气体压强的国际单位,但是在实际工程技术和国内外的文献中常用的单位还有毫米汞柱(mmHg)、托(Torr)、巴(bar)、标准大气压(atm)、普西(Psi)等。这些单位之间的换算关系如表 3.3 所示。

表 3.3 各种压强单位的换算关系

单位	帕(Pa)	毫米汞柱 (mmHg)	托(Torr)	微巴(μbar)	大气压(atm)	普西(Psi)
1 Pa(1 N/m²)	1	7.5006×10^{-3}	7.5006×10^{-3}	10	9.8692×10^{-6}	1.4503×10^{-4}
1 mmHg	133.32	1	1	1.3332×10^3	1.3158×10^{-3}	1.9337×10^{-2}
1 Torr	133.32	1	1	1.3332×10^3	1.3158×10^{-3}	1.9337×10^{-2}

续表 3.3

单位	帕(Pa)	毫米汞柱 (mmHg)	托(Torr)	微巴(μbar)	大气压(atm)	普西(Psi)
1 μbar	10^{-1}	7.5006×10^{-4}	7.5006×10^{-4}	1	1.0197×10^{-6}	1.4503×10^{-5}
1 atm (1 kg/m²)	1.0133×10^{5}	760	760	1.0133×10^{6}	1	14.696
1 Psi (1 lb/ft²)	6.8948×10^{3}	51.715	51.715	6.8948×10^{4}	6.8046×10^{-2}	1

（3）真空获得

真空的获得就是人们常说的"抽真空"，即通过物理、化学等方法（如真空泵、吸气剂）将被抽容器/空间中的气体抽出，使该空间达到真空状态。

（4）真空玻璃的真空度

真空玻璃的真空度是指真空玻璃中间层的气体压强。本书第 4 章第 4.3.2 节将介绍真空玻璃残余气体热导计算。只有真空层的气体压强＜0.01 Pa 时，中间层残余气体的热导才可以忽略不计。

3.4.2　排气温度和排气时间的设计

1. 排气温度

构成真空玻璃的各种材料，如玻璃、不锈钢、吸气剂、玻璃焊料在空气中放置时，材料表面都会吸收和溶解一定量的气体。这些气体是真空玻璃封离后真空层内材料放气的来源。真空玻璃属于大表面积小体积的真空器件，1 m² 的真空玻璃，其内腔体积仅相当于一个乒乓球的大小，因此，放出的气体对真空玻璃中间层真空度的影响很大。常温排气封离的真空玻璃，其真空度将在几个小时内迅速衰减。真空玻璃的排气过程不仅仅是将中间层的气体充分排出，还需要将玻璃整体加热到一定温度，进行高温烘烤排气，使吸附在材料表面和溶解在材料内部的气体释放到中间层并排出。

由于玻璃是构成真空玻璃最主要的材料，因此排气温度的设计首先应考虑玻璃材料的除气要求。虽然在常温下玻璃本身固有的蒸气压很低（$10^{-13} \sim 10^{-23}$ Pa），但是在玻璃的制备过程中，气体被捕获于玻璃内部成为合成产物，而且还被吸附在表面上，这些气体主要由 H_2O（～90%）、CO_2、CO 和 O_2 组成。当玻璃处于蒸汽中时，其表面的硅胶呈海绵态，大量的水蒸气吸附在其中。因而在真空环境中使用的玻璃应进行充分的烘烤除气。

玻璃在烘烤加热时的气源主要来自表面、表层和内部三个方面。

（1）玻璃表面

玻璃表面存在的大量 OH^- 对水的亲和力很强，因此玻璃表面吸附了大量的水分子和少量 CO_2，这部分气体与玻璃表面是物理吸附和弱化学吸附，结合不牢，在真空中加热到 150～200 ℃ 时，几分钟内就可以使气体分子从玻璃表面解吸。

（2）风化表层

真空玻璃所使用的钠钙玻璃，其中含有较多的碱性氧化物，化学稳定性差，易受水汽侵蚀,容易风化。风化层厚度一般为几微米,所含气体主要是 H_2O,玻璃在真空中加热到 300~400 ℃时,水可从 Si—OH—OH—Si 结构中平稳脱出,形成 Si—O—Si+H_2O,并使玻璃的风化层复原。去除玻璃表层内气体需要在 300~400 ℃真空状态加热 1 h 左右,也可在湿度小于 60%的干燥空气中加热到 450 ℃,1 h 左右可以除去风化层,其效果与真空除气相当。

(3) 玻璃体内

玻璃体内含有大量的气体,主要是 H_2O 及少量的 CO_2、O_2、和 SO_2,这部分气体的排除需要在玻璃应变点以下几十度进行较长时间的烘烤除气。如果玻璃的工作温度不超过 300 ℃,则体内放气对器件的真空度几乎没有影响,可以不考虑。

图 3.12 所示为几种玻璃出气量随温度的变化,由图可见,钠钙玻璃最大放气量在 140 ℃,最大放气量主要是由表面和表层的出气所造成的,其特点是,出气量较大,但持续时间较短,温度继续升高时,出气量逐渐下降并达到最低点,钠钙玻璃约为 420 ℃。当玻璃的除气温度进一步升高超过最低点后,出气率又迅速增大,这是玻璃开始发生热分解的标志。因此,钠钙玻璃的最高除气温度一般不应超过 420 ℃。

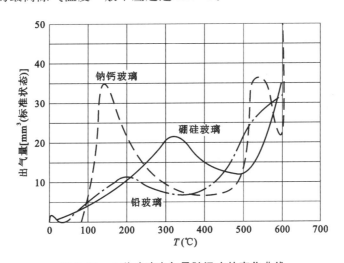

图 3.12 几种玻璃出气量随温度的变化曲线

(注:试样面积 350 cm^2,在每个温度下的加热时间为 3 h)

由上述玻璃表面放气机理可见,为了充分排除玻璃表面和风化表层的气体,需要将真空玻璃组件在真空中加热到 300~400 ℃,维持时间不低于 1 h。

悉尼大学对真空玻璃进行烘烤老化试验,得到图 3.13 所示的老化数据曲线。老化条件为:150 ℃,115 d,经 150 ℃烘烤除气的真空玻璃,内部压强从 $6.65×10^{-2}$ Pa 上升到 6.65 Pa;而经 350 ℃烘烤排气的真空玻璃,经过相同的老化过程,内部压强只上升到 $1.33×10^{-1}$ Pa。经四极质谱仪分析识别,放出的气体主要是水蒸气,还有小部分的 CO_2,还检测到非常少量的 CO。结果充分说明,可以通过在较高温度(>350 ℃)下烘烤排气来有效改善真空玻璃由高温而产生的内表面放气。但是,由于释放出的气体主要是水蒸气,所以当温度恢复到室温时,真空玻璃的内部压强会回落到与原来相近的数值,或至少回落一部分[5]。

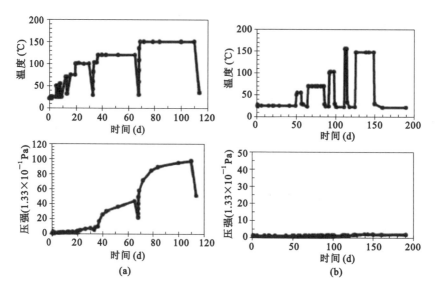

图 3.13　分别在 150 ℃和 350 ℃进行烘烤排气的两块真空玻璃样片
在高温老化过程中温度与内部压强随时间的变化曲线
(a) 150 ℃烘烤排气；(b) 350 ℃烘烤排气

对真空玻璃进行光照老化试验，得到图 3.14 所示的光照老化数据曲线。经 150 ℃烘烤排气的真空玻璃样片，在室外曝晒的过程中，样片的内部压强上升了约 1.33 Pa。经 350 ℃烘烤排气的样片，内部压强上升到 $1.33×10^{-1}$ Pa。经四极质谱仪分析识别，光照下放出的大部分气体是 CO_2 和 CO，没有水蒸气。

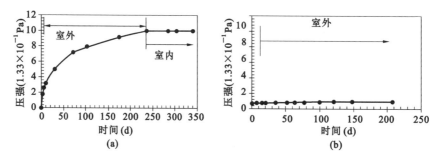

图 3.14　分别在 150 ℃和 350 ℃进行烘烤排气的两块真空玻璃样片在光照老化过程中
内部压强随时间的变化曲线
(a) 150 ℃烘烤排气；(b) 350 ℃烘烤排气

以上试验数据表明，350 ℃以上的高温烘烤排气对保持真空玻璃的真空度至关重要。经过高温烘烤排气的玻璃放气率约为 $L_0 = 1.33×10^{-9}$ Pa·cm³/(cm²·s)，并且大量测量数据表明，放气率 10 h 即下降一个数量级，一天能下降两个数量级。

2. 排气时间

由于真空玻璃中间层的厚度只有 0.2 mm 左右，属于扁缝结构，在抽真空过程中，真空层内部各处压力是不同的，不能把真空玻璃当成一个普通的真空容器来计算抽真空时间和压力。对于通过抽气孔排气的真空玻璃，悉尼大学真空玻璃研究组曾提出过一个估计抽气时间的简单方法和一个采用差分方程精确计算真空玻璃抽真空时间的方法，并设计了试验对两种估算方法进行验证[6]。两种计算方法得出的结果非常相近。下面简要介绍简单计算方法和两种计算方法得到的结果：

（1）简单计算抽气时间的方法

对于容积为 V 的密闭容器，在抽速由连接排气管的流导 C 所决定的情况下，时间常数 t 与流导 C 呈反比关系：

$$t = \frac{V}{C} \tag{3.1}$$

对于平行平面的长管，横截面面积为 A，截面周长为 b，长度为 c，温度为 T，其流导为：

$$C_{\text{tube}} = 194 \left(\frac{T}{M}\right)^{1/2} \left(\frac{A^2}{bc}\right) \tag{3.2}$$

式中，C_{tube} 单位为 $m^3 \cdot s^{-1}$；A 的单位为 m^2；b 和 c 的单位是 m；T 的单位为 K；M 是气体相对分子质量。

若真空玻璃样品是直径为 D、间隙为 g 的圆形，中心处有一直径为 d 的抽气孔，气体在中间层的流动将呈放射状，通过中心处半径在 r 和 $r+dr$ 之间同心单元的空气流阻为：

$$dz = \frac{dr}{(194\pi rg^2)\left(\frac{M}{T}\right)^{1/2}} \tag{3.3}$$

对式（3.3）积分，并取倒数，得出从圆形样品边缘到直径为 d 的抽气管的气体流导，表示为：

$$C_{\text{circ}} = \frac{194\pi g^2}{\left(\frac{M}{T}\right)^{1/2} \ln\left(\frac{D}{d}\right)} \tag{3.4}$$

对于非圆柱状对称的样品，例如一个边长为 L 的方形样品，抽气管位于一角且距最近边距离为 l，气体在真空层的流动可以分为两部分：抽气孔附近气体在 380 ℃内呈放射状向抽气孔流动；远离抽气孔的区域，气体在 90 ℃的范围内向抽气孔流动，整个样品的流导都可以用上述方法近似地计算。在抽气孔附近区域，方程式（3.4）中内、外径分别为 d 和 $2l$。对距离抽气孔较远的区域，方程式（3.4）中流导减至 1/4，内、外径分别为 $2l$ 和 $2L$。在这种情况下，整个样品的流导可近似为这两个区域流导的串联，用方程式（3.1）可以得到时间常数的值。

例如，以尺寸为 1 m×1 m，真空层厚度 0.15 mm，抽气孔直径 8 mm，抽气孔距玻璃两边均为 30 mm 的真空玻璃为例，当排气温度为 350 ℃时，抽气孔附近的流导：

$$C_1 = 194\pi g^2 \left(\frac{M}{T}\right)^{1/2} \ln\left(\frac{D}{d}\right)$$

$$= 194 \times 3.14 \times (0.15 \times 10^{-3})^2 \times \left(\frac{29}{623}\right)^{1/2} \ln\left(\frac{60}{8}\right)$$

$$= 0.59 \times 10^{-5} (m^3 \cdot s^{-1})$$

距离抽气孔较远区域的流导：

$$C_2 = 194\pi g^2 \left(\frac{M}{T}\right)^{1/2} \ln\left(\frac{D}{d}\right)$$

$$= 194 \times 3.14 \times (0.15 \times 10^{-3})^2 \times \left(\frac{29}{623}\right)^{1/2} \ln\left(\frac{1000}{60}\right)$$

$$= 0.83 \times 10^{-5} (\text{m}^3 \cdot \text{s}^{-1})$$

不考虑抽气管的情况下,两个流导的串联 $C_{总} = \dfrac{C_1 C_2}{C_1 + C_2} = 0.34 \times 10^{-5}(\text{m}^3 \cdot \text{s}^{-1})$,代入式(3.1),有:

$$排气时间\ t = \frac{V}{C} = \frac{1 \times 1 \times 0.15 \times 10^{-3}}{0.34 \times 10^{-5}} = 44(\text{s})$$

以上的计算未考虑材料出气的影响,而且由于粘滞流压力下降速率远远大于分子流区域,因此也忽略了粘滞流区域的影响。通过试验验证,这种简单的抽气时间的计算方法是比较准确的,这也说明真空玻璃的排气时间主要由材料的烘烤除气时间决定。

(2) 两种计算方法得到的结果

不同尺寸的样品,玻璃板间隙宽度与抽气时间的关系见图 3.15,实线是精确计算方法的计算结果,虚线是使用简单计算方法的计算结果。计算采用的抽气管内径为 0.5 mm,长4 mm,抽气管位于真空玻璃的角部,距两边均为 25 mm。由图中曲线可以看出,两种计算方法的结果基本吻合。

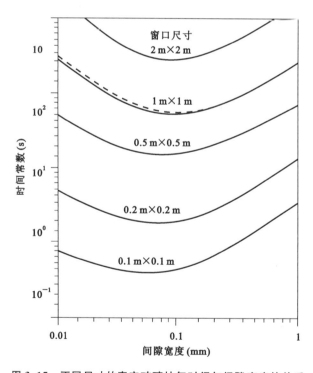

图 3.15　不同尺寸的真空玻璃抽气时间与间隙宽度的关系

由图 3.15 可见,对于不同尺寸的真空玻璃,玻璃板的间隙(也就是真空层的厚度)都有一个使抽真空时间较短的最佳范围,间隙过小则抽真空流导小;间隙过大虽然流导增大,但因真空腔体积增大并不能减少抽真空时间,这也是真空玻璃支撑物的高度一般选在 0.1～0.3 mm 之间的原因之一。

更为重要的是,由图 3.15 可见,即使对于大尺寸真空玻璃,排气速度也是很快的,也就是说,使真空层内达到一定真空度很快,但要使真空玻璃内部表面充分排气则需如前所述经过高温烘烤排气,排气工艺时间主要由烘烤排气时间决定,一般在 300～400 ℃,烘烤排气约 1 h,才能获取合格的真空度。

3.4.3 真空杯排气技术

真空玻璃可用与真空设备连接的排气头(也称真空杯)通过抽气孔或玻璃管进行排气。真空杯的方案有以下 3 种:

(1)悬浮式水冷真空杯

该工艺的示意图如第 1 章图 1.47 所示,在真空玻璃完成封边后,玻璃降温到设定温度(一般为 360～430 ℃)时开始缓慢抽低真空,玻璃在 350 ℃ 以上保温 30～60 min,之后降温,当杯内真空度高于 5×10^{-4} Pa 时进行封离。300 ℃ 以上的抽真空排气时间不少于 60 min。

该工艺的特点是,避免了密封胶圈高温老化而导致的漏气问题,可以获得较高的真空度。但是,由于真空杯与玻璃间无固定,在各种材料热胀冷缩的作用下,抽气管容易折断导致抽真空失败。

(2)接触式真空杯

该工艺的示意图如第 1 章图 1.40 所示,真空杯通过密封胶圈与玻璃连接,在真空玻璃完成封边降温后,将真空杯与真空玻璃的抽气孔连接并开始排气和加热,受到胶圈耐温条件的限制,烘烤温度一般设定为略低于 200 ℃,并保温 60～90 min。之后降温,待降温至 40～80 ℃ 以后进行封离。该工艺的特点是:封口过程可监控,因此封口合格率较高;但是由于烘烤温度低,会造成玻璃的放气量比采用悬浮真空杯工艺的产品大,因此,采用此工艺制作的真空玻璃,需加大吸气剂的用量。

(3)真空保护式真空杯

为了避免真空杯中胶圈的老化问题,悉尼大学设计了不带胶圈带保护真空的接触式真空杯,其示意图如第 1 章图 1.43、图 1.45 所示。真空杯带有环形的真空槽,抽真空后,真空槽内与外界大气压的压差将排气头与真空玻璃固定。此方案虽然解决了胶圈高温老化的问题,但是由于真空杯与玻璃表面都是坚硬的光滑表面,漏气率较大,因此该方案比较难以获得较高的真空度。

3.4.4 真空炉排气技术

真空玻璃在真空炉内的排气技术有两种工艺,一种是真空玻璃组件完成封边后,放进真空炉内,通过玻璃板上的抽气孔来排除内部的气体,经过充分的烘烤排气并达到要求的真空度之后将抽气孔密封。另一种工艺是,将整个装配好的玻璃组件在封边前放置在真空炉内,之后对真空炉抽真空,玻璃内部的气体通过未密封的边部排出,待完成烘烤排气后,提高炉内的温度或单独对玻璃边部进行加热,将边部密封。上述两种排气技术的主要区别是前者有抽气口,排气后封住抽气口,后者没有抽气口,排气后封住边缘。工艺成功与否,关键在于能否获得高封离真空度,这两种排气技术采用的真空设备是类似的,为了达到高真空水平,目前多采用扩散泵或分子泵类型的真空系统获得 10^{-4} Pa 以上的高真空,在维持一定的排气时间后封离,完成排气工艺。有关封离技术将在 3.5 节中介绍。

3.4.5　真空卫生

附着在真空元件及材料表面上的各种污物,如灰尘、汗液、机油、焊料等,都会成为真空系统内部气体的来源。如果这些污染物存在于真空器件内部,即便使用最好的真空泵不断地抽气,仍不一定能获得所需要的真空度,因为这些污染物作为系统内的气源会源源不断地在排气过程中放气。因此,对于任何真空器件的生产,注重真空卫生都非常重要。这里所说的卫生,包括三个方面,一是真空设备的工作环境,二是真空材料的清洁处理,三是操作人员的个人卫生。

(1) 真空环境卫生

真空器件的生产车间应保持十分清洁,一些关键的生产环节应在洁净间内完成,例如真空玻璃支撑物的布放、玻璃粉的涂布和玻璃合片工序,以避免过多的灰尘和水汽进入真空玻璃的中间层。

(2) 真空材料的清洁处理

真空玻璃所用的材料,在使用前要进行彻底的清洗。玻璃材料需使用去离子水清洗干净并烘干;支撑物和封口玻璃管需进行超声波清洗,并烘烤干燥;金属支撑物应该进行"烧氢"处理。吸气剂和金属封口片在制作过程中必须进行去油污和加热烘烤处理,在使用前应保存在干燥、清洁的密闭容器内,避免污染。

(3) 操作人员的个人卫生

操作人员应根据工序穿戴工作服、口罩和工作帽。支撑物布放、玻璃粉涂布和合片工序的操作人员还应佩戴口罩。凡清洗干净的材料必须戴手套之后才能触碰,严禁裸手触摸。

3.5　封 离 技 术

通过抽气孔排气的真空玻璃,在完成规定时间的高温烘烤排气,达到理想的真空度之后,加热封口材料将抽气孔密封,使真空层始终保持一定的真空度的工艺即为封离工艺。封离材料可以是玻璃管、封口片和封口玻璃珠。真空封离是真空玻璃制作过程中的最后一道工序,其封离工艺的好坏会直接影响真空层的真空度和真空玻璃的真空寿命。玻璃珠封口工艺由于目前仍处于试验阶段,缺乏试验和生产数据,因此本节不对此工艺进行介绍。

3.5.1　玻璃管封口

采用玻璃管排气的真空玻璃,用真空炉或图 1.40 和图 1.47 所介绍的"真空杯"完成规定时间的高温烘烤排气,并达到预定的真空度后,使用电阻丝或红外灯加热玻璃管,直至玻璃管软化熔融,在表面张力作用下形成实心堵头并实现密封。加热功率和时间与玻璃管的材质、熔化温度以及加热装置的种类有关,应结合具体情况进行设置。

3.5.2　封口片封口

采用封口片封口的真空玻璃,用真空炉或图1.50所介绍的排气封口装置完成规定时间的高温烘烤排气,并达到设定的真空度后,将封口片加热,使玻璃焊料达到熔融状态并充分放气后将封口片与抽气孔贴合,此时,玻璃的温度应略低于玻璃焊料的转变温度,在封口片与抽气孔贴合后,玻璃焊料快速凝固,将抽气孔密封。

3.5.3　封离时真空度的变化

在封离过程中,抽气管和封口片加热时均会有一定量的气体放出,造成压强瞬时升高。除了应选择放气量低的封离材料之外,封离的装置和工艺设计也要考虑如何将放出的气体快速排出,避免这些气体进入真空玻璃的中间层,影响封离真空度。相对而言,用真空炉制作真空玻璃更容易得到高的封离真空度。

参 考 文 献

[1]　胡文波,姚宗熙,王绪绪.等离子显示板(PDPs)的封接工艺[J].真空电子技术,1998 (5):48-50.

[2]　李要辉,黄幼榕,王晋珍,等. 钢化真空玻璃的封接方法、制备方法和钢化真空玻璃:CN201310261362.1[P]. 2013-6-27.

[3]　卢佳.真空玻璃的阳极键合密封技术研究[D].哈尔滨:哈尔滨工业大学,2008.

[4]　达道安.真空设计手册[M]. 北京:国防工业出版社,2004.

[5]　NG N, COLLINS R E. Evacuation and outgassing of vacuum glazing[J]. Vacuum Science & Technology, 2000,18(18):2549-2562.

[6]　CLUGSTON D A, COLLINS R E. Pump down of evacuated glazing[J]. Vacuum Science & Technology, 1994,12(1):241-247.

真空玻璃热工参数及其计算方法

4.1 真空玻璃热工参数和建筑能耗的关系

4.1.1 玻璃窗能耗的来源

玻璃窗由窗框(包括框架、密封件、五金件)及玻璃构成,这里的"玻璃"是单片玻璃或两片以上玻璃组合的简称。隐性玻璃幕墙虽然从外部看不到边框,但实际上也有不透明的框架部分。

通过玻璃窗传递的总热量 Q 可表达为:

$$Q = Q_g + Q_f + Q_l \tag{4.1}$$

式中　Q_g——通过玻璃的传热量(J);

　　　Q_f——通过窗框的传热量(J);

　　　Q_l——通过缝隙渗透的空气的传热量(J)。

(1) 空气渗透漏热 Q_l

Q_l 的大小取决于窗户的气密性。窗户气密性差使窗内外冷热空气在压差和温差的作用下通过缝隙交换造成的能耗相当大,我国许多建筑物的此项能耗可占到整窗能耗的 1/3 甚至更高,占整个建筑物能耗的 20%～30%。从节能方面考虑,应尽可能提高窗户的气密性,从防噪声、防沙尘、防潮湿等角度考虑,也应该提高窗户的气密性。但从人体健康的角度考虑,窗户必须具备的基本属性之一是通风,必须确保室内空气清新,特别是每人每小时要保证约20 m³的新鲜空气。没有经特殊设计通风换气设施的建筑物,部分靠窗户的空气渗透来换气,部分通过开关窗户来人工换气,这是无规律的,也是不节能的。在新型住宅或公共建筑设计中,必须设计节能环保的空气调节系统,以保持空气清新和减少换气带来的热耗。特别是大型公共建筑,由于内部人群、照明及各种设备发热量大,如果围护结构密封和保温性很好,但没有设计良好的自然通风,即使在冬天也可能出现需空调降温的情况,结果反而使能耗增加。原则上讲,要降低 Q_l 值,在非采暖期或制冷期应尽可能自然通风,在采暖期或制冷期,应尽可能使进气和出气进行热交换,进行节能的换气。

目前国内外在"被动房"等各种绿色建筑中已经采用"新风系统"进行节能换气,给使用者一个既节能又健康舒适的环境。

我国目前执行的《建筑外门窗气密、水密、抗风压性能分级及检测方法》(GB/T 7106—2008)对外窗气密性的要求见表4.1。

表 4.1　建筑外门窗气密性能分级表

分级	1	2	3	4	5	6	7	8
单位缝长分级指标值 q_1 [m³/(m²·h)]	$4.0 \geqslant q_1 > 3.5$	$3.5 \geqslant q_1 > 3.0$	$3.0 \geqslant q_1 > 2.5$	$2.5 \geqslant q_1 > 2.0$	$2.0 \geqslant q_1 > 1.5$	$1.5 \geqslant q_1 > 1.0$	$1.0 \geqslant q_1 > 0.5$	$q_1 \leqslant 0.5$
单位面积分级指标值 q_2 [m³/(m²·h)]	$12 \geqslant q_2 > 10.5$	$10.5 \geqslant q_2 > 9.0$	$9.0 \geqslant q_2 > 7.5$	$7.5 \geqslant q_2 > 6.0$	$6.0 \geqslant q_2 > 4.5$	$4.5 \geqslant q_2 > 3.0$	$3.0 \geqslant q_2 > 1.5$	$q_2 \leqslant 1.5$

表 4.1 中,采用在标准状态下压力差为 10 Pa 时的单位开启缝长空气渗透量 q_1 和单位面积空气渗透量 q_2 作为分级指标。

如何计算和测量窗户通过空气渗透及换气造成的能耗是非常专业的问题,在此不作进一步讨论。

(2) 玻璃和窗框的能耗——相对增热

产生式(4.1)中 Q_g 和 Q_f 的主要来源有两个:一是由室内外温差引起的传热,二是太阳辐射引入的传热,二者之和称为相对增热,用 RHG(Relative Heat Gain)表示,在忽略窗框从太阳辐射吸收得热的条件下,可得到:

$$\text{RHG} = Q_g + Q_f = U_w(T_0 - T_i) + \text{SC} \times \text{SHGF} \qquad (4.2)$$

式(4.2)中,U_w 为包括玻璃和窗框的整窗的传热系数;T_0 为室外空气温度,T_i 为室内空气温度;SC 为玻璃的遮阳系数,其含义是透过玻璃的太阳辐射总透射比与 3 mm 厚普通平板玻璃的太阳辐射总透射比的比值;SC 越高说明透过的太阳辐射比例越高;SHGF(Solar Heat Gain Factor)为太阳辐射得热因子,其含义是当时当地、单位时间内透过 3 mm 厚普通玻璃的太阳辐射能量,单位是 W·m⁻²。SC 和 SHGF 两者的乘积则代表单位时间太阳辐射透过单位面积玻璃的热量及被玻璃吸收后向室内二次辐射的热量的总和。

4.1.2　"得热"与"失热"、"保温"与"隔热"——窗户节能设计思路

式(4.2)中第一项是温差引起的传热,如果以室外向室内传热为正值,则当 $T_0 > T_i$(例如夏季)时,则第一项为正值,表明热量从室外传入室内为"得热";当 $T_0 < T_i$(例如冬季)时,则第一项为负值,表明热量从室内传向室外为"失热"。

由于太阳辐射是由室外射向室内的,所以式(4.2)中第二项总是正值,为"得热"。从节能的角度看,U 值表征围护结构的"保温"性能,SC 表征其"隔热"性能。

例如:某地夏季南向窗外温度 $T_0 = 32\ ℃$,室内温度 $T_i = 24\ ℃$,中午时分太阳辐射得热因子 SHGF $= 800\ \text{W·m}^{-2}$,所用单玻窗玻璃 $U = 6.0\ \text{W·m}^{-2}\text{·K}^{-1}$,SC $= 0.99$,则根据式(4.2)有:

$$\text{RHG} = U \times \Delta T + \text{SC} \times \text{SHGF} = 6.0 \times 8 + 0.99 \times 800 = 48 + 792 = +840(\text{W·m}^{-2})$$

正号表示热功率从室外传向室内,是"得热",而且其中 94% 是太阳辐射透过玻璃引起的,所以要减少空调能耗,就应加强"隔热",即降低 SC 或加遮阳设备。

如果当地冬天夜间室外气温 $T_0 = -20\ ℃$,室内温度 $T_i = 24\ ℃$,则有:

$$RHG = U(T_0 - T_i) = 6.0 \times (-20 - 24) = -6 \times 44 = -264 (\text{W} \cdot \text{m}^{-2})$$

负号表示热功率从室内传向室外,是"失热",而且全部是由温差引起的,所以要降低取暖能耗,就应加强"保温",即降低玻璃的 U 值。

由于式(4.2)中温差 $(T_0 - T_i)$ 和太阳辐射得热因子 SHGF 取决于各环境因素(比如建筑物所在位置的地理、气候、日照条件等)及建筑物本身的特性(如朝向、高度等),而环境因素是随季节和时间变化的。也就是说,对任何一个建筑物,式(4.2)中 ΔT 和 SHGF 都是时间 t 的函数,总的能耗应是式(4.2)对时间 t 积分的结果,主要时段为采暖期和空调制冷期。建工行业通过专业的测算方法来估算建筑物的能耗。

归纳起来,由式(4.2)可见,设计"节能窗"时应注意以下三点:

(1) 只要窗户内外存在比较大的温差 $(T_0 - T_i)$ 且持续时间较长,比如需要长时间供暖或用空调制冷,原则上讲,为了降低能耗,玻璃窗的 U_w 值应该尽可能低,其标准应和当地建筑物墙体 U 值标准相匹配。实行时还要根据建筑物的类型和内外条件进行精心的设计。

(2) 要根据建筑物所在地区、朝向等因素来选取玻璃的 SC 参数,例如在阳光充沛的热带地区,应选 SC 低的遮阳型玻璃,减少"得热"以降低制冷能耗;在严寒地区,则应选 SC 高的高透型玻璃,增加"得热"以降低采暖能耗。

(3) 式(4.2)中第一项和第二项看似互相独立,其实不然,从随后的分析可见,第一项中玻璃的 U_g 值越小,说明此玻璃的热阻越高,会影响第二项中玻璃吸收太阳辐射升温而形成的二次辐射得热。

下面对传热系数 U_w 及遮阳系数 SC 分别进行进一步分析。

4.2 玻 璃 窗 传 热 系 数

4.2.1 建筑围护结构对传热系数的要求

中国建筑热工设计分区如下:

① 严寒地区。最冷月平均温度 ≤ -10 ℃。

② 寒冷地区。最冷月平均温度 0 ~ -10 ℃。

③ 夏热冬冷地区。最冷月平均温度 0 ~ 10 ℃,最热月平均温度 25 ~ 30 ℃。

④ 夏热冬暖地区。最冷月平均温度 > 10 ℃,最热月平均温度 25 ~ 29 ℃。

⑤ 温和地区。最冷月平均温度 0 ~ 13 ℃,最热月平均温度 18 ~ 25 ℃。

我国严寒和寒冷地区及夏热冬冷地区占了国土面积大部分,与同纬度的许多发达国家相比,冬天天气更冷,南方地区夏天更为湿热,所以对大部分地区都应要求建筑围护结构的 U 值小,才能达到节能的目的。

为了推动建筑节能,我国从 1986 年起不断制定和修订建筑节能设计标准,在这些设计标准中,对建筑物围护结构的传热系数规定的指标越来越低,目前对我国不同地区建筑围护结构的传热系数规定的指标见表 4.2。

表 4.2 建筑围护结构传热系数 U 值限值

气候分区	代表城市	建筑类型	外墙 $(W \cdot m^{-2} \cdot K^{-1})$	外窗 $(W \cdot m^{-2} \cdot K^{-1})$	屋面(屋顶) $(W \cdot m^{-2} \cdot K^{-1})$
严寒地区	哈尔滨	居住建筑	0.25～0.50	1.5～2.5	0.20～0.25
		公共建筑	0.35～0.38	1.2～2.7	0.25～0.28
寒冷地区	北京	居住建筑	0.35～0.45	1.5～2.0	0.30～0.40
		公共建筑	0.45～0.50	1.7～3.0	0.40～0.45
夏热冬冷地区	上海	居住建筑	0.80～1.50	2.3～4.7	0.50～1.00
		公共建筑	0.60～0.80	1.8～3.5	0.40～0.50
夏热冬暖地区	广州	居住建筑	0.70～2.50	2.5～6.0	0.40～0.90
		公共建筑	0.80～1.50	2.0～5.2	0.50～0.80

外窗传热系数限值远高于墙体,这是不合理的。外窗传热系数按理应该与墙体的传热系数相匹配,目前定值偏高主要是受外窗产品的性能和价格所限。今后,随着节能和环保要求的提高,标准还会更加严格。

我国几种建筑物常用墙体的传热系数见表4.3。由表中数据可见,对单一材料墙体,如表中加气混凝土墙,降低 U 值的方法是增加墙的厚度;对复合材料墙体,则是在主墙体材料的内侧、外侧或中间加敷低导热系数的绝热材料,如胶粉聚苯颗粒板、聚苯乙烯泡沫塑料、岩棉、玻璃棉聚氨酯发泡材料等,可以设计达到 U 值小于 1 的要求。

表 4.3 几种建筑物常用墙体的传热系数

材 料 类 别	标称厚度 (mm)	传热系数 $(W \cdot m^{-2} \cdot K^{-1})$
370 mm 普通砖墙＋20 mm 砂浆	385	1.66
20 mm 砂浆＋370 mm 空心砖墙＋20 mm 砂浆	410	1.08
240 mm 黏土多孔砖墙＋胶粉聚苯颗粒外保温	325	0.84
190 mm 混凝土空心砌块墙＋胶粉聚苯颗粒内保温	275	0.77
3 mm 腻子＋150 mm 加气混凝土板＋3 mm 腻子	156	0.97
3 mm 腻子＋250 mm 加气混凝土板＋3 mm 腻子	256	0.62
3 mm 腻子＋300 mm 加气混凝土板＋3 mm 腻子	306	0.52

4.2.2 窗框传热系数 U_f 及玻璃传热系数 U_g 与玻璃窗传热系数 U_w 的关系

玻璃窗由窗框和玻璃构成。在忽略窗框与玻璃之间横向传热的简化条件下,设玻璃的传热系数为 U_g、面积为 M_g,窗框的传热系数为 U_f、面积为 M_f,则可将 U_w 表达为:

$$U_w = \frac{M_g}{M_g + M_f} U_g + \frac{M_f}{M_g + M_f} U_f$$

设 $\eta = \dfrac{M_f}{M_g + M_f} \times 100\%$ 表示窗框面积在整窗面积中占的百分比,简称框窗比,则上式可简化为:

$$U_w = U_g + \eta(U_f - U_g) \tag{4.3}$$

要降低整窗的 U_w 值来和墙体 U 值匹配,可根据式(4.3)进行分析。

首先,窗框要求强度高、变形小、耐风雨侵蚀、抗阳光暴晒。为了节能,又要求其导热系数要小。表4.4中列出了几种常用窗框材料的导热系数。

表 4.4　几种常用窗框材料的导热系数(λ)

窗框材料	松木、杉木	PVC 塑料	玻璃钢	PA 塑料	钢材	铝合金
导热系数 λ （W·m^{-1}·K^{-1}）	$0.14 \sim 0.29$	0.16	0.23	0.52	58.2	203

过去木质窗框占据主导地位,优点是导热系数小且容易加工,但防火及耐候性差,加上资源短缺,在我国已较少采用,但以铝塑包木的高档门窗仍有市场。钢框强度高,防火、防盗性能好,但保温隔热性能和耐候性差,新中国成立后数十年内曾以钢窗为主导产品,目前已基本退出市场。铝合金框强度高,防火及耐候性强,外表美观,易于被加工成复杂的内含空腔的型材,减小传热面积,但其导热系数大,热工性能较差。

20世纪70年代以来,为提高窗框热工性能,开发出各种复合材料窗框,例如,在内外两条铝合金型材之间接上导热系数低的塑料形成热的"断桥",称为铝合金断桥窗框,或在塑料型材中加上钢材制成"塑钢"窗框,或在金属框外经粉末喷涂等工艺成为金属塑料复合窗框。表4.5中列出了几种常见窗框的传热系数值。

表 4.5　几种常见窗框的传热系数(U_f)值

窗框材料	铝合金	断桥铝合金	PVC 塑钢	木框	玻璃钢
传热系数 U_f 值（W·m^{-2}·K^{-1}）	$4.2 \sim 6.2$	$2.4 \sim 3.2$	$1.9 \sim 2.8$	$1.5 \sim 2.4$	$1.4 \sim 1.8$

单片玻璃 U_g 为 6 W·m^{-2}·K^{-1} 左右,目前节能玻璃的 U_g 已越来越低,目前充惰性气体 Low-E 中空玻璃 U_g 计算值可低到 1.4 W·m^{-2}·K^{-1},三玻两腔中空玻璃产品可达到约 0.7 W·m^{-2}·K^{-1},而 Low-E 真空玻璃产品的 U_g 经实测可达到 0.6 W·m^{-2}·K^{-1} 以下。一旦选了 U_g 低的玻璃,必定要选 U_f 低的窗框,使式(4.3)中($U_f - U_g$)值尽可能小。此外,目前对玻璃窗的采光要求越来越高,玻璃面积越来越大,η 值趋向减小,框窗比 η 有从 30% 向 15% 甚至更低下降的趋势,这有利于节约照明能耗及提高舒适性。

由此可见,与玻璃可达到的传热系数 U_g 相比,表4.5所列的 U_f 仍偏大,有待进一步改进。

现举一实例计算:某建筑用窗面积为 1580 mm×1740 mm,窗框选用传热系数 U_f 为1.9 的塑钢框,框窗比 η 为 18%,玻璃选用 $U_g = 0.6$ W·m^{-2}·K^{-1} 真空玻璃,则有:

$$U_w = 0.6 + 0.18 \times (1.9 - 0.6) = 0.6 + 0.234 = 0.834 (\text{W·m}^{-2}\text{·K}^{-1})$$

如果此例中选用 U_f 为 6.2 W·m^{-2}·K^{-1} 的铝合金窗框,则有:

$$U_w = 0.6 + 0.18 \times (6.2 - 0.6) = 0.6 + 1.008 = 1.608 (\text{W·m}^{-2}\text{·K}^{-1})$$

可见,要降低 U_w,首先要选 U_g 值低的玻璃,其次要选 U_f 低的窗框,二者缺一不可。这是设计 U_w 值低的高性能节能窗的重要原则。

由于高性能节能窗必须选择 U_g 值低的玻璃,所以在目前条件下式(4.3)中右边第二项已不可能因 $U_g > U_f$ 而成为负值。研究的目标除降低 U_g 外,还应使 U_f 尽可能接近 U_g,并尽可能减小 η 值。

本节仅介绍了计算整窗传热系数的基本原理和公式,实际工程中的计算方法和公式将在 7.2 节作进一步介绍。

4.3 玻璃中心区域传热系数 U_g 的计算

本书第 1.2.1 节中给出了真空玻璃传热系数的计算公式——式(1.2)和式(1.3),对于不同品种玻璃只要将其热阻置换公式中的 $C_{真空}$ 或 $R_{真空}$,就可计算出玻璃中心区域传热系数 U_g 值。

4.3.1 单片玻璃传热系数的计算

常用于门窗玻璃的单片玻璃有普通玻璃(钠钙玻璃)和 Low-E 镀膜玻璃两种。

1.普通玻璃传热系数计算

由于钠钙玻璃(建筑玻璃)导热系数 $\lambda_玻$ 约为 $0.76\ \mathrm{W \cdot m^{-1} \cdot K^{-1}}$,当厚度为 h 时,玻璃热导 $C_玻 = \lambda_玻 / h$,热阻 $R = 1/C_玻 = h/\lambda_玻$,常用玻璃板的热导和热阻如表 4.6 所示。

表 4.6 常温下钠钙玻璃的热导和热阻

玻璃厚度 h(mm)	2.5	3.0	3.5	4	5	6	8	10
热导 $C_玻$ ($\mathrm{W \cdot m^{-2} \cdot K^{-1}}$)	304	253	217	190	152	127	95	76
热阻 $R_玻$ ($\mathrm{W^{-1} \cdot m^2 \cdot K}$)	0.003	0.004	0.005	0.005	0.007	0.008	0.011	0.013

由表 4.6 可见,对于 4 mm 玻璃,$R_玻 = 0.005\ \mathrm{W^{-1} \cdot m^2 \cdot K}$。

由此可知,依据第 1 章第 1.2.1 节中表 1.3 的数据,可按中国标准计算出此普通玻璃的 U_g 值约为 $5.4\ \mathrm{W \cdot m^{-2} \cdot K^{-1}}$,按美国标准则约为 $6.4\ \mathrm{W \cdot m^{-2} \cdot K^{-1}}$。

2.单片 Low-E 玻璃的传热系数计算

(1) 低辐射膜玻璃膜面的辐射率

低辐射膜玻璃(low-emissivity coated glass)简称 Low-E 玻璃,其主要指标为辐射率(物理上称发射率,emissivity),以 $\varepsilon(T, \lambda)$ 表示,是指其表面辐射力与同温度下黑体辐射力的比值,习惯上也常称辐射率为黑度。由于辐射是按空间方向分布的,不同方向辐射强度不同,因此有法向辐射率和半球辐射率之分。法向辐射率是指垂直于表面方向的辐射率,而半球辐射率(hemispheroid emissivity)则是在空间半球辐射的积分值。

Low-E 玻璃参数给出的辐射率应该指半球辐射率,比如普通浮法玻璃表面辐射率为

0.84,某种 Low-E 玻璃的表面辐射率为 0.10,都应指的是半球辐射率,如果测出的是法向辐射率,则应校准为半球辐射率。

辐射率的数值与表面温度有关,也与辐射的波长有关,当温度一定时,仅与波长有关。试验发现,对于工业上常遇到的热辐射波长属于红外线范围(0.76～20 μm),在此范围内,对于大多数工程材料而言,如果假设辐射率数值与波长无关,$\varepsilon(T、\lambda)$可写为 $\varepsilon(T)$,使辐射换热分析和计算大为简化,而由此引起的误差在可容许范围内。

有别于黑体,物理学把辐射率与波长无关的物体称为"灰体",把大多数工程材料当作"灰体"处理。可以证明,对于灰体表面,对辐射的吸收比(即吸收率)等于辐射率,即 $\alpha(T)=\varepsilon(T)$,$\alpha(T)$是温度 T 时的吸收比,当辐射对物体表面的穿透比为 0 时,吸收比与反射比 $r(T)$之和为 1,即:

$$r(T)+\alpha(T)=1, \quad r(T)=1-\alpha(T)$$

例如,表面辐射率是 0.10,则其吸收比也是 0.10,则反射比 $r(T)=1-0.10=0.90$,也就是 90% 的辐射被反射回去了。所以,低辐射膜也就是对红外辐射的高反射膜。低辐射玻璃膜面的光学特性见图 4.1。

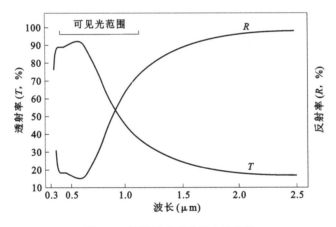

图 4.1　低辐射玻璃膜面光学特性

由图 4.1 可见,Low-E 玻璃膜面对可见光波段(0.38～0.76 μm)透过率 T 较高,对波长大于 0.76～2.5 μm 的近红外波段则透过率较低,反射率 R 很高;对于太阳辐射、能量集中在 0.2～2 μm 波长范围,可见光占了很大比例,可见光可透过 Low-E 膜,使室内得到照明,同时使透过的红外波段部分大大减少,起到一定遮阳作用。而对于室内外温差造成的辐射传热,辐射都处于人眼看不见的 0.76 μm 以上波长范围,Low-E 膜对此低吸收、高反射的性能可大大降低辐射传热,使 U 值降低。

(2)低辐射膜玻璃玻面的辐射特性

Low-E 玻璃一般都是单面镀膜,即一面为镀膜面,一面为普通玻璃面。两种 Low-E 玻璃玻面和膜面的反射图谱见图 4.2。

与图 4.1 不同的是,图 4.2 将波长测量范围延伸到 2.5～25 μm 的远红外波段。

从图 4.2 可以看出,Low-E 玻璃玻面和膜面具有不同的红外反射特性。在 2.5～25 μm 远红外波长范围,膜面的反射率远远大于玻面。而玻面的远红外反射率较低,吸收率和发射率较高。

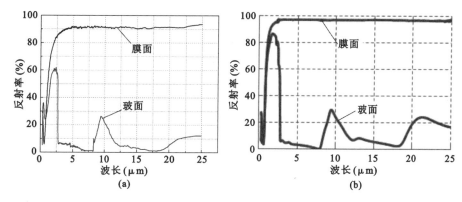

图 4.2　Low-E 玻璃玻面和膜面的反射图谱

（a）单银 Low-E 玻璃，基片为普通玻璃（皇明太阳能股份有限公司提供）；

（b）双银 Low-E 玻璃，基片为超白玻璃（金晶有限公司提供）

图 4.2 中 9 μm 处出现的反射峰是玻璃结构中 Si—O 键振荡引起的，在此不必深究。

制作中空或真空玻璃时，Low-E 玻璃膜面位于腔内，室内外侧均是普通玻璃面。当太阳辐射或室内的远红外辐射到普通玻璃面上时，大部分被玻面吸收，表现为玻璃温度升高。红外辐射不可能全部直接到达 Low-E 膜并被反射回去，只有太阳辐射中的近红外部分被反射回去，因此，认为 Low-E 玻璃具有双面红外反射的说法是不全面的。

本章第 4.4.1 节中将说明太阳辐射的能量大部分集中于 0.2～3 μm 波长范围，因此中空或真空玻璃中的 Low-E 膜对太阳辐射中近红外线的反射会阻止相当一部分太阳热能进入室内，可以降低夏热地区的空调费用，起到节能效果。

但有些宣传说在寒冷的冬季，Low-E 玻璃将室内包括人体辐射在内的各种红外辐射强烈反射回室内，阻止热量损失，降低取暖费用，这种说法不够科学。首先，室内大部分物体包括人体在内的红外辐射都属于常温下的远红外辐射，Low-E 玻璃的玻面对此反射率很低。其次，更为重要的是决定辐射热流向的是温差，只要窗玻璃内表面的温度很低，即使 Low-E 膜置于室内面，包括照明、取暖及人体等各种辐射热都将流向窗户，这也正是需要利用 Low-E 膜的低辐射率特性来降低窗玻璃 U 值的主要原因。

（3）低辐射膜玻璃单片使用的传热系数

Low-E 玻璃单独使用时，玻璃本身的热阻与表 4.6 中的普通玻璃热阻是相同的，但计算传热系数的换热系数必须改变。

实际上，玻璃表面与外界热交换由气体对流、气体传导和表面辐射三部分构成，表面换热系数是这三部分传热系数之和。过去制定标准时，都是根据普通玻璃的科研数据确定一标准值，如美国 ASHEAE 标准规定换热系数 $C_{内}$ 为 8.3 W·m^{-2}·K^{-1}，$C_{外}$ 为 30 W·m^{-2}·K^{-1}，中国《建筑门窗玻璃幕墙热工计算规程》（JGJ/T 151—2008）则规定 $C_{内}$ 为 7.6 W·m^{-2}·K^{-1}，而 $C_{外}$ 为 19.9 W·m^{-2}·K^{-1}。Low-E 玻璃的表面辐射率已由普通玻璃的 0.84 降到 0.10 以下。因此，表面换热系数将因辐射率下降而减小，而换热阻将增大，在计算 U 值时应该先对换热系数及换热阻进行修正。

有关换热系数的计算涉及多表面系统辐射换热计算，比较复杂。文献[1]中引用了美国洛仑兹-伯克利国家实验室 Rubin 等根据美国标准所进行的玻璃 U 值模拟计算结果,如图 4.3所示。图中给出单片玻璃,空气层厚度为 12.7 mm 的中空玻璃和双中空玻璃的"U 值-辐射率 ε"关系图。图 4.3(a)中用阿拉伯数字标明 Low-E 膜所在位置,数字 1 表明 Low-E 膜在从外数第 1 表面,依次类推。

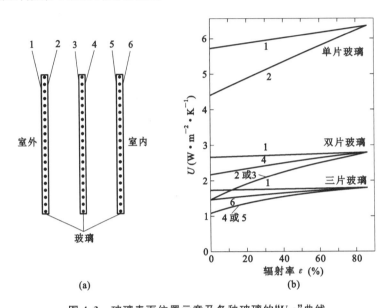

图 4.3 玻璃表面位置示意及各种玻璃的"U-ε"曲线

(a) 玻璃各表面位置示意图;(b) 各种玻璃的"U 值-辐射率 ε"曲线

由图 4.3(b)可见,按 Rubin 的计算,单片玻璃膜在第 2 表面(即内表面)的 U 值最低,由普通玻璃的 6.3 降至最低值约 4.5。Low-E 膜在第 2 或第 3 表面的中空玻璃 U 值下限约为 1.4,而 Low-E 膜在第 4 或第 5 表面的双中空玻璃 U 值下限约为 1.1,都比单片 Low-E 膜低 3~4 倍。这是由于单片玻璃内外两侧气体传热仍占主导地位,限制了 U 值下降。

文献[2]中给出了计算内表面换热阻 $R'_{内}$ 和外表面换热阻 $R'_{外}$ 的简易公式,当辐射率为 ε 时:

$$\left. \begin{array}{l} R'_{内} = (6.12 \times \varepsilon \times 3.6)^{-1} \\ R'_{外} = (6.12 \times \varepsilon \times 17.9)^{-1} \end{array} \right\} \tag{4.4}$$

现举例说明按此修正后计算的结果:

【例 1】 3 mm 厚 Low-E 玻璃,$\varepsilon = 0.05$,膜面置于内侧。

按式(4.4)计算,$R_{传} = 0.303$ W^{-1} · m^2 · K,$U = 3.3$ W · m^{-2} · K^{-1}。

【例 2】 3 mm 厚 Low-E 玻璃,$\varepsilon = 0.10$,膜面置于内侧。

按式(4.4)计算,$R_{传} = 0.285$ W^{-1} · m^2 · K,$U = 3.5$ W · m^{-2} · K^{-1}。

【例 3】 3 mm 厚 Low-E 玻璃,$\varepsilon = 0.17$,膜面置于内侧。

按式(4.4)计算,$R_{传} = 0.263$ W^{-1} · m^2 · K,$U = 3.8$ W · m^{-2} · K^{-1}。

此计算结果与图 4.4 差距较大,如例 1 单片 Low-E 玻璃的 U 值为 3.3 W · m^{-2} · K^{-1},远低于 Rubin 的最低限约 4.5 W · m^{-2} · K^{-1}。结果不同的原因是依据的标准不同,而是否修正过度值得进一步研究,但计算结果反映的规律是正确的。

由于室内外环境对热辐射影响很大,所以依据不同的计算模型算出的结果有差异,单片玻璃计算值和实际使用时的差别也会很大,测试时对测试设备和环境也很敏感,所以各厂家提供的数据会有差异,而且给出的 U 值一般都偏低。

目前生产的 $\varepsilon \leqslant 0.10$ 的离线 Low-E 玻璃的膜面置于空气中很快就会受潮变质,不能单片使用,必须置于中空玻璃中密封保护起来才能长期使用。只有在线 Low-E 玻璃耐候性好,可单片使用,但其辐射率较高,制成中空或真空玻璃的 U 值较高,保温性能较差。

Rubin 也计算了两片玻璃组成的“中空玻璃”和三片玻璃组成的“三玻两腔”或“双中空”玻璃的 K-ε 关系,在图 4.3 中也给出了关系曲线,可以看出这些玻璃的传热系数比单片玻璃大大降低了,而且 ε 越低,U 值也更低。

4.3.2　真空玻璃、中空玻璃的中心区域传热系数的计算

由于结构不同,真空玻璃与中空玻璃的传热机理也有所不同。本书第 1 章图 1.3 已经给出简化的传热机理示意图。

要计算真空玻璃和中空玻璃的传热系数,就必须分别计算出真空玻璃热阻 $R_{真空}$ 和中空玻璃热阻 $R_{中空}$,$R_{真空}$ 和 $R_{中空}$ 的构成,如图 4.4 所示。

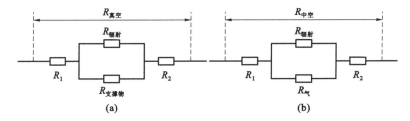

图 4.4　真空玻璃和中空玻璃热阻构成示意图
(a) 真空玻璃热阻构成图;(b) 中空玻璃热阻构成图

图 4.4 中,R_1 为外玻璃板热阻,R_2 为内玻璃板热阻,$R_{辐射}$ 为辐射热阻,$R_{气}$ 为气体热阻(包括气体导热和对流传热),$R_{支撑物}$ 为支撑物热阻。

真空玻璃中残余气体的热导已忽略不计,由此可得到:

$$R_{中空} = R_1 + \frac{R_{辐射} R_{气}}{R_{辐射} + R_{气}} + R_2 \qquad (4.5)$$

$$R_{真空} = R_1 + \frac{R_{辐射} R_{支撑物}}{R_{辐射} + R_{支撑物}} + R_2 \qquad (4.6)$$

玻璃板热阻 R_1 和 R_2 可通过查表 4.6 得到。

下面将给出式(4.5)、式(4.6)两式中涉及的几个热阻值计算公式。

(1) 辐射热阻计算

在计算图 4.5 所示的平行平板间的辐射换热时,可以把两平行表面视作灰体表面,推导出两表面之间的辐射热导 $C_{辐射}$[3-4] 为:

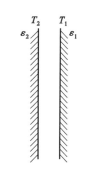

图 4.5　平行平板间辐射换热的示意图

$$C_{辐射} = \frac{\varepsilon_{有效}\sigma(T_1^4 - T_2^4)}{T_1 - T_2} \tag{4.7}$$

式中　T_1, T_2——两表面的绝对温度(K)；

　　　　$\varepsilon_{有效}$——表面有效辐射率；

　　　　σ——斯忒芬-波尔兹曼常数，其数值为 5.67×10^{-8} W・m^{-2}・K^{-4}。

　　在两平行表面温差不大(如几十开)的条件下，$C_{辐射}$ 可用下面的式(4.8)计算，误差在 1% 以内。

$$C_{辐射} = 4\varepsilon_{有效}\sigma T^3 \tag{4.8}$$

式中　T——两表面的平均绝对温度(K)。

　　式(4.7)和式(4.8)中 $\varepsilon_{有效}$ 由式(4.9)计算：

$$\varepsilon_{有效} = (\varepsilon_1^{-1} + \varepsilon_2^{-1} - 1)^{-1} \tag{4.9}$$

式中　ε_1——第 1 表面的半球辐射率；

　　　　ε_2——第 2 表面的半球辐射率。

　　【计算例 1】　真空玻璃的其中一片玻璃是 4 mm 的 Low-E 玻璃，辐射率为 0.10，另一片是 4 mm 的普通玻璃，辐射率为 0.84。

　　则可算出 $\varepsilon_{有效} = (10 + 1.19 - 1)^{-1} = 0.098$

　　按我国测试标准，室内侧温度：$T_1 = 20 + 273 = 293$K；

　　　　　　　　　　室外侧温度：$T_2 = -20 + 273 = 253$K；

　　　　　　　　　　平均温度：$T = 273$K

　　式(4.8)可简化为：

$$C_{辐射} = 4.615\varepsilon_{有效}$$

据此可算出 $C_{辐射} = 0.452$ W・m^{-2}・K^{-1}。

　　式(4.7)和式(4.8)是根据严格的理论推导而得出的，对于两个无限大平行表面间的辐射传热，在平面间是真空或透热介质(如中空玻璃中的气体基本上可算透热介质)的条件下，单位面积间辐射传热量 q 应由文献[5]中给出的式(4.10)计算：

$$q = \int_0^{\pi/2} \int_0^x \frac{E_\lambda(\lambda, T_1) - E_\lambda(\lambda, T_2)}{\dfrac{1}{\varepsilon_{\lambda,\theta,T_1}(\lambda,\theta,T_1)} + \dfrac{1}{\varepsilon_{\lambda,\theta,T_2}(\lambda,\theta,T_2)} - 1} d\lambda \times \sin(2\theta) d\theta \tag{4.10}$$

式中　$\varepsilon(\lambda, \theta, T)$——当绝对温度为 T 时，辐射率作为波长 λ 和入射角 θ 的函数；

　　　　$E_\lambda(\lambda, T)$——当绝对温度为 T 时，黑体辐射率作为波长 λ 的函数。

　　式(4.10)的物理概念非常清晰，在此不再分析。

　　为了简化计算，假设上式中 E_λ 和 ε 均与 λ 无关，则可由式(4.10)推导出近似计算公式(4.7)和式(4.8)。文献[5]中的研究和计算表明，此近似的误差大小与涉及的表面性质有关，最高约为 4%。这对于工程计算是完全可以接受的。

　　上述理论推导及结果早已被物理学界认可，也被试验测量所证实。式(4.7)和式(4.8)应作为讨论平板辐射传热问题的基础理论公式，而不是"经验公式"。

　　把以上的基本公式用于单 Low-E 中空玻璃或真空玻璃，假定两个内表面的辐射率 ε_1 和 ε_2 是常数，则可以明确地说，无论 Low-E 膜置于第 2 或第 3 表面，由于 $\varepsilon_{有效}$ 不变，只要温差相同，$C_{辐射}$都是相同的，辐射热阻 $R_{辐射}=1/C_{辐射}$ 也是相同的。

中空玻璃和真空玻璃中传热的其他因素，如气体热导和支撑物热导也与 Low-E 膜置于第 2 表面还是第 3 表面无关，所以中空玻璃和真空玻璃本身的总热导及总热阻也与膜的位置无关。中空玻璃和真空玻璃的两种安装方式见图 4.6。

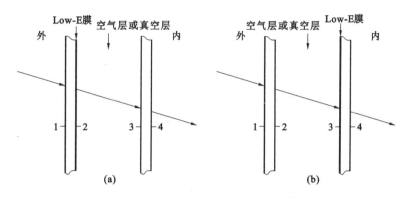

图 4.6 中空玻璃和真空玻璃的两种安装方式

(a) Low-E 膜在第 2 表面；(b) Low-E 膜在第 3 表面

Low-E 玻璃辐射率 ε 与辐射热导 $C_{辐射}$ 的关系见表 4.7 和图 4.7。可见，Low-E 玻璃的辐射率 ε 是影响玻璃辐射热导的主要因素，ε 越低，$C_{辐射}$ 越小。

表 4.7 Low-E 玻璃辐射率 ε 与单 Low-E 真空玻璃辐射热导 $C_{辐射}$ 的关系

玻璃辐射率 ε	0.01	0.02	0.03	0.04	0.06	0.08	0.10	0.12	0.17	0.20
辐射热导 $C_{辐射}$ （$W \cdot m^{-2} \cdot K^{-1}$）	0.05	0.09	0.14	0.18	0.27	0.36	0.45	0.54	0.75	0.88

注：单 Low-E 真空玻璃是由一片 Low-E 玻璃和一片普通玻璃（$\varepsilon=0.84$）组成的真空玻璃。

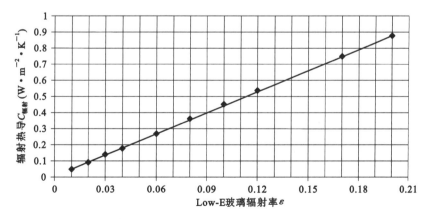

图 4.7 Low-E 玻璃辐射率 ε 与单 Low-E 真空玻璃辐射热导 $C_{辐射}$ 的关系曲线

（2）中空玻璃气体传热的热阻计算

中空玻璃中气体传热包括气体导热和气体对流传热，影响因素较多。

$R_{气}$ 的计算可依据公式：

$$R_{气} = \frac{1}{C_{气}} \left.\vphantom{\frac{1}{C}}\right\}$$
$$C_{气} = Nu\, \frac{\lambda}{s} \tag{4.11}$$

式中　λ——气体的导热系数（W·m^{-1}·K^{-1}）；

s——气体层厚度（m）；

Nu——努塞尔系数，由下式给出：

$$Nu = A(Gr \cdot Pr)^n \tag{4.12}$$

式中　A——常数；

Gr——格拉晓夫准数；

Pr——普朗特准数；

n——幂指数。

如果 $Nu<1$，则将 Nu 取为 1。

格拉晓夫准数由下式计算：

$$Gr = \frac{9.81 s^3 \Delta T^2 \rho^2}{T_m \mu^2} \tag{4.13}$$

普朗特准数按下式计算：

$$Pr = \frac{\mu C}{\lambda} \tag{4.14}$$

式中　ΔT——气体间隙前后玻璃表面的温度差（K）；

ρ——气体密度（kg/m^3）；

μ——气体的动态黏度[kg/(m·s)]；

C——气体的比热[J/(kg·K)]；

T_m——气体平均温度（K）。

在垂直情况下：$A=0.035$，$n=0.38$。在水平情况下：$A=0.16$，$n=0.28$。在倾斜 45°情况下：$A=0.10$，$n=0.31$。

Nu 的取值与气体的种类和厚度 s 有关。同种气体，当 s 小于一定值时，$Nu=1$，则 $C_{气}=\lambda/s$，表示只有气体导热存在，对流传热可忽略，但当 s 增加到一定程度时，$Nu>1$，出现对流传热使 $C_{气}$ 增大。所以对应一种气体有一个最佳 s 值，可使 $C_{气}$ 最小，$R_{气}$ 最大，从而使中空玻璃 U 值最小。

计算表明，此最佳 s 值：空气为 16 mm，氩气为 15 mm，氪气为 10 mm，SF$_6$ 气体（六氟化硫气体）为 5 mm。

（3）真空玻璃残余气体热导计算

真空玻璃生产工艺要求产品经过 350 ℃以上高温烘烤排气，不仅把间隔内的空气（包括水汽）排出，而且把吸附于玻璃内表面表层和深层的气体尽可能排出，使真空层气压低于 10^{-1} Pa（也就是百万分之一大气压）以下，这样残余气体传热才可以忽略不计。

理论上，在气压低到气体分子平均自由程远大于真空玻璃间隔时，气体热导可用式（4.15）计算。此公式是真空技术中广为应用的经典公式，可从权威文献[6]中查到。

$$C_{气} = \alpha \left(\frac{\gamma+1}{\gamma-1} \right) \sqrt{\frac{R}{8\pi MT}} P \qquad (4.15)$$

上式中涉及的参数如 α、γ、M 与气体成分有关。根据过去的研究和测量结果[7-8]，悉尼大学研究组在 1991—1995 年期间的研究报告中都认定真空玻璃间隔内的残余气体（包括抽真空封离后内表面释放出的气体）为含水汽的空气[3,9]，根据含水汽的空气取下列相关参数：

式中　α——气体综合适应系数，对于含水汽的空气取 $\alpha = 0.5$；

$\quad\quad\ P$——气体压强（Pa）；

$\quad\quad\ \gamma$——气体的比热容比，也称绝热指数，对于空气，其值为 1.4034；

$\quad\quad\ T$——间隔内两表面温度的平均值，取常温 20 ℃（293 K）；

$\quad\quad\ M$——气体的摩尔质量，对于空气取 28.96×10^{-3} kg/mol；

$\quad\quad\ R$——摩尔气体常数，8.314J/(mol·K)。

将上述数据代入式（4.15），计算结果为：

$$C_{气} = 0.596P \approx 0.6P \qquad (4.16)$$

严格地说，真空玻璃应该要求真空度 <0.01 Pa，根据式（4.16），要求 $C_{气} < 0.006$ W·m^{-2}·K^{-1} 才能达到合格要求。由于 α 等气体参数值与生产用的材料和工艺有关，因此式（4.16）只是近似公式。也有的建议采用 $C_{气} \approx 0.8P$ 计算，这样实际上对真空度的要求更高。

（4）真空玻璃支撑物热导计算

为不影响窗玻璃的透明感，真空玻璃内支撑物必须足够小，当其在明视距离 25 cm 外，对人眼的张角小于 0.1°时，人眼难以分辨。而且支撑物尺寸越小，与玻璃的接触面积越小，支撑物热导也越小。支撑物热导 $C_{支撑物}$ 可由式（4.17）确定[10]。

$$C_{支撑物} = \frac{2\lambda_{玻}\, a}{b^2 \left(1 + \dfrac{2\lambda_{玻}}{\lambda_{支撑物}} \dfrac{h}{\pi a} \right)} \qquad (4.17)$$

式中　$\lambda_{玻}$——玻璃导热系数，约为 1 W·m^{-1}·K^{-1}；

$\quad\quad\ h$——支撑物高度（m）；

$\quad\quad\ a$——支撑物与玻璃接触区域半径（m）；

$\quad\quad\ b$——支撑物方阵间距（m）；

$\quad\quad\ \lambda_{支撑物}$——支撑物材料导热系数（W·m^{-1}·K^{-1}）。

【计算例 2】　如果选用不锈钢圆柱形支撑物 $a = 0.25$ mm，$b = 40$ mm，$h = 0.15$ mm，$\lambda_{不锈钢} = 17$ W·m^{-1}·K^{-1}。计算可得 $C_{支撑物} = 0.306$ W·m^{-2}·K^{-1}。

由式（4.17）可见，b 越大，a 越小，$\lambda_{支撑物}$ 越小，则 $C_{支撑物}$ 越小。

支撑物高度 h 即真空层厚度必须有利于真空玻璃排气，理论和试验证明，最佳 h 值应在 0.1～0.5 mm 之间[11]，本书第 3 章第 3.4 节对此做了说明，h 值越大还会增加支撑物的制造及摆放难度。

支撑物的形状要求 360°对称，圆柱形或圆环形最好，专利[12]使用圆柱形，为了布放时不会直立，圆柱周边为鼓形，如图 4.8(a)所示。

专利[13]使用圆环形支撑物，如图 4.8(b)所示。理论计算表明，在同样外径下，内径为外径 1/2 的圆环形的热导比圆柱形小 25%。单个圆环形支撑物总热阻如式（4.18）所示：

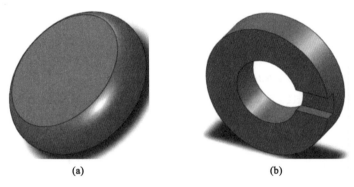

图 4.8　支撑物形状

(a) 鼓形支撑物；(b) 圆环形支撑物

$$R_{\text{单个支撑物}} = \frac{1}{2\lambda_{\text{玻璃}}} \cdot \frac{a_{\text{外}}}{a_{\text{外}}^2 - a_{\text{内}}^2} + \frac{h}{\pi(a_{\text{外}}^2 - a_{\text{内}}^2)\lambda_{\text{支撑物}}} \tag{4.18}$$

式中　h——支撑物的高度（m）；

$\quad\quad\lambda_{\text{支撑物}}$——支撑物材料的热导率（W·m^{-1}·K^{-1}）；

$\quad\quad\lambda_{\text{玻璃}}$——玻璃的热导率（W·m^{-1}·K^{-1}）；

$\quad\quad a_{\text{内}}, a_{\text{外}}$——圆环形支撑物与玻璃接触区域内外半径（m）。

间距为 b 的支撑物方阵的热导可以表达为公式（4.19），即：

$$C_{\text{支撑物方阵}} = \frac{1}{R_{\text{单个支撑物}}} \cdot \frac{1}{b^2} \tag{4.19}$$

【计算例 3】　如果选用不锈钢环形支撑物：$a_{\text{内}}=0.15$ mm，$a_{\text{外}}=0.3$ mm，$h=0.15$ mm，$\lambda_{\text{玻璃}}=1$ W·m^{-1}·K^{-1}，$\lambda_{\text{不锈钢}}=17$ W·m^{-1}·K^{-1}，$b=40$ mm。计算可得：$C_{\text{支撑物方阵}}=0.276$ W·m^{-2}·K^{-1}。

值得一提的是：Windows 7 软件为计算玻璃参数的权威和常用软件。但该软件中没有环形支撑物，只有圆柱形支撑物，所以在使用 Windows 7 软件计算真空玻璃参数时，可将上例中环形支撑物按接触面积等效为高度不变、半径为 0.225 mm 的圆柱形支撑物进行计算，结果相近。

由式（4.17）可知，支撑物材料的导热系数 $\lambda_{\text{支撑物}}$ 越小，支撑物热导 $C_{\text{支撑物}}$ 越小。

历史上对支撑物材料的选择有很多，比如玻璃珠[14]、玻璃钎焊料或钎焊料与固体微珠混合物，还有选择有机物的。

玻璃材料作支撑物的问题首先是材料强度不够，支撑物需承受很大的静态抗压强度 P。

$$P = \frac{b^2}{\pi a^2} P_{\text{atm}} \tag{4.20}$$

其中，P_{atm} 为大气压强，以计算例 2 为例，$a=0.25$ mm，$b=40$ mm，则 $P=8\times10^3\ P_{\text{atm}}$，将近 1 GPa 的量级，更不用说在受迫振动时受到惯性冲击力，玻璃材料将难以承受[14]。另外，玻璃类支撑物一般采用点布和丝网印刷工艺很难保证其高度和形状均一，制成的真空玻璃很容易因应力不均匀而破裂。

有的专利提出用有机物作支撑物，虽然有机物具有弹性好和支撑物热传导低的优点，但存在易老化和放气的致命缺陷，所以也不可取。

用陶瓷材料作支撑物是可行的,如果陶瓷的导热系数取 2.7 W·m^{-1}·K^{-1},比不锈钢低,则其支撑物热导和真空玻璃 U 值都会降低。但必须考虑降低其加工成本。

【计算例 4】　单 Low-E 真空玻璃,Low-E 玻璃辐射率取 0.06。使用计算例 3 中不锈钢环形支撑物,U 值为 0.5 W·m^{-2}·K^{-1}。如果使用同样尺寸的陶瓷支撑物,热导 $C_{陶瓷支撑物}$ = 0.252 W·m^{-2}·K^{-1},U 值为 0.48 W·m^{-2}·K^{-1}。可见,使用陶瓷支撑物,支撑物方阵热导可降低 9%,U 值可降低 4%。

确定了支撑物材料、形状和尺寸后,要根据玻璃的力学性质和厚度选择支撑物方阵间距 b,选择 b 的原则首先是要求真空玻璃的内外表面的永久拉应力不超过允许值,并留有充分的安全系数。在文献[15]中,4 mm 普通玻璃表面永久拉应力允许值为 8 MPa,设计时安全系数取 0.5,即按 4 MPa 设计。其次是支撑物所受的压强不能超过材料的抗压强度 S,即 $\frac{b^2}{\pi a^2}P_{atm}<S$。其三是支撑物的热导必须足够小,否则将失去真空玻璃的保温优势。

这三者的半定量关系如图 4.9 所示。

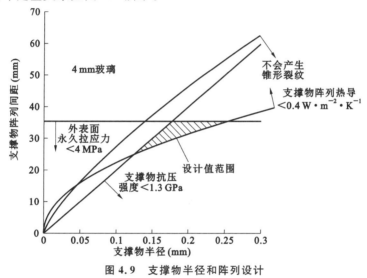

图 4.9　支撑物半径和阵列设计

对于钢化真空玻璃,永久拉应力允许值从 8 MPa 提高到 42 MPa;对于半钢化真空玻璃,永久拉应力允许值提高到 28 MPa,图 4.10 中的曲线将会有很大变化。根据理论计算和试验得出:对于不同厚度和不同种类的玻璃,支撑物应选取不同间距,对于环形支撑物,支撑物间距及对应的热导值如表 4.8 和图 4.10 所示。可见,支撑物间距越大,支撑物热导越小,真空玻璃 U 值也越低。但支撑物间距太大,单个支撑物所承受的压应力也越大,支撑物处的玻璃容易产生微裂纹。有关支撑物间距的设计将在第 5 章中详细介绍。

表 4.8　圆环形支撑物不同方阵间距对应的支撑物热导值

支撑物间距 b(mm)	25	30	35	40	45	50
支撑物方阵热导 (W·m^{-2}·K^{-1})	0.707	0.491	0.361	0.276	0.218	0.177

注:圆环形支撑物内外半径分别为 0.15 mm、0.3 mm,支撑物高度为 0.15 mm。玻璃的热导率约为 1 W·m^{-1}·K^{-1},不锈钢支撑物的热导率约为 17 W·m^{-1}·K^{-1}。

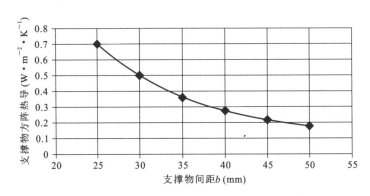

图 4.10　圆环形支撑物方阵热导值随方阵间距变化曲线

（5）玻璃辐射率及支撑物热导对真空玻璃传热系数的综合影响

综上所述,在真空玻璃采用的 Low-E 玻璃辐射率和支撑物材料、形状、间距确定后,如果真空度良好,残余气体热导可以忽略,则可以很简便地算出真空玻璃热阻并依据标准规定的条件计算出真空玻璃的 U 值。

单 Low-E 真空玻璃辐射热导 $C_{辐射}$、支撑物热导 $C_{支撑物}$ 及 U 值对应关系见表 4.9 和图 4.11。可见,玻璃辐射率和支撑物间距对玻璃 U 值影响均较大,其中,玻璃辐射率对玻璃 U 值影响更大。当支撑物间距不变时,随着玻璃辐射率减小,玻璃间辐射热导 $C_{辐射}$ 和 U 值均成倍降低。当玻璃辐射率不变时,支撑物间距越大,支撑物热导 $C_{支撑物}$ 越小。当玻璃辐射率很低(如 0.01～0.03)时,支撑物热导 $C_{支撑物}$ 对 U 值的影响起主要作用,降低 $C_{支撑物}$ 成为降低 U 值的关键因素。

表 4.9　单 Low-E 真空玻璃辐射热导 $C_{辐射}$、支撑物热导 $C_{支撑物}$ 及 U 值对应关系

项目	玻璃辐射热导 $C_{辐射}$ (W·m^{-2}·K^{-1}) 支撑物热导 $C_{支撑物}$ (W·m^{-2}·K^{-1})	玻璃辐射率 0.01,辐射热导 0.05	玻璃辐射率 0.02,辐射热导 0.09	玻璃辐射率 0.03,辐射热导 0.14	玻璃辐射率 0.07,辐射热导 0.32	玻璃辐射率 0.08,辐射热导 0.36	玻璃辐射率 0.11,辐射热导 0.49	玻璃辐射率 0.17,辐射热导 0.75
U 值 (W·m^{-2}·K^{-1})	支撑物间距 30 mm, 支撑物热导 0.491	0.50	0.54	0.57	0.71	0.74	0.84	1.02
	支撑物间距 40 mm, 支撑物热导 0.276	0.31	0.36	0.39	0.54	0.57	0.68	0.87
	支撑物间距 45 mm, 支撑物热导 0.218	0.26	0.30	0.34	0.49	0.53	0.63	0.83

注:表中数据由 Windows 7 软件计算,按照 JGJ 151—2008 标准选取边界条件,U 值取冬季边界条件。

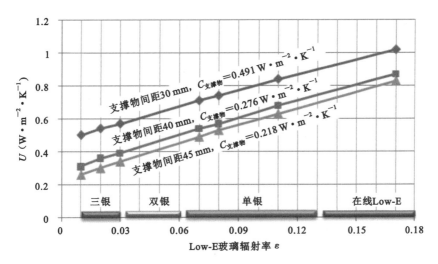

图 4.11 单 Low-E 真空玻璃辐射率 ε、支撑物热导 $C_{支撑物}$ 及 U 值对应关系曲线

4.3.3 复合真空玻璃的结构和传热系数的计算方法

1.复合真空玻璃的目的

用三层玻璃制作成双中空或双真空层玻璃,或者把中空玻璃、真空玻璃及夹层玻璃技术结合制成"真空＋中空""真空＋夹层"等组合玻璃系统有以下几个目的。

(1)获得更低的 U 值和 SC 值,提高保温隔热性能。

(2)提高安全性。由于真空玻璃抗冲击性能达不到安全玻璃标准要求,不能直接用于建筑物高层等需要安全玻璃的场合,故利用真空玻璃本身"薄"的特点,把它当成一片玻璃与另一片或两片玻璃(普通玻璃或钢化玻璃)制成"中空＋真空""中空＋真空＋中空""夹层＋真空""夹层＋真空＋夹层"等组合,提高了抗风压、抗冲击强度,解决了安全性问题。

(3)获得更佳的隔声性能。

2.复合真空玻璃的几种结构示意图

双中空、双真空及各种复合玻璃的结构如图 4.12～图 4.18 所示。

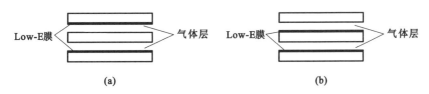

图 4.12 双中空层玻璃结构示意图

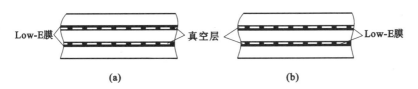

图 4.13 双真空层玻璃结构示意图

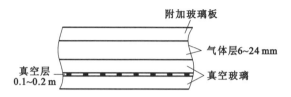

图 4.14 "中空＋真空"组合玻璃的结构示意图

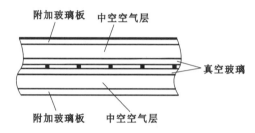

图 4.15 "中空＋真空＋中空"组合玻璃的结构示意图

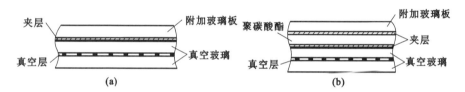

图 4.16 单面夹层真空玻璃结构示意图

(a) 安全型；(b) 防盗型

图 4.17 双面夹层真空玻璃结构　　　　图 4.18 "单面夹层真空＋中空"结构示意图

3.复合真空玻璃传热系数的计算方法

计算这些组合玻璃的传热系数时首先要从原理上认识到,在所讨论的温度和温差范围内,热辐射波长是在远红外 $4\sim40~\mu m$ 波段,钠钙玻璃对此波段的电磁辐射基本上不透明,所以在计算 3 块以上玻璃的辐射热阻 $R_{辐射}$ 时,不必考虑透过第 1 块的辐射对第 3 块的影响,只要分段独立计算即可,在中空玻璃和真空玻璃中涉及的 $R_{气}$ 和 $R_{支撑物}$ 更是如此,这样可以按下面各公式简单地算出组合玻璃的总热阻 $R_{复合}$,以此代替第 1 章第 1.2.1 节中图 1.9 中的 $R_{真空}$,代入式(1.3)就可以求出组合玻璃的 U 值。

对于图 4.12(a)和图 4.12(b)的双中空玻璃,有:

$$R_{组合} = R_{中空1} + R_{中空2} \tag{4.21}$$

若两个中空层的气体成分、厚度及 Low-E 膜是同样的,则有:

$$R_{组合} = 2R_{中空} \tag{4.22}$$

同理,对于图 4.13(a)和图 4.13(b)所示双真空玻璃,如果两个真空层中支撑物结构和 Low-E 膜相同,则有:

$$R_{组合} = 2R_{真空} \tag{4.23}$$

对于图 4.14 所示"中空+真空"和图 4.15 所示"中空+真空+中空",同理可得:

$$R_{复合} = R_{中空} + R_{真空} \tag{4.24}$$

和

$$R_{复合} = R_{中空1} + R_{真空} + R_{中空2} \tag{4.25}$$

或

$$R_{复合} = 2R_{中空} + R_{真空} \tag{4.26}$$

在用已知的 $R_{中空}$ 或 $R_{真空}$ 代入式(4.23)~式(4.26)计算时,只是多计入了一片或两片玻璃的热阻,由于玻璃热阻所占比例很小,计算误差不大。

计算图 4.16~图 4.18 涉及夹层玻璃的组合玻璃的传热系数时,只要在计算 $R_{真空}$ 时,对本章式(4.5)和式(4.6)中玻璃热阻 R_1 和 R_2 进行一点修正即可,由于夹胶层很薄,其导热系数又很大,所以夹层对玻璃 U 值影响不大,但夹层会提高隔声性能,也会降低可见光、紫外线及太阳辐射透过率,并降低遮阳系数。

4.4 真空玻璃与中空玻璃太阳辐射相关参数的计算

4.4.1 玻璃与太阳辐射相关参数简介

要比较深入地了解节能窗的光学特性及隔热特性,必须对玻璃的太阳辐射相关参数有所了解。

1. 太阳辐射的光谱特性

太阳是温度约为 5800 K 的电磁波辐射源,由于其温度比一般工业温度(2000 K 以下)高得多,因此,其辐射的波长范围和能量分布也与一般热辐射不同。

在图 4.19 所示的电磁波谱图中,太阳辐射的波长范围在 $0.2\sim3~\mu m$ 之间,涵盖紫外线、可见光、近红外线(国际照明委员会规定波长在 $2.5~\mu m$ 以下称为近红外线,$2.5~\mu m$ 以上

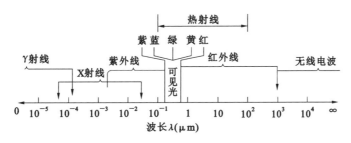

图 4.19 电磁波谱

称为远红外线,但建工领域常以 4.5 μm 为界限)三个区域。太阳辐射经过大气层的吸收、散射的衰减和变向等作用后,对地面的太阳总辐射由直接辐射(占总能量 90% 左右)和散射辐射(也称天空辐射)两部分构成,辐射的强度和分布也有所改变。

图 4.20 所示为大气层外和在一定条件下地面的太阳辐射能量分布图。由图可见,太阳辐射 99% 的能量集中在 0.2~3 μm 波长范围。其中紫外线能量所占比重经大气层吸收后约为 5%,可见光能量约占 45%,近红外线能量约占 50%。工业热辐射波长范围为 0.38~100 μm,而能量主要集中在 0.76~20 μm 波长范围之间,而常温下热辐射波长范围在 3~40 μm 的红外波段,都与太阳光谱波长范围有所不同。

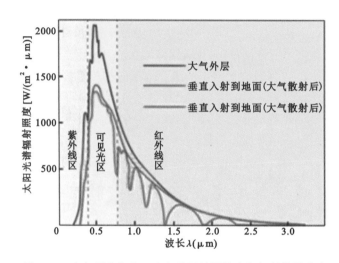

图 4.20　大气层外和在一定条件下地面的太阳辐射能量分布

地面接收的太阳辐射能量,随纬度、季节、时间、大气污染等因素在 0~1100 $W \cdot m^{-2}$ 范围内变化,在大气透明度理想条件下,中纬度地区正午前后可接近最大值,大气污染则可减少 10%~20%,黑夜则为零。

2. 玻璃对太阳辐射能量的分配

在太阳辐照下,建筑物玻璃对太阳辐射的透过、反射、吸收示意图如图 4.21 所示。

图 4.21 中 Φ_e 表示包括直接辐射和天空辐射在内的太阳总辐射通量(又称为总辐射强度),单位为 $W \cdot m^{-2}$。地面接收的太阳辐射通量与辐射射向地面的角度及大气透明度等多种因素有关。图 4.20 给出的曲线是一个特例,条件不同,曲线也不同。在这些条件一定的情况下,Φ_e 则是波长的函数,太阳总辐射通量应是 $\Phi_e(\lambda)$ 在整个太阳光谱波长范围的积分值。

太阳总辐射通量 Φ_e 照射到玻璃后分成透射部分 $\tau_e\Phi_e$、反射部分 $\rho_e\Phi_e$ 和吸收部分 $\alpha_e\Phi_e$。吸收部分能量使玻璃温度升高而向内外两侧以二次辐射传递能量 $q_i\Phi_e$ 和 $q_o\Phi_e$,q_i 为向内二次热传递系数,q_o 为向外二次热传递系数。显然,向内传递的太阳辐射通量为透射部分和向内二次辐射部分之和,即 $\tau_e\Phi_e$ 及 $q_i\Phi_e$ 之和。

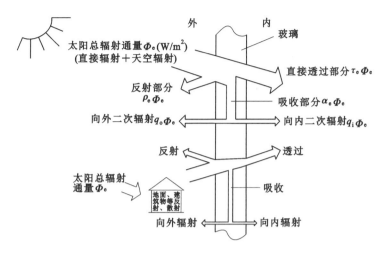

图 4.21　建筑物玻璃对太阳辐射的透过、反射、吸收示意图

一般在计算和测定玻璃的辐射参数时,忽略图 4.21 中地面和建筑物等反射和散射的影响,也忽略室内反射和辐射的影响。另外应该注意到,透射和反射部分的波谱与总辐射的波谱基本相同,但经吸收后因温升转化的常温二次辐射为红外光谱,无可见光成分。

透过门窗玻璃的太阳辐射能量与所用玻璃的光学透射特性有直接关系,普通建筑用钠钙玻璃的光谱透射比见图 4.22。由图可见,普通玻璃对于太阳辐射中波长小于 3 μm 的辐射(包括可见光和近红外线)有将近 90% 的透射比,紫外线的透射比在 70%～80% 之间,均与玻璃厚度 δ 有关。厚度 3 mm 以上的玻璃对于波长大于 3 μm 的红外线辐射则基本上不透明。

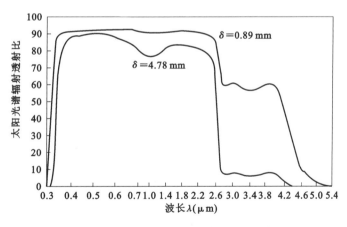

图 4.22　普通建筑用钠钙玻璃的光谱透射比

3. 玻璃与太阳辐射相关参数的定义

图 4.19 中各种射线的范围划分不是很严格,但为了在测试时有统一的约定,各国在制定标准时对射线范围作了规定。如国家标准《建筑玻璃　可见光透射比、太阳光直接透射比、太阳能总透射比、紫外线透射比及有关窗玻璃参数的测定》(GB/T 2680—1994)对建筑

玻璃有关参数测定时的波长范围规定为:紫外区,280～380 nm;可见区,380～780 nm;太阳光区,350～1800 nm;远红外区,4.5～25 μm。

标准对建筑玻璃涉及可见光和太阳光的有关参数的定义及计算和测定方法作了一系列规定,玻璃的有关参数计算也参照此标准进行。表 4.10 中给出了四种单片普通玻璃的光学参数。

表 4.10 四种单片普通浮法玻璃的光学参数

玻璃厚度(mm)	紫外线(%)		可见光(%)		太阳辐射(%)		遮阳系数 SC	太阳辐射总透射比 g	太阳红外热能总透射比 g_{IR}	光热比 LSG
	透射比 τ_{uv}	反射比 ρ_{uv}	透射比 τ_{vis}	反射比 ρ_{vis}	透射比 τ_e	反射比 ρ_e				
6	69.91	7.11	89.57	8.21	83.41	7.51	0.987	0.857	0.817	1.05
5	83.15	7.20	90	8	83.6	7.4	0.989	0.86	0.832	1.04
4	74.55	7.77	90.1	8.66	85.85	8.1	1.005	0.874	0.85	1.03
3	77.26	7.56	90.13	8.21	87.64	7.8	1.02	0.888	0.86	1.01

注:表中数据由 Windows 7 软件计算,按照 JGJ 151—2008 标准选取边界条件,SC 取夏季边界条件。

常见的太阳辐射相关参数的定义如下:

① 太阳辐射直接透射比(τ_e,也称太阳辐射直接透过率)

定义:在太阳光谱范围内,太阳辐射透射通量与入射辐照通量之比。

② 太阳辐射直接反射比(ρ_e,也称太阳辐射直接反射率)

定义:太阳反射辐射通量与入射辐射通量之比。

③ 太阳辐射直接吸收比(α_e,也称太阳辐射直接吸收率)

定义:太阳吸收辐射通量与入射辐射通量之比。

显然,$\alpha_e = 1 - \rho_e - \tau_e$

④ 太阳辐射总透射比 g(也称太阳辐射得热系数 SHGC)

定义:太阳辐射直接透射比(τ_e)与向室内侧的二次热传递系数(q_i)之和,即 $g = \tau_e + q_i$

⑤ 遮阳系数(SC)

定义:太阳辐射总透射比 g 与 3 mm 厚的普通透明平板玻璃的太阳辐射总透射比 τ_s 的比值,即:

$$SC = \frac{g}{\tau_s}$$

按国标 GB/T 2680—1994 规定,τ_s 理论值取 0.889(美国 ASHREA 标准取 0.87)。

⑥ 太阳辐射得热因子 SHGF

其含义是当时当地单位时间内透过 3 mm 厚普通玻璃的太阳辐射能量,单位是 W·m^{-1}。

⑦ 可见光透射比(τ_{vis},也称可见光透过率)

定义:在可见光光谱范围内,透射光通量与入射光通量之比。

⑧ 可见光反射比(ρ_{vis},也称可见光反射率)

定义:在可见光光谱范围内,反射光通量与入射光通量之比。

⑨ 可见光吸收比(α_{vis},也称可见光吸收率)

定义:在可见光光谱范围内,吸收光通量与入射光通量之比。

显然,$\alpha_{vis}=1-\rho_{vis}-\tau_{vis}$。

⑩ 紫外线透射比(τ_{uv},也称紫外线透过率)

定义:在紫外线范围内,透射光通量与入射光通量之比。

⑪ 紫外线反射比(ρ_{uv},也称紫外线反射率)

定义:在紫外线范围内,反射光通量与入射光通量之比。

⑫ 紫外线吸收比(α_{uv},也称紫外线吸收率)

定义:在紫外线范围内,吸收光通量与入射光通量之比。

显然,$\alpha_{uv}=1-\rho_{uv}-\tau_{uv}$。

⑬ 太阳红外热能总透射比(g_{IR})

定义:在 $780\sim2500$ nm 波长范围内的太阳辐射总透射比。

⑭ 光热比(LSG)

定义:可见光透射比与太阳辐射总透射比的比值,即:

$$LSG=\frac{\tau_{vis}}{g}$$

由表 4.10 中的参数可见,普通玻璃可见光透射比较高,可以满足透光的要求,但其太阳辐射总透射比和遮阳系数也高。从节能角度来看,普通玻璃不能满足某些地区"隔热"的要求,需要研制具有不同热工特性的节能玻璃。

4.4.2　节能玻璃所用原片的品种及其与太阳辐射相关的性能

从前面的分析可知,节能玻璃原片在太阳辐射参数方面,首先要满足两方面的要求:其一,可见光透过率不能太低,使白天建筑物尽可能得到自然采光并降低照明能耗。其二,遮阳系数 SC 可根据建筑物所在地区和朝向作不同选择。曾经相当流行的吸热着色玻璃是在玻璃中加入金属离子等着色物质成为彩色玻璃,使 SC 降低,而热反射玻璃则是在玻璃表面镀一层薄金属膜,以提高对太阳辐射的反射,从而使 SC 降低,这两种玻璃对太阳辐射的透射曲线如图 4.23 所示。

由图 4.23 可见,这两种玻璃使 $0.3\sim2.5~\mu m$ 范围的太阳光透过率整体降低,从而使 SC 降低,但同时使可见光透过率也大大降低。同时,吸热着色玻璃在阳光照射下吸收热量使本身温度升高后向室内辐射大量热能,降低了隔热效应。热反射玻璃除可见光透过率低外,对可见光也有较强的反射,容易造成"光污染"。因此,这两种玻璃都不是理想的节能玻璃,已逐渐被低辐射镀膜玻璃所取代。

正在研发中的"调光玻璃"是在玻璃上镀一层金属氧化物变色材料,其遮阳系数可随太阳辐射强度自动调节,是理想的遮阳玻璃。

20 世纪 70 年代能源危机后快速发展起来的 Low-E 玻璃,是目前从物理角度看更科学合理的节能玻璃。

Low-E 玻璃是采用在线高温热解沉积法(简称在线膜)或离线真空溅射法(简称离线膜)在玻璃表面镀上金属或金属氧化物等多种成分的多层膜,通过精确调整膜系结构和工艺,得到辐射率低且同时对太阳光谱的透射具有选择性的光谱结构。图 4.23 所示为两种

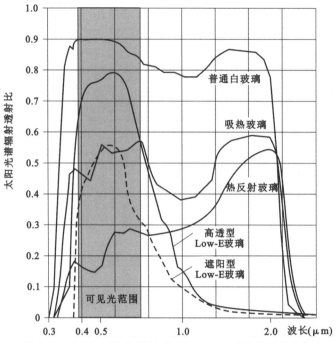

图 4.23 吸热玻璃、热反射玻璃与 Low-E 玻璃的透射曲线

Low-E 玻璃的光谱曲线,这两种 Low-E 玻璃的膜表面辐射率均可做到低于 0.1,大大低于普通玻璃表面辐射率 0.84。同时,高透型 Low-E 玻璃具有较高的可见光透射比和遮阳系数,适用于冬季采暖能耗大的地区,以增加阳光"得热"。遮阳型 Low-E 玻璃遮阳系数较低,适用于太阳光线强而空调制冷能耗大的地区,以减少阳光"得热"。

表 4.11 中给出的四种国产离线 Low-E 玻璃,其辐射率在 0.07~0.11 之间,而遮阳系数 SC 比普通玻璃大大降低,而可见光透过率在 50%~90% 之间,可以满足自然采光要求,可作为节能玻璃产品的原片使用。

表 4.11 四种国产离线 Low-E 玻璃的辐射相关参数

Low-E 玻璃种类	测试面	紫外线(%)		可见光(%)		太阳辐射(%)		遮阳系数 SC	得热系数 g	太阳红外热能总透射比 g_{IR}	光热比 LSG	表面辐射率 ε
		透射比 τ_{uv}	反射比 ρ_{uv}	透射比 τ_{vis}	反射比 ρ_{vis}	透射比 τ_e	反射比 ρ_e					
高透型 1#	膜面	77.43	—	89.6	5.1	62.3	21.3	0.75	0.656	0.44	1.37	0.07
	玻面	77.43	—	89.6	5.8	62.3	27.5	0.74	0.644	0.433	1.39	0.84
高透型 2#	膜面	69.11	—	81	4.6	59.3	20	0.78	0.66	0.496	1.23	0.11
	玻面	69.11	—	81	5.8	59.3	15.1	0.72	0.627	0.467	1.29	0.84
遮阳型 1#	膜面	45.87	—	50.8	5.4	35.7	25.6	0.557	0.484	0.345	1.05	0.08
	玻面	45.87	—	50.8	29.7	35.7	32.7	0.457	0.398	0.286	1.28	0.84
遮阳型 2#	膜面	44.28	—	50.1	7.3	32.1	27.8	0.508	0.442	0.287	1.13	0.095
	玻面	44.28	—	50.1	24.8	32.1	31.1	0.43	0.374	0.25	1.34	0.84

注:表中数据由 Windows 7 软件计算,按照 JGJ 151—2008 标准选取边界条件,SC 取夏季边界条件。

4.4.3 真空玻璃与中空玻璃太阳辐射相关参数的计算

真空玻璃由两片玻璃组成,其真空间隔层对太阳光谱是通透的。间隔层内的支撑物尺寸很小,支撑物对辐射的遮挡面积约占玻璃总面积的万分之一,故支撑物对辐射的遮挡作用可以忽略。中空玻璃虽然在两层玻璃中有气体,但因为很薄,计算时也忽略了气体对辐射的散射、吸收等因素的影响。因此,计算真空玻璃可见光透射比、反射比等参数的方法和中空玻璃是相同的。

(1) 可见光透射比 τ_{vis} 的计算

可见光在两片玻璃间透射和反射的示意图见图 4.24。

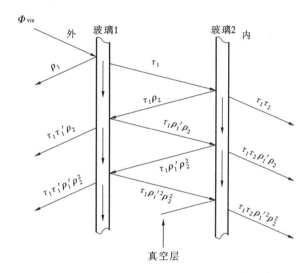

图 4.24 可见光照射真空玻璃时透射和反射示意图

图 4.24 中,τ_1 为第一片(室外侧)玻璃的可见光透射比;τ_2 为第二片(室内侧)玻璃的可见光透射比;ρ_1' 为第一片玻璃在光由内向外照射时的可见光反射比;ρ_2 为第二片玻璃在光由外向内照射时的可见光反射比。

由图 4.24 可以得出,真空玻璃的可见光透射比为:

$$\tau_{vis} = \tau_1\tau_2 + \tau_1\tau_2\rho_1'\rho_2 + \tau_1\tau_2(\rho_1'\rho_2)^2 + \tau_1\tau_2(\rho_1'\rho_2)^3 + \cdots$$
$$= \tau_1\tau_2[1 + \rho_1'\rho_2 + (\rho_1'\rho_2)^2 + (\rho_1'\rho_2)^3 + \cdots]$$

根据级数变换公式,当 $x<1$ 时,有:

$$(1-x)^{-1} = 1 + x + x^2 + x^3 + x^4 + x^5 + k$$

故上式可简化为:

$$\tau_{vis} = \frac{\tau_1\tau_2}{1 - \rho_1'\rho_2} \tag{4.27}$$

式(4.27)与中空玻璃相应的计算公式是相同的。

应当强调指出,上面提到的 τ、ρ 等参数实际上都是波长 λ 的函数,理应写成 $\tau(\lambda)$、$\rho(\lambda)$,式(4.27)按理应写成:

$$\tau_{vis}(\lambda) = \frac{\tau_1(\lambda)\tau_2(\lambda)}{1 - \rho_1'(\lambda)\rho_2(\lambda)} \tag{4.28}$$

由计算过程可见,如果忽略多次反射的影响,即忽略上面计算式中分母中的第二项,计算结果误差小于百分之一,可以作为一般估算。

对于一片 Low-E 玻璃和一片普通玻璃构成的标准真空玻璃,有本章图 4.6(a)和图 4.6(b)所示的两种安装方式。如果以室外到室内为序标出两片玻璃的 4 个表面,则图 4.6(a)中 Low-E 膜在第 2 表面,图 4.6(b)中 Low-E 膜在第 3 表面。很容易看出,Low-E 膜在第 2 表面和第 3 表面的可见光透射比相同。

(2)可见光反射比 ρ_{vis} 的计算

如图 4.24 所示,ρ_1 为第一片(室外侧)玻璃的可见光反射比;ρ_1' 为第一片玻璃在光由内射向外时的可见光反射比;ρ_2 为第 2 片(室内侧)玻璃在光由外射向内时的可见光反射比;τ_1 为第一片玻璃在光由外射向内时的可见光透射比;τ_1' 为第一片玻璃在光由内射向外时的可见光透射比。

可见光经多次反射和透射后,可见光反射比为:

$$\rho_{vis} = \rho_1 + \tau_1\tau_1'\rho_2 + \tau_1\tau_1'\rho_1'\rho_2^2 + \tau_1\tau_1'\rho_1'^2\rho_2^3 + \tau_1\tau_1'\rho_1'^3\rho_2^4 + \cdots$$
$$= \rho_1 + \tau_1\tau_1'\rho_2[1 + \rho_1'\rho_2 + (\rho_1'\rho_2)^2 + (\rho_1'\rho_2)^3 + \cdots]$$

上式可简化为:

$$\rho_{vis} = \rho_1 + \frac{\tau_1\tau_1'\rho_2}{1 - \rho_1'\rho_2} \tag{4.29}$$

理论和试验都已证明对于一般平板玻璃(包括镀膜玻璃)$\tau_1 = \tau_1'$。

故

$$\rho_{vis} = \rho_1 + \frac{\tau_1^2\rho_2}{1 - \rho_1'\rho_2} \tag{4.30}$$

(3)紫外线透射比 τ_{uv}、反射比 ρ_{uv} 及太阳辐射直接透射比 τ_e、反射比 ρ_e 的计算

前面提到,太阳辐射包括可见光、紫外线和近红外线都可透过玻璃,故可见光透射比的计算公式(4.27)及可见光反射比的计算公式(4.29)可以用于计算紫外线透射比和反射比以及太阳辐射直接透射比和反射比。

可以把上述公式写成更普遍的形式:

$$\tau = \frac{\tau_1\tau_2}{1 - \rho_1'\rho_2} \tag{4.31}$$

$$\rho = \rho_1 + \frac{\tau_1^2\rho_2}{1 - \rho_1'\rho_2} \tag{4.32}$$

只要代入不同光谱段的相应参数,就可以计算出相应光谱段的透射比和反射比。

(4)太阳辐射直接吸收比 α_{e1} 和 α_{e2} 的计算

下面计算两片玻璃的太阳辐射直接吸收比。

两片玻璃对太阳光的直接吸收示意图见图 4.25。图 4.25 中:α_1 是太阳光由外射向内时,第一片玻璃的太阳辐射吸收比;α_1' 是太阳光由内射向外时,第一片玻璃的太阳辐射吸收比;α_2 是太阳光由外射向内时,第二片玻璃的太阳辐射吸收比。

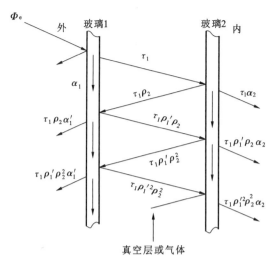

图 4.25 两片玻璃对太阳辐射直接吸收示意图

其他参数本书前面已有介绍,此处不再赘述。

由图 4.25 可容易得出:

第一片玻璃的太阳辐射直接吸收比为:

$$
\begin{aligned}
\alpha_{e1} &= \alpha_1 + \tau_1\rho_2\alpha_1' + \tau_1\rho_1'\rho_2^2\alpha_1' + \tau_1\rho_1'^2\rho_2^3\alpha_1' + \cdots \\
&= \alpha_1 + \alpha_1'\tau_1\rho_2[1 + \rho_1'\rho_2 + (\rho_1'\rho_2)^2 + \cdots]
\end{aligned}
$$

故

$$
\alpha_{e1} = \alpha_1 + \frac{\alpha_1'\tau_1\rho_2}{1 - \rho_1'\rho_2} \tag{4.33}
$$

第二片玻璃的太阳辐射直接吸收比为:

$$
\begin{aligned}
\alpha_{e2} &= \tau_1\alpha_2 + \tau_1\rho_1'\rho_2\alpha_2 + \tau_1\alpha_2\rho_1'^2\rho_2^2 + \cdots \\
&= \alpha_2\tau_1[1 + \rho_1'\rho_2 + (\rho_1'\rho_2)^2 + \cdots]
\end{aligned}
$$

故

$$
\alpha_{e2} = \frac{\alpha_2\tau_1}{1 - \rho_1'\rho_2} \tag{4.34}
$$

(5) 太阳辐射总透射比 g 及遮阳系数 SC 的计算

太阳辐射总透射比 g 按下式计算:

$$
g = \tau_e + q_i
$$

式中　τ_e——太阳辐射直接透射比;

　　　q_i——向内的二次辐射传热系数。

上面已说明了 τ_e 的计算方法,现在说明如何在第一、二片玻璃的太阳辐射吸收比 α_{e1} 和 α_{e2} 的基础上计算向内的二次辐射热传递系数 q_i。

计算依据的原理是每片玻璃在吸收太阳辐射能后温度升高,可视作独立的热源,使热量传向温度低处。计算 q_i 的示意图见图 4.26。

图 4.26 中,R 代表中空玻璃($R_{中空}$)或真空玻璃($R_{真空}$)热阻。$R_{外}$ 为外表面换热阻,$R_{内}$

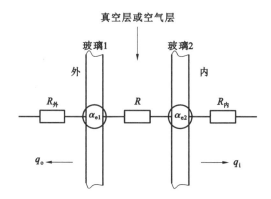

图 4.26 两片玻璃向内外二次热辐射示意图

为内表面换热阻。α_{e1} 是第一片玻璃的太阳辐射吸收比,α_{e2} 是第二片玻璃的太阳辐射吸收比,已在前面做了介绍。

第一片玻璃和第二片玻璃吸收的太阳辐射能使玻璃温度升高而向内外两个方向传热,其比例按热阻成反比分配,热阻高方向分配少、热阻低方向分配多,故向内的辐射传递系数可用下式表示:

$$q_i = \frac{R_{外}}{R_{外} + R + R_{内}} \alpha_{e1} + \frac{R_{外} + R}{R_{外} + R + R_{内}} \alpha_{e2}$$

上式可化简为:

$$q_i = \frac{(\alpha_{e1} + \alpha_{e2})R_{外} + R\alpha_{e2}}{R_{外} + R + R_{内}} \tag{4.35}$$

利用此式可方便地计算 q_i,由式(4.31)算出太阳辐射直接透射比 τ_e,再由式(4.35)算出二次辐射热传递系数 q_i。

则可得出

$$g = \tau_e + q_i \tag{4.36}$$

由此得出遮阳系数:

$$SC = \frac{g}{\tau_s} = \frac{g}{0.87} \tag{4.37}$$

(6) 光热比 LSG 的计算

光热比就是可见光透射比与太阳辐射得热系数的比值,即:

$$LSG = \frac{\tau_{vis}}{g} \tag{4.38}$$

(7) 红外热能总透射比 g_{IR}

红外热能总透射比 g_{IR},也称为太阳红外辐射得热系数,与太阳辐射总透射比 g 不同,特指太阳辐射中 780~2500 nm 范围的红外辐射能,g_{IR} 不包含紫外光和可见光等电磁波范围,与 g 从理论到测量上只是光谱划分范围不同而已。正因为如此,计算时可直接套用式(4.31)、式(4.35)和式(4.36),只不过每片玻璃的相关参数都必须是在 780~2500 nm 波段测量的。

（8）计算实例及分析

利用表 4.10 的 5 mm 普通玻璃和表 4.11 的高透型 1# 和遮阳型 1# 制成的单 Low-E 真空玻璃和中空玻璃的相关参数计算值见表 4.12。

表 4.12　两种 Low-E 真空玻璃和中空玻璃相关参数（计算值）

品种	安装方式	紫外线（%）		可见光（%）		太阳辐射（%）		Low-E发射率 ε	传热系数U 值（W·m^{-2}·K^{-1}）	遮阳系数SC	太阳辐射总透射比 g	太阳红外热能总透射比 g_{IR}	光热比LSG
		透射比 τ_{uv}	反射比 ρ_{uv}	透射比 τ_{vis}	反射比 ρ_{vis}	透射比 τ_e	反射比 ρ_e						
Low-E真空玻璃	A	45.1	—	81.4	11.8	54.3	24.3	0.07	0.58(1.74)	0.68	0.59	0.39	1.38
	B	45.1	—	81.4	11.7	54.3	25.7	0.07	0.58(1.74)	0.71	0.62	0.43	1.31
Low-E真空玻璃	A	27.5	—	46.2	31.3	31	33.4	0.08	0.62(1.76)	0.40	0.35	0.24	1.32
	B	27.5	—	46.2	12.2	31	24.5	0.08	0.62(1.76)	0.70	0.61	0.45	0.10

注：① 表中数据由 Windows 7 软件计算，按照 JGJ 151—2008 标准选取边界条件，U 值取冬季边界条件，SC 取夏季边界条件。

② A 中，Low-E 膜位于从室外数第 2 面。B 中，Low-E 膜位于从室外数第 3 面。

③ 括号内为同样玻璃制成的间隔 12 mm 空气层中空玻璃传热系数等参数计算值。

表 4.12 中的数据除遮阳系数 SC、太阳辐射总透射比 g 和传热系数 U 值三项外，其余都适用于同样两片玻璃构成的中空玻璃，且与空气层厚度无关。中空玻璃的相关数据已纳入表 4.12 括号内作为对比参考。由此数据可见，玻璃组件的热阻不仅影响 U 值，也影响 SC 值，但对后者影响稍小而已。

从表 4.12 中的数据可以看出：由于 Low-E 膜的光学性质不同，即使 U 值相近的真空玻璃其光学性能也会有较大区别。可见光特性影响建筑物的采光，紫外线特性影响室内的紫外辐照，而太阳辐射特性则影响室内得到的太阳辐射能量，关系到建筑物的节能。

由表 4.12 还可以看出，Low-E 膜在第 2 表面与 Low-E 膜在第 3 表面两种安装方式的 U 值相同，紫外线、可见光及太阳辐射的透射比均相同，但反射比则不同。更主要的是遮阳系数 SC 不同，Low-E 膜在第 3 表面时 SC 值明显高于在第 2 表面的值。这主要是由于 Low-E 玻璃吸收太阳辐射热能引起的，所以在气候炎热、太阳辐射强的地区，为了减少太阳辐射得热，减少空调能耗，应按 A 的方式安装。在气候寒冷时，往往希望增加太阳辐射得热，则应选遮阳系数高的 Low-E 玻璃制作真空玻璃并按 B 的方式安装，以提高白天相对增热。

在选择 Low-E 玻璃时，同时也要考虑除辐射率之外的其他因素，如膜的颜色及其他光学参数，一般情况下膜置于第 2 表面时外观颜色更接近膜的颜色，由于从原理上分析人眼对这种含膜的多层玻璃的视觉效果比较困难，最好在各种"天空光"情况下直接观察来作出判断。另外，可见光反射比太高会造成建筑物外观闪亮或出现较强的光污染（如出现周围建筑的强映象）。设计时应综合考虑这些因素。

4.4.4　复合真空玻璃太阳辐射相关参数的计算方法

1."真空＋中空"复合真空玻璃的计算

（1）"真空＋中空"可见光、紫外线、太阳辐射三种射线透射比、反射比的计算常用"真空＋中空"结构有两种安装方式,如图4.27所示。

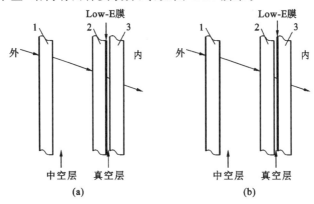

图4.27 "真空＋中空"结构的两种安装方式

(a) Low-E膜在第4面;(b) Low-E膜在第5面

在计算图4.27中三片玻璃板构成的"中空＋真空"结构的可见光、紫外线和太阳辐射三种射线的透射比和反射比时,可以采用分步计算法,先算出真空玻璃的相关参数,然后把真空玻璃当作"一片"玻璃,利用式(4.31)和式(4.32)算出总的透射比和反射比。也可以用图中真空玻璃的透射比 $\dfrac{\tau_2\tau_3}{1-\rho_2'\rho_3}$ 代替式(4.27)中的 τ_2,用反射比 $\rho_2+\dfrac{\tau_2^2\rho_3}{1-\rho_2'\rho_3}$ 代替式(4.27)中的 ρ_2,推导出三片玻璃的总透射比:

$$\tau=\frac{\tau_1\tau_2\tau_3}{(1-\rho_1'\rho_2)(1-\rho_2'\rho_3)-\tau_2^2\rho_1'\rho_3} \tag{4.39}$$

同理,由式(4.31)可推导出三片玻璃的总反射比:

$$\rho=\rho_1+\frac{\tau_1^2\rho_2(1-\rho_2'\rho_3)+\tau_1^2\tau_2^2\rho_3}{(1-\rho_1'\rho_2)(1-\rho_2'\rho_3)-\tau_2^2\rho_1'\rho_3} \tag{4.40}$$

(2)"真空＋中空"结构太阳辐射直接吸收比的计算

在图4.27中三片玻璃的情况下,先把第2、第3两片玻璃看作一个组合,利用前面式(4.33)计算出第1片玻璃的吸收比:

$$\alpha_{\dot{1}23}=\alpha_1+\frac{\alpha_1'\tau_1\rho_{23}}{1-\rho_1'\rho_{23}}$$

式中,ρ_{23} 是第2、第3片玻璃组合后的反射比,由式(4.32)可得:

$$\rho_{23}=\rho_2+\frac{\tau_2^2\rho_3}{1-\rho_2'\rho_3}$$

将此式代入上式并化简后可得:

$$\alpha_{\dot{1}23}=\alpha_1+\alpha_1'\frac{\tau_1\rho_2(1-\rho_2'\rho_3)+\tau_1\tau_2^2\rho_3}{(1-\rho_1'\rho_2)(1-\rho_2'\rho_3)-\tau_2^2\rho_1'\rho_3} \tag{4.41}$$

再把第1、第2两片玻璃看作一个组合,利用公式(4.34)计算出第3片玻璃的吸收比,即:

$$\alpha_{123\dot{}}=\frac{\alpha_3\tau_{12}}{1-\rho_{12}'\rho_3}$$

式中,τ_{12} 是第1、2两片玻璃组合后的透射比,根据式(4.31)可得:

$$\tau_{12} = \frac{\tau_1 \tau_2}{1 - \rho_1' \rho_2}$$

ρ_{12}' 是第 1、第 2 两片玻璃组合后射线由内射向外的反射比，根据公式(4.32)可得：

$$\rho_{12}' = \rho_2' + \frac{\tau_2^2 \rho_1'}{1 - \rho_1' \rho_2}$$

将此二式代入并化简，可得：

$$\alpha_{12\dot{3}} = \frac{\tau_1 \tau_2 \alpha_3}{(1 - \rho_1' \rho_2)(1 - \rho_2' \rho_3) - \tau_2^2 \rho_1' \rho_3} \tag{4.42}$$

求第 2 片玻璃的吸收比 $\alpha_{1\dot{2}3}$ 可以有多种途径，这里选择其中一种作推导。其思路可由公式 $\alpha_{1\dot{2}3} = \alpha_{1\dot{2}\dot{3}} - \alpha_{12\dot{3}}$ 表示，即先求出第 2、第 3 两片玻璃组合的吸收比 $\alpha_{1\dot{2}\dot{3}}$，再减去第 3 片玻璃的吸收比 $\alpha_{12\dot{3}}$，即可得到 $\alpha_{1\dot{2}3}$。

推导如下：

由式(4.34)可得：

$$\alpha_{1\dot{2}\dot{3}} = \frac{\alpha_{23} \tau_1}{1 - \rho_1' \rho_{23}}$$

式中，$\alpha_{23} = 1 - \rho_{23} - \tau_{23}$。

由式(4.31)可得：

$$\tau_{23} = \frac{\tau_2 \tau_3}{1 - \rho_2' \rho_3}$$

由式(4.32)可得：

$$\rho_{23} = \rho_2 + \frac{\tau_2^2 \rho_3}{1 - \rho_2' \rho_3} = \frac{\rho_2(1 - \rho_2' \rho_3) + \tau_2^2 \rho_3}{1 - \rho_2' \rho_3}$$

故

$$\alpha_{23} = \frac{(1 - \rho_2)(1 - \rho_2' \rho_3) - \tau_2^2 \rho_3 - \tau_2 \tau_3}{1 - \rho_2' \rho_3}$$

由此可得

$$\alpha_{1\dot{2}\dot{3}} = \frac{\tau_1(1 - \rho_2)(1 - \rho_2' \rho_3) - \tau_1 \tau_2^2 \rho_3 - \tau_1 \tau_2 \tau_3 - \tau_1 \tau_2 \alpha_3}{(1 - \rho_1' \rho_2)(1 - \rho_2' \rho_3) - \tau_2^2 \rho_1' \rho_3}$$

$$\alpha_{1\dot{2}3} = \alpha_{1\dot{2}\dot{3}} - \alpha_{12\dot{3}} = \frac{\tau_1(1 - \rho_2)(1 - \rho_2' \rho_3) - \tau_1 \tau_2^2 \rho_3 - \tau_1 \tau_2 \tau_3}{(1 - \rho_1' \rho_2)(1 - \rho_2' \rho_3) - \tau_2^2 \rho_1' \rho_3}$$

将 $1 - \rho_2 = \tau_2 + \alpha_2$，$\alpha_3 = 1 - \tau_3 - \rho_3$ 代入上式并化简得到：

$$\alpha_{1\dot{2}3} = \frac{\tau_1 \alpha_2(1 - \rho_2' \rho_3) - \tau_1 \tau_2 \alpha_2' \rho_3 - \tau_1 \tau_2^2 \rho_3 - \tau_1 \tau_2 \rho_3}{(1 - \rho_1' \rho_2)(1 - \rho_2' \rho_3) - \tau_2^2 \rho_1' \rho_3}$$

将上式分母第二项中的 ρ_2' 用 $1 - \tau_2 - \alpha_2'$ 代替并化简后得到：

$$\alpha_{1\dot{2}3} = \frac{\tau_1 \alpha_2(1 - \rho_2' \rho_3) + \tau_1 \tau_2 \alpha_2' \rho_3}{(1 - \rho_1' \rho_2)(1 - \rho_2' \rho_3) - \tau_2^2 \rho_1' \rho_3} \tag{4.43}$$

此式物理意义非常清楚，第一项有 α_2 因子，代表第二片玻璃正面(辐射由外向内射入方向)的吸收项，第二项有 α_2' 因子，代表从反面的吸收项。上面推导中有意引入 α_2 和 α_2' 也正基于此。同理，也可以分析式(4.41)和式(4.42)的物理意义。

（3）"真空＋中空"结构太阳辐射总透射比及遮阳系数的计算

参照本章第 4.4.3 节中真空玻璃太阳辐射总透射比的计算的相同原理,可根据图 4.28 写出向内的二次辐射传递系数 q_i,有:

$$q_i = \frac{R_{外}}{R_{外}+R_{中空}+R_{真空}+R_{内}}\alpha_{\dot{1}23} + \frac{R_{外}+R_{中空}}{R_{外}+R_{中空}+R_{真空}+R_{内}}\alpha_{1\dot{2}3} +$$

$$\frac{R_{外}+R_{中空}+R_{真空}}{R_{外}+R_{中空}+R_{真空}+R_{内}}\alpha_{12\dot{3}}$$

$$= \frac{R_{外}}{R_{传}}\alpha_{\dot{1}23} + \frac{R_{外}+R_{中空}}{R_{传}}\alpha_{1\dot{2}3} + \frac{R_{外}+R_{中空}+R_{真空}}{R_{传}}\alpha_{12\dot{3}}$$

$$= \frac{R_{外}}{R_{传}}\alpha_{\dot{1}23} + \frac{R_{外}+R_{中空}}{R_{传}}\alpha_{1\dot{2}3} + \frac{R_{外}+R_{组合}}{R_{传}}\alpha_{12\dot{3}} \tag{4.44}$$

式中,$R_{组合}$ 为"中空＋真空"组合的总热阻;$R_{传}$ 为传热阻。

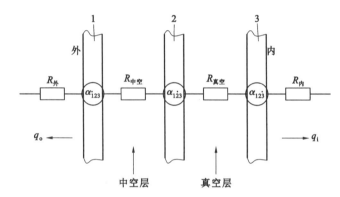

图 4.28　"真空＋中空"结构向内外二次辐射示意图

由此可算出太阳辐射总透射比 g,有:

$$g = \tau_e + q_i$$

并由 $SC = \dfrac{g}{\tau_s}$ 求出遮阳系数 SC。

表 4.12 的两种真空玻璃和表 4.10 中的 6 mm 普通玻璃构成的"中空＋真空"复合玻璃与太阳辐射的相关参数见表 4.13。

表 4.13　两种 Low-E 真空玻璃和中空玻璃相关参数(计算值)

玻璃结构外-内	Low-E类型	紫外线(%) 透射比 τ_{uv}	紫外线(%) 反射比 ρ_{uv}	可见光(%) 透射比 τ_{vis}	可见光(%) 反射比 ρ_{vis}	太阳辐射(%) 透射比 τ_e	太阳辐射(%) 反射比 ρ_e	Low-E发射率 ε	传热系数 U 值 (W·m⁻²·K⁻¹)	遮阳系数 SC	太阳辐射总透射比 g	太阳红外热能总透射比 g_{IR}	光热比 LSG
中空＋真空 T5+12A +TL5+ V+T5	高透型 1#	38.7	—	73.8	17.6	47	24.3	0.07	0.52	0.60	0.53	0.34	1.39
	遮阳型 1#	23.9	—	42.6	34	27.2	31.6	0.08	0.55	0.38	0.33	0.23	1.29

注:① 表中数据由 Windows 7 软件计算,按照 JGJ 151—2008 标准选取边界条件,U 值取冬季边界条件,SC 取夏季边界条件。

② 符号表示:T—半钢化或钢化玻璃;TL—半钢化或钢化镀膜玻璃;V—真空层;A—空气层。

2."中空＋真空＋中空"复合真空玻璃的计算

"中空＋真空＋中空"结构一般情况下只选用一层 Low-E 膜,而且为了提高热阻,降低 U 值,把 Low-E 膜置于真空玻璃内表面,在安装时有图 4.29(a)和图 4.29(b)两种方式。

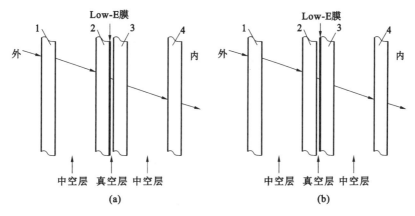

图 4.29 "中空＋真空＋中空"结构的两种安装方式

(a) Low-E 膜在第 4 面;(b) Low-E 膜在第 5 面

(1)"中空＋真空＋中空"可见光、紫外线、太阳光三种射线透射比、反射比的计算

对于图 4.29"中空＋真空＋中空"结构中涉及四片玻璃的情况也可以采取分步计算法,先算出真空玻璃的参数,再把此参数当作一片玻璃的参数代入式(4.39)和式(4.40)即可算出总透射比和反射比。当然,也可以推导出四片玻璃的总公式来进行计算,只要用 $\dfrac{\tau_3 \tau_4}{1-\rho_3' \rho_4}$ 代替式(4.39)中的 τ_3,用 $\rho_3 + \dfrac{\tau_3^2 \rho_4}{1-\rho_3' \rho_4}$ 代替式(4.39)和式(4.40)中的 ρ_3,就可推导出四片玻璃的总透射比:

$$\tau = \frac{\tau_1 \tau_2 \tau_3 \tau_4}{(1-\rho_1' \rho_2)(1-\rho_2' \rho_3)(1-\rho_3' \rho_4) - \tau_2^2 \rho_1' \rho_3 (1-\rho_3' \rho_4) - \tau_3^2 \rho_2' \rho_4 (1-\rho_1' \rho_2) - \tau_2^2 \tau_3^2 \rho_1' \rho_4}$$

$$(4.45)$$

及四片玻璃的总反射比:

$$\rho = \rho_1 + \frac{\tau_1^2 \rho_2 (1-\rho_2' \rho_3)(1-\rho_3' \rho_4) + \tau_1^2 \tau_2^2 \rho_3 (1-\rho_3' \rho_4) - \tau_1^2 \tau_3^2 \rho_2 \rho_2' \rho_4 + \tau_1^2 \tau_2^2 \tau_3^2 \rho_4}{(1-\rho_1' \rho_2)(1-\rho_2' \rho_3)(1-\rho_3' \rho_4) - \tau_2^2 \rho_1' \rho_3 (1-\rho_3' \rho_4) - \tau_3^2 \rho_2' \rho_4 (1-\rho_1' \rho_2) - \tau_2^2 \tau_3^2 \rho_1' \rho_4}$$

$$(4.46)$$

(2)"中空＋真空＋中空"太阳辐射直接吸收比的计算

在图 4.29 所示四片玻璃的情况下,可先把第 2、3、4 三片玻璃看作一个组合,利用前面公式(4.33)计算出第 1 片玻璃的吸收比:

$$\alpha_{;1234} = \alpha_1 + \frac{\alpha_1' \tau_1 \rho_{234}}{1-\rho_1' \rho_{234}}$$

式中,ρ_{234} 是第 2、3、4 三片玻璃组合的反射比,由式(4.40)可得:

$$\rho_{234} = \rho_2 + \frac{\tau_2^2 \rho_3 (1-\rho_3' \rho_4) + \tau_2^2 \tau_3^2 \rho_4}{(1-\rho_2' \rho_3)(1-\rho_3' \rho_4) - \tau_3^2 \rho_2' \rho_4}$$

将此式代入前式并化简可得：

$$\alpha_{1234}^{'} = \alpha_1 + \alpha_1' \frac{\tau_1 \rho_2 (1-\rho_2' \rho_3)(1-\rho_3' \rho_4) + \tau_1 \tau_2^2 \rho_3 (1-\rho_3' \rho_4) - \tau_1 \tau_3^2 \rho_2 \rho_2' \rho_4 + \tau_1 \tau_2^2 \tau_3^2 \rho_4}{(1-\rho_1' \rho_2)(1-\rho_2' \rho_3)(1-\rho_3' \rho_4) - \tau_3^2 \rho_2' \rho_4 (1-\rho_1' \rho_2) - \tau_2^2 \rho_1' \rho_3 (1-\rho_3' \rho_4) - \tau_2^2 \tau_3^2 \rho_1' \rho_4}$$

$$(4.47)$$

同理，可以把第 1、2、3 三片玻璃看作一个组合，利用前面的式(4.34)计算出第 4 片玻璃的吸收比：

$$\alpha_{1234}^{} = \frac{\alpha_4 \tau_{123}}{1 - \rho_{123}' \rho_4}$$

式中，τ_{123} 是第 1、2、3 三片玻璃组合的透射比，由式(4.39)可得：

$$\tau_{123} = \frac{\tau_1 \tau_2 \tau_3}{(1-\rho_1' \rho_2)(1-\rho_2' \rho_3) - \tau_2^2 \rho_1' \rho_3}$$

ρ_{123}' 是第 1、2、3 三片玻璃组合的反向反射比，由式(4.40)可得：

$$\rho_{123}' = \rho_3' + \frac{\tau_3^2 \rho_2' (1-\rho_2 \rho_1') + \tau_3^2 \tau_2^2 \rho_1'}{(1-\rho_3 \rho_2')(1-\rho_2 \rho_1') - \tau_2^2 \rho_3 \rho_1'}$$

将此两式代入前式并化简可得：

$$\alpha_{1234}^{} = \frac{\alpha_4 \tau_1 \tau_2 \tau_3}{(1-\rho_1' \rho_2) - \tau_2^2 \rho_1' \rho_3 (1-\rho_3' \rho_4) - \tau_3^2 \rho_2' \rho_4 (1-\rho_1' \rho_2) - \tau_2^2 \rho_1' \rho_3 (1-\rho_2' \rho_3) - \tau_2^2 \tau_3^2 \rho_1' \rho_4}$$

$$(4.48)$$

求第 2 片玻璃的吸收比可以有多种途径，这里选择其中一种作为推导：其思路可由公式 $\alpha_{1234} = \alpha_{1234} - \alpha_{1234}$ 表示，即先推算出第 2、3、4 三片玻璃组合的吸收比 α_{1234}，再减去第 3、4 两片玻璃组合的吸收比 α_{1234}，即可得到 α_{1234}。

推导如下：

由公式(4.34)可得：

$$\alpha_{1234}^{} = \frac{\alpha_{234} \tau_1}{1 - \rho_1' \rho_{234}}$$

式中，$\alpha_{234} = 1 - \tau_{234} - \rho_{234}$。

由公式(4.39)可得：

$$\tau_{234} = \frac{\tau_2 \tau_3 \tau_4}{(1-\rho_2' \rho_3)(1-\rho_3' \rho_4) - \rho_2' \tau_3^2 \rho_4}$$

由公式(4.40)可得：

$$\rho_{234} = \rho_2 + \frac{\tau_2^2 \rho_3 (1-\rho_3' \rho_4) + \tau_2^2 \tau_3^2 \rho_4}{(1-\rho_2' \rho_3)(1-\rho_3' \rho_4) - \rho_2' \tau_3^2 \rho_4}$$

故

$$\alpha_{234} = \frac{(1-\rho_2)[(1-\rho_2' \rho_3)(1-\rho_3' \rho_4) - \rho_2' \tau_3^2 \rho_4] - [\tau_2^2 \rho_3 (1-\rho_3' \rho_4) + \tau_2^2 \tau_3^2 \rho_4] - \tau_2 \tau_3 \tau_4}{(1-\rho_2' \rho_3)(1-\rho_3' \rho_4) - \rho_2' \tau_3^2 \rho_4}$$

由此可得：

$$\alpha_{1234}^{} = \frac{\tau_1 \{(1-\rho_2 \rho_2)[(1-\rho_2' \rho_3)(1-\rho_3' \rho_4) - \rho_2' \tau_3^2 \rho_4] - [\tau_2^2 \rho_3 (1-\rho_3' \rho_4) + \tau_2^2 \tau_3^2 \rho_4] - \tau_2 \tau_3 \tau_4\}}{(1-\rho_1' \rho_2)(1-\rho_2' \rho_3)(1-\rho_3' \rho_4) - \tau_3^2 \rho_2' \rho_4 (1-\rho_1' \rho_2) - \tau_2^2 \rho_1' \rho_3 (1-\rho_3' \rho_4) - \tau_2^2 \tau_3^2 \rho_1' \rho_4}$$

$$\alpha_{1234}^{\cdots} = \alpha_{1\overset{\cdot}{2}34}^{\cdots} - \alpha_{1\overset{\cdot}{2}34}^{\cdots}$$

$$= \frac{[\tau_1(1-\rho_2'\rho_3)(1-\rho_3'\rho_4)-\tau_1\tau_3^2\rho_2'\rho_4]\alpha_2 + [\tau_1\tau_2\rho_3(1-\rho_3'\rho_4)+\tau_1\tau_2\tau_3^2\rho_4]\alpha_2}{(1-\rho_1'\rho_2)(1-\rho_2'\rho_3)(1-\rho_3'\rho_4)-\tau_3^2\rho_2'\rho_4(1-\rho_1'\rho_2)-\tau_2^2\rho_1'\rho_3(1-\rho_3'\rho_4)-\tau_2^2\tau_3^2\rho_1'\rho_4}$$

$$\text{(4.49)}$$

同理,为求第 3 片玻璃的吸收比 $\alpha_{123\overset{\cdot}{4}}$,可先求出第 3、4 两片玻璃组合的吸收比 $\alpha_{12\overset{\cdot}{3}\overset{\cdot}{4}}$,再减去第 4 片玻璃的吸收比 $\alpha_{123\overset{\cdot}{4}}$,即可得到 $\alpha_{123\overset{\cdot}{4}}$,其思路可由公式表示为:$\alpha_{123\overset{\cdot}{4}} = \alpha_{12\overset{\cdot}{3}\overset{\cdot}{4}} - \alpha_{123\overset{\cdot}{4}}$。

推导如下:

由公式(4.34)可得:

$$\alpha_{12\overset{\cdot}{3}\overset{\cdot}{4}}^{\cdots} = \frac{\alpha_{34}\tau_{12}}{1-\rho_{12}'\rho_{34}}$$

式中,$\alpha_{34} = \alpha_{3\overset{\cdot}{4}}^{\cdot} + \alpha_{34}^{\cdot} = \alpha_3 + \dfrac{\alpha_3'\tau_3\rho_4}{1-\rho_3'\rho_4} + \dfrac{\alpha_4\tau_3}{1-\rho_3'\rho_4} = \dfrac{\alpha_3(1-\rho_3'\rho_4)+\tau_3\rho_4\alpha_3'+\tau_3\alpha_4}{1-\rho_3'\rho_4}$

由公式(4.31)可得:

$$\tau_{12} = \frac{\tau_1\tau_2}{1-\rho_1'\rho_2}$$

由公式(4.32)可得:

$$\rho_{12}' = \rho_2' + \frac{\tau_2^2\rho_1'}{1-\rho_1'\rho_2}, \quad \rho_{34} = \rho_3 + \frac{\tau_3^2\rho_4}{1-\rho_3'\rho_4}$$

故

$$\alpha_{12\overset{\cdot}{3}\overset{\cdot}{4}}^{\cdots} = \frac{\tau_1\tau_2(1-\rho_3'\rho_4)\alpha_3 + \tau_1\tau_2\tau_3\rho_4\alpha_3' + \tau_1\tau_2\tau_3\alpha_4}{(1-\rho_1'\rho_2)(1-\rho_2'\rho_3)(1-\rho_3'\rho_4)-\tau_3^2\rho_2'\rho_4(1-\rho_1'\rho_2)-\tau_2^2\rho_1'\rho_3(1-\rho_3'\rho_4)-\tau_2^2\tau_3^2\rho_1'\rho_4} \left.\rule{0pt}{2.2em}\right\}$$

$$\alpha_{123\overset{\cdot}{4}} = \alpha_{12\overset{\cdot}{3}\overset{\cdot}{4}}^{\cdots} - \alpha_{123\overset{\cdot}{4}}^{\cdot}$$

$$= \frac{\tau_1\tau_2(1-\rho_3'\rho_4)\alpha_3 + \tau_1\tau_2\tau_3\rho_4\alpha_3'}{(1-\rho_1'\rho_2)(1-\rho_2'\rho_3)(1-\rho_3'\rho_4)-\tau_3^2\rho_2'\rho_4(1-\rho_1'\rho_2)-\tau_2^2\rho_1'\rho_3(1-\rho_3'\rho_4)-\tau_2^2\tau_3^2\rho_1'\rho_4} \left.\rule{0pt}{2.2em}\right\}$$

$$\text{(4.50)}$$

(3)"中空＋真空＋中空"太阳辐射总透射比和遮阳系数的计算

图 4.30 所示为"中空＋真空＋中空"结构向内外二次辐射示意图。

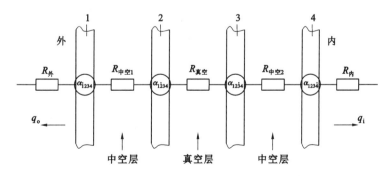

图 4.30　"中空＋真空＋中空"结构向内外二次辐射示意图

由图 4.30 可以得到向内二次辐射传递系数 q_i 的表达式为:

$$q_i = \frac{R_外}{R_传}\alpha_{\dot{1}234} + \frac{R_外 + R_{中空1}}{R_传}\alpha_{1\dot{2}34} + \frac{R_外 + R_{中空1} + R_{真空}}{R_传}\alpha_{12\dot{3}4} + \frac{R_外 + R_{中空1} + R_{真空} + R_{中空2}}{R_传}\alpha_{123\dot{4}};$$

$$(4.51)$$

式中,$R_传 = R_外 + R_{中空1} + R_{真空} + R_{中空2} + R_内$ 为传热阻。

由式(4.51)计算出 q_i 后就可进一步计算出太阳辐射总透射比:

$$g = \tau_e + q_i$$

遮阳系数

$$SC = \frac{g}{\tau_s}$$

利用表 4.10 中的 6 mm 普通玻璃和表 4.12 的两种真空玻璃复合成的"中空＋真空＋中空"的相关参数见表 4.14。

表 4.14 "中空＋真空＋中空"与太阳辐射相关参数

玻璃结构外-内	Low-E类型	紫外线（％）		可见光（％）		太阳辐射（％）		Low-E发射率 ε	传热系数 U 值 (W·m⁻²·K⁻¹)	遮阳系数 SC	太阳辐射总透射比 g	太阳红外热能总透射比 g_{IR}	光热比 LSG
		透射比 τ_{uv}	反射比 ρ_{uv}	透射比 τ_{vis}	反射比 ρ_{vis}	透射比 τ_e	反射比 ρ_e						
中空＋Low-E真空＋中空，T5＋12A＋TL5＋V＋T5＋T5	高透型 1#	38.7	—	73.8	17.6	47	24.3	0.07	0.52	0.60	0.53	0.34	1.39
	遮阳型 1#	23.9	—	42.6	34	27.2	31.6	0.08	0.55	0.38	0.33	0.23	1.29

注:① 表中数据由 Windows 7 软件计算,按照 JGJ 151—2008 标准选取边界条件,U 值取冬季边界条件,SC 取夏季边界条件。

② 符号表示:T—半钢化或钢化玻璃;TL—半钢化或钢化镀膜玻璃;V—真空层;A—空气层。

3. 复合真空夹层玻璃与太阳辐射相关参数的计算

复合真空夹层玻璃一般有图 4.31(a)～图 4.31(c)三种结构。

由于夹层与玻璃之间是物理压合而成,中间无其他介质,因此,可以将图 4.32(a)中夹层玻璃部分等效成图 4.32(b)中的三片独立透明体来计算。

图 4.32(b)中,三片透明体之间可以是真空,也可以是薄空气层。它们对可见光、紫外线和太阳光可视为是全透明的。这样就可以用本章中计算三片玻璃的式(4.39)、式(4.40)来计算夹层玻璃的可见光、紫外线、太阳辐射透射比 $\tau_{夹层}$ 和反射比 $\rho_{夹层}$,并由 $\alpha_{夹层} = 1 - \tau_{夹层} - \rho_{夹层}$ 求吸收比。再以此作为"一片"玻璃的参数代入本章前面推导出的相关公式计算出图 4.31 中三种结构及不同安装方式的相关参数。

当然,如果已经获得生产厂商提供的图 4.32(a)所示结构的夹层玻璃的相关参数,就可直接用于计算,表 4.15 中给出了某厂商生产的夹层真空玻璃的相关参数,可作为参考。

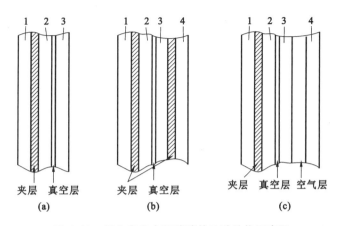

图 4.31　组合真空夹层玻璃的几种结构示意图

（a）单面夹层结构；（b）双面夹层结构；（c）"夹层真空＋中空"结构

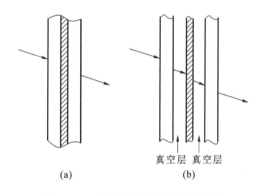

图 4.32　夹层玻璃光学等效结构图

（a）夹层结构；（b）夹层玻璃的光学等效结构

表 4.15　一种夹层玻璃和夹层真空玻璃与太阳辐射相关参数（实测值）

玻璃结构 外-内	Low-E 类型	紫外线（%）		可见光（%）		太阳辐射（%）	
		透射比 τ_{uv}	反射比 ρ_{uv}	透射比 τ_{vis}	反射比 ρ_{vis}	透射比 τ_e	反射比 ρ_e
T5＋P＋T5	—	46.04	—	86.85	7.79	72.02	6.7
T5＋P＋TL5＋ V＋T5	高透型 1#	43.07	—	73.66	17.97	46.64	24.69
T5＋P＋TL5＋ V＋T5	遮阳型 1#	27.08	—	42.48	34.43	26.98	31.94

注：① 表中数据由 Windows 7 软件计算。

　　② 字母代号意义：T—半钢化或钢化玻璃；TL—半钢化或钢化镀膜玻璃；V—真空层；P—夹胶层。

　　作为计算例，计算图 4.31(c)所示的"夹层真空＋中空"结构，其中真空玻璃选用表 4.12 中的两种型号，Low-E 膜为从左数第 5 表面，此结构与太阳辐射相关参数见表 4.16。

表 4.16　"夹层＋真空＋中空"结构与太阳辐射相关参数(计算值)

玻璃结构外-内	Low-E类型	紫外线(%)		可见光(%)		太阳辐射(%)		Low-E发射率 ε	传热系数 U 值 $(W \cdot m^{-2} \cdot K^{-1})$	遮阳系数 SC	太阳辐射总透射比 g	太阳红外热能总透射比 g_{IR}	光热比 LSG
		透射比 τ_{uv}	反射比 ρ_{uv}	透射比 τ_{vis}	反射比 ρ_{vis}	透射比 τ_e	反射比 ρ_e						
夹胶＋Low-E真空＋中空，T5+0.38P+TL5+V+T5+12A+T5	高透型 1#	38.7	—	73.8	17.6	47	24.3	0.07	0.52	0.60	0.53	0.34	1.39
	遮阳型 1#	23.9	—	42.6	34	27.2	31.6	0.08	0.55	0.38	0.33	0.23	1.29

注:① 表中数据由 Windows 7 软件计算,按照 JGJ 151—2008 标准选取边界条件,U 值取冬季边界条件,SC 取夏季边界条件。
　　② 符号表示:T—半钢化或钢化玻璃;TL—半钢化或钢化镀膜玻璃;V—真空层;A—空气层。

4.4.5　计算的误差分析

前面对于真空玻璃与中空玻璃及复合真空玻璃太阳辐射相关参数的计算公式都是根据光学原理推导出来的,理论上都是正确的。例如,可用于计算真空玻璃和中空玻璃可见光透射比、紫外线透射比、太阳辐射直接透射比及太阳红外热能直接透射比的公式(4.31),因式中 τ_1、τ_2、ρ_1、ρ_2 都是波长 λ 的函数,可写成:

$$\tau(\lambda) = \frac{\tau_1(\lambda) \cdot \tau_2(\lambda)}{1 - \rho_1(\lambda)\rho_2(\lambda)}$$

此式与国标《建筑玻璃　可见光透射比、太阳光直接透射比、太阳能总透射比、紫外线透射比及有关窗玻璃参数测定》(GB/T 2680—1994)中第 3.1.2 节双层窗玻璃构件规定的可见光透射比计算公式(2)相同[16]。

利用此式计算的误差从何而来呢? 关键在于式中计算所需的参数 $\tau_1(\lambda)$、$\tau_2(\lambda)$、$\rho_1(\lambda)$、$\rho_2(\lambda)$ 如何测得,测量误差有多大。GB/T 2680—1994 规定的不同光谱区的波长范围为:紫外区,280～380 nm;可见光区,380～780 nm;太阳辐射区,350～1800 nm;远红外区,450～2500 nm。

因此,如果要计算可见光透射比,就应测得上式中每个参数在 380～780 nm 区域的积分值,再代入计算。如果要计算太阳红外热能直接透射比,就需要在 780～2500 nm 区域测得每个参数的积分值。所以计算出的结果的误差取决于这些参数的测量误差。工程热测量时当然不可能如计算公式所要求的分别测出各片玻璃的各个参数,只能多片玻璃一起测。

GB/T 2680—1994、JGJ/T 151—2008[17] 文件中对玻璃的太阳辐射相关参数测量方法的规定都是类似的,以 GB/T 2680—1994 中第 3.1 节规定的可见光透射比用下式计算,计算所需数据按此文件中"表 1"(即本书中表 4.17)规定测得。

$$\tau_v = \frac{\int_{380}^{780} D_\lambda \cdot \tau(\lambda) \cdot V(\lambda) \cdot d_\lambda}{\int_{380}^{780} D_\lambda \cdot V(\lambda) \cdot d_\lambda}$$

$$\approx \frac{\sum_{380}^{780} D_\lambda \cdot \tau(\lambda) \cdot V(\lambda) \cdot \Delta\lambda}{\sum_{380}^{780} D_\lambda \cdot V(\lambda) \cdot \Delta\lambda}$$

式中 τ_v——试样的可见光透射比(%);

$\tau(\lambda)$——试样的可见光光谱透射比(%);

D_λ——标准照明体 D65 的相对光谱功率分布,见表 4.17;

$V(\lambda)$——明视觉光谱光视效率;

$\Delta\lambda$——波长间隔,此处为 10 nm。

此标准中表 1 如表 4.17 所示。

表 4.17 标准照明体 D65 的相对光谱功率分布 D_λ 与明视觉光谱光视效率 $V(\lambda)$ 和波长间隔 $\Delta\lambda$ 相乘

$\lambda(nm)$	$D_\lambda \cdot V(\lambda) \cdot \Delta\lambda$	$\lambda(nm)$	$D_\lambda \cdot V(\lambda) \cdot \Delta\lambda$
380	0.0000	590	8.3306
390	0.0005	600	5.3542
400	0.0030	610	4.8491
410	0.0103	620	3.1502
420	0.0352	630	2.0812
430	0.0948	640	1.3810
440	0.2274	650	0.8070
450	0.4192	660	0.4612
460	0.6663	670	0.2485
470	0.9850	680	0.1255
480	1.5189	690	0.536
490	2.1336	700	0.0276
500	3.3491	710	0.0146
510	6.1393	720	0.0057
520	7.0523	730	0.0035
530	8.7990	740	0.0021
540	9.4427	750	0.0008
550	9.8077	760	0.0001
560	9.4306	770	0.0000
570	8.6891	780	0.0000
580	7.8994		

注:$\sum_{380}^{780} D_\lambda \cdot V(\lambda) \cdot \Delta\lambda = 100$。

　　其中,所述 D65 是一个标准照明光源,其光谱功率分布 D_λ 不可能和人眼感受的太阳光强度相同,$V(\lambda)$ 为明视觉光谱光视效率,也称为人眼的视见函数,$D_\lambda V(\lambda)$ 就是对标准光源的光强度进行修正,使此光源可模拟太阳光谱的光强分布。在指定光谱区内选择一系列波长间隔 $\Delta\lambda$ 作测量,最后用级数相加近似代替积分得出测试结果,此测试结果的精准度将决定计算结果的误差。

　　根据本书计算公式编制的计算软件 Excel 对一种单 Low-E 真空玻璃计算结果列于表 4.18 中。

表 4.18　真空玻璃参数计算值对比

计算方法	可见光(%)		太阳光(%)		传热系数 U 值 $(W \cdot m^{-2} \cdot K^{-1})$	遮阳系数 SC	太阳辐射总透射比 g	光热比 LSG
	透射比 τ_{vis}	反射比 ρ_{vis}	透射比 τ_e	反射比 ρ_e				
Windows 7 软件计算	80.99	12.13	53.77	26.19	0.582	0.71	0.618	0.07
Excel 公式计算	81.02	12.72	52.92	22.53	0.57	0.76	0.66	0.07

注:表中计算的玻璃为使用一片 Low-E 玻璃和一片普通玻璃组成的单真空玻璃结构,Low-E 玻璃辐射率 0.07。

　　表中同时列出用 Windows 7 软件计算的结果,可以看出二者非常接近。究其原因,一是所用计算公式是相同的,二是取得数据的测量方法也是类似的,可能都是用类似国标规定的方法测量的。至于某些参数(例如太阳辐射反射比)相差较多的原因尚待研究。

参 考 文 献

[1]　GRANQVIST C G. Chapter 5-energy-efficient windows: present and forthcoming technology[J]. Materials Science for Solar Energy Conversion Systems,1991,1:106-107.

[2]　董子忠. Low-E 玻璃热工性能[M]∥涂逢祥. 节能窗技术. 北京:中国建筑工业出版社,2003:69.

[3]　COLLINS R E, FISCHER-CRIPPS A C, TANG J Z. Transparent evacuated insulation [J]. Solar Energy,1992,49:333-350.

[4]　SIEGEL R, HOWELL J R. Thermal radiative heat transfer[M]. New York:McGraw-Hill,1972.

[5]　ZHANG Q C, SIMKO T M, DEY C J, et al. The measurement and calculation of radiative heat transfer between uncoated and doped tin oxide coated glass surfaces[J]. International Journal of Heat & Mass Transfer,1996,40(1):61-71.

[6]　达道安. 真空设计手册[M]. 北京:国防工业出版社,2004.

[7]　TODD B J. Outgasing of Glass[J]. Journal of Applied Physics,1955,26(10):1238-1243.

[8]　GARBE S, KLOPFER A, SCHMIDT W. Some reactions of water in electron tubes[J]. Vacuum,1960,10:81-85.

[9]　COLLINS R E, ROBINSON S J. Evacuated glazing[J]. Solar Energy,1991,47:27-38.

[10]　COLLINS R E, FISCHER-CRIPPS A C. Design of support pillar arrays in flat evacuated windows [J]. Australian Journal of Physics,1991,44:545-563.

[11]　CLUGSTON D A, COLLINS R E. Pump down of evacuated glazing[J]. Vacuum Science and Technology 1994,A 12:241-247.

[12] COLLINS R E,TANG J Z. Design improvements to vacuum glazing：US058915362 [P]. 1999-4-6.

[13] 唐健正.真空平板玻璃支撑物:200920147601. X[P]. 2010-1-6.

[14] BENSON D K,TRACY C E. Laser sealed vacuum insulation window：US4683154[P]. 1987-7-28.

[15] COLLINS R E，TURNER G M，FISCHER-CRIPPS A C，et al. Vacuum glazing—a new component for insulating windows[J]. Building & Environment，1995，30(4)：459-492.

[16] 国家技术监督局.建筑玻璃 可见光透射比、太阳光直接透射比、太阳辐射总透射比、紫外线透射比及有关窗玻璃参数的测定标准(GB/T 2680—1994)[S]. 北京:中国标准出版社,1994.

[17] 中华人民共和国住房和城乡建设部.建筑门窗玻璃幕墙热工计算规程(JGJ/T 151—2008)[S]. 北京:中国建筑工业出版社,2009.

5 真空玻璃力学分析

5.1 玻璃材料基本力学性能

真空玻璃基片为玻璃材料,承担着透光、保温隔热及结构功能,并且需要承受长期应力及外界载荷冲击作用。玻璃基片材料的强度决定着真空玻璃的整体强度,直接影响着真空玻璃的产品制备成品率及其应用的安全性与可靠性。

5.1.1 玻璃弯拉作用下的变形与强度特征

常温下玻璃有许多优异的力学性能:高的抗压强度、好的弹性、高的硬度,莫氏硬度在5~6 MPa之间,用一般的金属刻划玻璃很难留下痕迹,切割玻璃时要用硬度极高的金刚石,抗压强度比抗拉强度高数倍。常用玻璃与常用建筑材料的强度比较见表5.1(由于钢为塑性材料,因此不存在抗压强度)。

表 5.1　玻璃强度与常用建筑材料的强度比较

	玻璃	钢(Q235)	铸铁	混凝土
抗压强度(MPa)	630~1260	—	650	15~80
抗(弯)拉强度(MPa)	28~70	380~470	100~280	3~10

玻璃是典型的脆性材料,在断裂前,应力与应变基本呈线性关系,当拉伸应力超过其强度时,玻璃会突然断裂,并失去承载能力,因此,玻璃没有屈服强度。与脆性材料完全不同,塑性材料(如钢材等)在拉伸应力作用下,当应力小于比例极限(弹性阶段)时,应力和应变呈线性关系。当继续加载至超过比例极限并小于强度极限阶段(屈服阶段),应变增加很快,而应力几乎没有增加。当加载至应力超过屈服极限后,应力随应变非线性增加(强化阶段),直至钢材断裂。典型的玻璃与钢材拉伸应力-应变关系曲线见图5.1。

玻璃的理论断裂强度就是玻璃材料断裂强度在理论上可能达到的最高值,计算玻璃理论断裂强度应该从原子间结合力入手,因为只有克服了原子间的结合力,玻璃才有可能发生断裂。Kelly 在1973

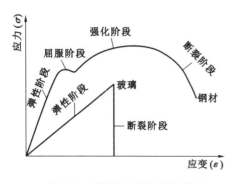

图 5.1　典型的玻璃和钢材拉伸
应力-应变关系曲线

年的研究中表明:理想的玻璃理论断裂强度一般处于材料弹性模量的 $1/20\sim1/10$ 之间,为 $7000\sim12000$ MPa,远大于实际强度,在实际材料中,只有少量的经过精心制作的极细的玻璃纤维的断裂强度,能够达到或接近这一理论的计算结果。断裂强度的理论值和玻璃的实际值之间存在很大的差异,是因为玻璃在制造过程中不可避免地在表面产生很多肉眼看不见的裂纹,深度约为 $50\ \mu m$,宽度只有 $0.01\sim0.02\ \mu m$。面积为 $1\ mm^2$ 的表面上有几百条裂纹(又称格里菲斯裂纹,见图 5.2)。微裂纹的存在使玻璃实际断裂强度值远小于理论值。1913 年,Inglis提出应力集中理论,指出截面急剧变化的区域和裂纹缺陷附近的区域将产生显著的应力集中效应,即这些区域

**图 5.2 玻璃表面的格里菲斯裂纹
(SEM 照片)**

的最大拉应力要比平均拉应力大很多,对于韧性材料,当最大拉应力超过屈服强度时,由于材料的屈服效应使应力的分布愈来愈均匀,应力集中效应下降。对玻璃这样的脆性材料,高度的应力集中效应保持到断裂时为止,所以对玻璃结构除了要考虑应力集中效应之外,还要考虑断裂韧性(表征材料阻止裂纹扩展的能力)[1]。

5.1.2 玻璃材料的断裂力学

在传统的强度计算中,构件被视为不带裂纹的连续体,并将工作应力和许用应力相比较,或将应力设计值和材料强度设计值相比较,来判断构件的强度是否满足要求。实践证明,对一般结构(或构件)来说,这种传统的方法是可靠的,但对于像玻璃这样的脆性材料,可靠性是不够的。研究玻璃结构的安全使用问题,必须从玻璃材料不可避免地存在裂纹这一客观事实出发,既要考虑裂纹应力集中的效应,又要考虑玻璃材料的断裂韧性。早在 20 世纪 20 年代,格里菲斯(Griffith)对玻璃低应力脆断进行了理论分析,提出了玻璃的实际强度取决于裂纹扩展应力的著名论点,创立了玻璃断裂力学,即线弹性断裂力学。随后发展的弹塑性断裂力学在导弹、飞机、原子能、桥梁、大型锻焊件等结构得到了成功的应用,显示了断裂力学强大的生命力。

玻璃材料由于在其表面和内部存在着不同的杂质、缺陷或微不均匀区,在这些地方引起应力的集中导致微裂纹的产生。外加载荷越小,裂纹增长越慢。经过一定时间后,裂纹尖端处的应力越来越大。超过临界应力时,裂纹就迅速分裂,使玻璃断裂。由此可见,玻璃断裂过程分为两个阶段:第一阶段主要是初始裂纹缓慢增长,形成断裂表面的镜面部分(光滑的裂纹表面区);第二阶段是随着初始裂纹的增长,次生裂纹同时产生和增长,在其相互相遇时就形成以镜面为中心的辐射状碎裂条纹。如果裂纹源在断裂的表面,则产生呈半圆形的镜面;如果裂纹源在里面发生,则产生圆形的镜面。

按照格里菲斯的概念,在裂纹的尖端存在着应力集中,这种应力的集中是驱使裂纹扩展的动力。从裂纹扩展过程中的能量平衡可推导出临界断裂应力 σ_c 的近似值为:

$$\sigma_c = A \sqrt{\frac{E\gamma}{c}} \tag{5.1}$$

式中 A——常数；

E——玻璃的弹性模量（MPa）；

γ——形成单位面积新表面的表面能（$J \cdot m^{-2}$）；

c——裂纹的宽度（mm）。

根据断裂力学理论，以应力强度因子 K 来描述这个应力场，一般 K 可用下式表示：

$$K = a \sqrt{c\sigma\pi} \tag{5.2}$$

式中 a——随裂纹形状而异的常数；

σ——断裂应力（MPa）；

π——圆周率。

满足式（5.1）的临界条件的 K 值为 K_c，K_c 值称为临界应力强度因子或断裂韧性。

$$K_c = a \sqrt{c\sigma_c\pi} \tag{5.3}$$

玻璃的 K_c 值可由试验获得，根据其成分不同，在 $(0.62 \sim 0.63) \times 10^3$ MPa $\cdot$ m$^{1/2}$ 之间波动。

5.1.3 玻璃材料的统计力学强度

玻璃的断裂强度离散性很大，强度的测定与测试条件（如加载方式、加载速率、持续时间等）密切相关。很多国家往往采用统计分析方法推断出玻璃强度的估算公式，通常对几百片玻璃破坏的试验结果进行统计处理，求出平均值和标准差（反映强度集的离散程度），推断玻璃的力学强度，给出设计安全系数与失效概率关系，如表 5.2 所示。

表 5.2 玻璃安全系数与失效概率的关系

安全系数	1.0	1.5	2.0	2.5	3.0	3.3
失效概率（%）	50	9	1	0.1	0.01	0.003

5.1.4 影响玻璃强度的主要因素

影响玻璃强度的主要因素有：化学组成、表面微裂纹、微不均匀性、宏观缺陷和微观缺陷、活性介质、温度、应力、疲劳等[2]。

（1）化学组成

固体物质的强度主要由各质点的键强及单位体积内键的数目决定。对不同化学组成的玻璃来说，其结构间的键力及单位体积的键数是不同的，因此强度的大小也不同。对于硅酸盐玻璃来说，桥氧与非桥氧（桥氧：硅氧网络作为两个成网多面体所共有顶角的氧离子，即起"桥梁"作用的氧离子。反之，仅与一个成网离子相键连，而不被两个成网多面体所共有的氧离子则称为非桥氧。它表示硅氧网络的断裂程度）所形成的键，其强度不同。石英玻璃中的氧离子全部为桥氧，Si—O 键力很强，因此石英玻璃的强度最高。就非桥氧来说，碱土金属（元素周期表中ⅡA族元素：铍、镁、钙、锶、钡、镭）的键强比碱金属（元素周期表中第ⅠA族元素：锂、钠、钾、铷、铯、钫）的键强要大，所以含大量碱金属离子的玻璃强度最低。单位体积内的键数也即结构网络的疏密程度，结构网稀疏，强度就低。

（2）表面微裂纹

玻璃强度与表面微裂纹密切相关。格里菲斯认为：玻璃破坏时是从表面微裂纹开始，随着裂纹逐渐扩展，整个试样逐渐破裂。为了克服表面微裂纹的影响，提高玻璃的强度，可采取两个途径：其一是减少或消除玻璃表面的缺陷；其二是使玻璃表面形成压应力，以克服表面微裂纹的作用。为此，可采用表面火焰抛光、氢氟酸腐蚀，以消除或钝化微裂纹，还可采取淬冷（物理钢化）或表面离子交换（化学钢化），以获得压应力层。例如，把玻璃在火焰中拉成纤维，在拉丝的过程中，原有微裂纹被火焰熔去，并且在冷却过程中表面产生压应力层，从而强化了表面，使其强度增加。

（3）微不均匀性

通过电镜观察证实，玻璃中存在微相和微不均匀结构，它们是由分相或形成离子群聚而致。微相之间易生成裂纹，且其相互间的结合力比较薄弱，又因成分不同，热膨胀不一样，必然会产生应力，使玻璃强度降低。微相之间的热膨胀系数差别越大，冷却过程中生成的微裂纹的数目也越多。

（4）玻璃中的宏观缺陷和微观缺陷

宏观缺陷如固体夹杂物（结石）、气体夹杂物（气泡）、化学不均匀（条纹）等因成分与主体玻璃成分不一致、膨胀系数不同而造成内应力。同时，由于宏观缺陷提供了界面，从而使微观缺陷（如点缺陷、局部析晶、晶界等）常常在宏观缺陷的地方集中，从而导致裂纹的产生，严重影响玻璃的强度。

（5）活性介质

活性介质（如水、酸、碱及某些盐类等）对玻璃表面有两种作用：一是渗入裂纹像楔子（斜劈）一样使微裂纹扩展；二是与玻璃起化学作用破坏结构（例如使硅氧键断开）。因此，在活性介质中玻璃的强度降低，其中水引起强度降低的影响最大。玻璃在醇中的强度比在水中高 40%，在醇中或其他介质中含水量越高，越接近在水中的强度。在酸或碱的溶液中，当 $pH=1\sim11.3$（酸和碱都在 $0.1\ mol/L$ 以下）时，强度与 pH 值无关（与水中相同，在 $1\ mol/L$ 的浓度时，对强度稍有影响，在酸中减小，在碱中增大，$6\ mol/L$ 时各增减约 10%）。

干燥的空气、非极性介质（如煤油等）、憎水性有机硅等，对强度的影响小，所以测定玻璃的强度时最好在真空中或在液氮中进行，以免受活性介质的影响。相反，在 SO_2 气氛中退火玻璃，可在玻璃表面生成一层白霜（Na_2SO_4），这层白霜极易被冲洗掉，结果使玻璃表面的碱金属氧化物含量减少，不仅增加了化学稳定性，也提高了玻璃的强度。

对真空玻璃而言，显然，由于活性介质的作用，微缺陷、裂纹及残余应力分布在与空气接触的玻璃表面上比分布在与真空层接触的玻璃表面上带来的危害更严重。

（6）温度

低温与高温对玻璃强度的影响是不同的。在接近绝对零度（-273 ℃附近）到 200 ℃范围内，强度随温度的上升而下降。此时，由于温度的升高，裂纹尖端分子的热运动加强，导致键的断裂，增加玻璃破裂概率。试验表明，在 200 ℃左右强度为最低点，高于 200 ℃时，强度逐渐增加，这可归因于裂口的钝化，从而缓和了应力的集中。

（7）玻璃中的应力

玻璃中的残余应力，特别是分布不均的残余应力，使强度大为降低。玻璃被钢化后，其表面产生均匀的压应力、内部形成拉应力,则能大大提高玻璃制品的机械强度。经过钢化处理的玻璃,其耐机械冲击和热冲击性能比良好的普通退火玻璃要高 5～10 倍。

真空玻璃结构的特殊性,导致了其内部不同部位在制备及应用过程中均会有持久应力的存在,应力的存在降低了真空玻璃的强度及承载性能,增大了真空玻璃在应用过程中的破裂概率。因此,真空玻璃结构设计与工程应用中,应通过合理的结构设计及制备工艺优化,尽量降低真空玻璃内部应力。真空玻璃应力产生的原因主要有以下几个方面:① 10^5 Pa 的大气压力作用下使真空玻璃内部存在永久应力作用;② 内、外两片玻璃的温差作用;③ 风、雪、振动等外界载荷作用等。只要上述因素在单独或耦合作用下产生的应力不超过玻璃材料强度设计值,真空玻璃就不会被破坏。为了提高真空玻璃的强度,采用钢化玻璃为基片制备真空玻璃是最直接,也是效果最好的途径之一。

(8) 玻璃的疲劳现象

在常温下,玻璃的破坏强度随加载速率或加载时间而变化。加载速率越大或加载时间越长,其破坏强度越小。在同样的加载强度下,短时间内不破裂的,时间长了就可能破裂。玻璃在实际使用时,当经受长时间、多次载荷的作用,或在弹性变形温度范围内经受多次温差的冲击,都会产生"疲劳"现象。研究表明,玻璃的疲劳现象是在加载作用下微裂纹的加深所致。此时周围介质特别是水分将加速与微裂纹尖端的 SiO_2 网络结构反应,使网络结构破坏,导致裂纹的延伸,而玻璃在液氮、低温及真空中,不出现疲劳现象。此外,玻璃的疲劳与裂纹大小无关。

真空玻璃内部的制备残余应力及温度应力会对玻璃产生持久"疲劳"作用,使真空玻璃在服役过程中突发破裂。为了避免真空玻璃突发破裂,就必须控制真空玻璃内部的持久疲劳应力的大小。下面各节中将具体讨论真空玻璃的应力分布特征及其对真空玻璃强度及其服役可靠性的影响。

5.2 大气压作用下真空玻璃的应力分布

为保证真空玻璃两基片在大气压作用下不至于产生过大的应力和变形,在真空玻璃内部布置许多金属、陶瓷或玻璃支撑物,玻璃基片与支撑物的相互作用使真空玻璃在几个位置产生明显不容忽视的应力(图 5.3),主要包括四个部分:① 玻璃基片的弯曲应力,其中在支撑点处玻璃板上(外)表面和两支撑点对角连线中点处玻璃下(内)表面处产生极值;② 支撑物支撑应力;③ 玻璃基片表面在支撑物接触部位的接触应力;④ 真空玻璃边缘封接部位应力。上述应力与支撑物材料种类、支撑物布放间距及方式、真空玻璃边缘封接材料种类及封边宽度和厚度有关,通过合理优化上述参数,可保证这些应力控制在材料强度允许范围内。

5.2.1 支撑部位玻璃上(外)表面处应力计算

为计算支撑物支撑部位玻璃基片上表面的最大应力,以任一支撑物为中心,在与相邻支撑物等距处为边界,取出一个正方形单元。由于单元的边长(支撑物间距)与玻璃厚度之比

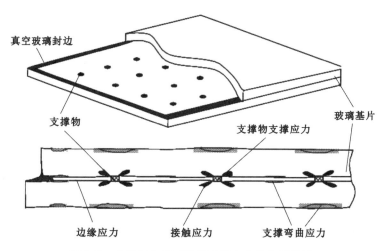

图 5.3 大气压作用下真空玻璃应力分布示意图

为 $7\sim10$，应按薄板计算。利用其对称性可知，在边界处转角为 $0°$，由于表面的大气压力与支撑物的支撑反力大致相等，单元的边界内力剪力亦为零，但有弯矩，故将边界处看作固支端处理。图 5.4 所示为力学模型图[3-5]。

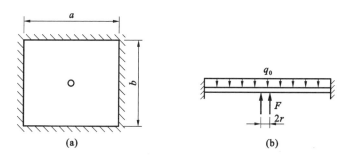

图 5.4 真空玻璃-单元模型受力示意图

(a) 简化模型；(b) 受力模型

玻璃单元在大气压均布压力 q_0 及支撑力 F 的作用下，最大叠加应力将发生在支撑点处玻璃上表面，计算公式如下：

$$\sigma_{0,\max} = \frac{3F}{2\pi h^2}\left[(1+\nu)\ln\frac{2a}{\sqrt{1.6r^2 + h^2} - 0.675h} + \beta\right] - \beta_1\frac{q_0 b^2}{h^2} \tag{5.4}$$

其中，公式前半部分为集中力 $F = q_0 ab$ 作用下产生的最大应力，其计算方法可等效为一圆域均布力作用在单元模型中心板产生的应力，圆域半径为支撑物半径，均布力为支撑物压应力。后半部分为均布力 q_0 作用下产生的应力。模型长 a 和宽 b 分别为真空玻璃支撑点的横向距离和纵向距离，h 为真空玻璃基片厚度，ν 为玻璃的泊松比，取值为 0.24，r 为支撑物半径，β、β_1 分别为系数，可查阅相关资料获得，由于真空玻璃支撑物一般采用矩形阵列布放，因此 $a/b = 1$，此时 $\beta = -0.238$，$\beta_1 = 0.1386$。

5.2.2　两支撑点对角连线中点处玻璃下(内)表面处应力计算

仍选择一个正方形单元玻璃模型,模型四角为四个支撑物支承,四边自由,转动和位移不受约束(实际应用中真空玻璃每个单元还是受临边单元一定的约束,因此计算结果会比实际结果偏大些),力学模型可认为是四角支承矩形板受均布荷载作用,最大弯曲应力将发生在板中心,计算公式如下[6]:

$$\sigma_{\max} = \frac{\alpha_1 q_0 a^2}{h^2} \tag{5.5}$$

其中,α_1 为系数,当 $a/b=1$ 时,$\alpha_1=0.8719$,a 为支撑物间距。

式(5.4)和式(5.5)所述应力均为分布于玻璃内部的拉应力,且均为持久拉应力,不宜超过玻璃持久应力作用下的玻璃强度设计值。持久应力作用下玻璃强度设计值见表5.3。

表 5.3　长期载荷作用下玻璃强度设计值 f_g(N/mm^2)

种类	厚度(mm)	中部强度	边缘强度	端面强度
平板玻璃	5～12	9	7	6
	15～19	7	6	5
	大于20	6	5	4
半钢化玻璃	5～12	28	22	20
	15～19	24	19	17
	大于20	20	16	14
钢化玻璃	5～12	42	34	30
	15～19	36	29	26
	大于20	30	24	21

5.2.3　支撑物支撑应力

在不考虑玻璃边界四边约束的情况下,每个支撑物均受压缩载荷作用,承担的压缩载荷与一个大气压作用在一个玻璃单元面积的力相等,因此,支撑物的压应力计算公式为:

$$\sigma = \frac{F}{A} = \frac{q_0 ab}{\pi r^2} \tag{5.6}$$

对于金属支撑物,当压缩应力超过其屈服强度时,支撑物会发生塑性变形。为避免支撑物因变形过大导致两片玻璃接触到一起,需对金属支撑物在压缩载荷作用下厚度方向变形进行验算并控制。对于陶瓷或玻璃支撑物,由于其典型的脆性特征,受压后玻璃或陶瓷破裂,因此,支撑压缩应力不应超过玻璃或陶瓷支撑物强度设计值。不锈钢支撑物和玻璃支撑物典型受压失效状态见图5.5。

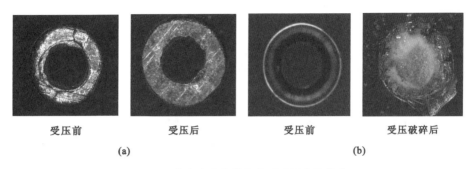

图 5.5 真空玻璃支撑物典型受压失效状态

(a) 不锈钢支撑物；(b) 玻璃支撑物

5.2.4 支撑物与玻璃基片之间的接触应力

在与支撑物接触附近，玻璃产生较大的应力集中，如果应力过大，将会在玻璃表面产生锥形裂纹，典型的真空玻璃支撑物附近玻璃裂纹见图 5.6。

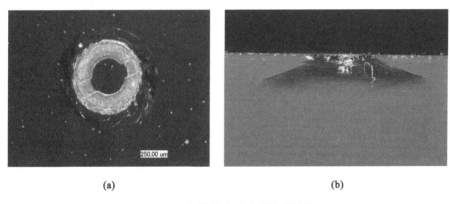

图 5.6 支撑物附近玻璃锥形裂纹

(a) 俯瞰形貌；(b) 纵深形貌

1. 大气压作用下支撑物附近玻璃应力场分析

由于真空玻璃支撑物基本采用圆柱形，直径在 0.3～0.6 mm 之间，相对于玻璃基片(一般厚度≥3 mm)来说，支撑物尺寸很小。因此，力学分析可以把支撑物视为一平底圆柱压头，玻璃基片可视为半无限大空间体，平底圆柱压头在一定力作用下被压入玻璃。在线弹性范围内，有学者给出了平底圆柱压头下附近半空间体的应力分布[7-8]。在压头与玻璃接触圆区域内，三个主应力(σ_1 为第一主应力、σ_2 为第二主应力、σ_3 为第三主应力)都为压应力。在接触圆外区域玻璃表面，σ_1 为拉应力，且在接触圆环边界上最大。在这一区域表面，σ_2 为压应力，σ_3 为零，最大剪应力 τ 发生在接触圆下面某一位置。由于玻璃材料抗拉强度较低，因此 σ_1 是玻璃锥形裂纹产生的原因。最大拉应力计算公式如下：

$$\sigma_{1,\max} = (1 - 2\nu) \frac{P}{2\pi r^2} \tag{5.7}$$

式中 P——压入力(支撑物支撑力，N)；

　　r——压头半径(mm);

　　ν——泊松比。

　　半径为 a 的平底压头附近玻璃半无限大空间体的三个主应力及剪应力与 p_m 比值的迹线见图 5.7。图 5.7 显示了支撑物附近玻璃的应力场分布特征,其中 $p_m = P/(\pi r^2)$ 为平均应力。

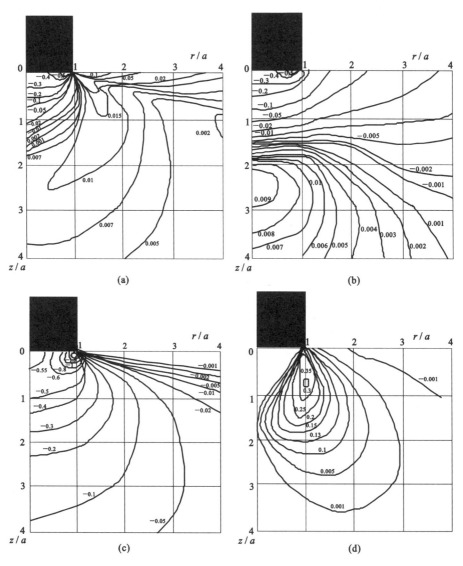

图5.7　平底压头附近半无限大空间体应力分布迹线

(a) σ_1/p_m;(b) σ_2/p_m;(c) σ_3/p_m;(d) τ/p_m

2. 支撑力作用下真空玻璃基片裂纹扩展及临界支撑力确定

(1) 基于格里菲斯断裂理论的玻璃裂纹扩展准则

断裂力学首先承认材料内部有裂纹缺陷,经典的格里菲斯断裂理论认为裂纹尖端应力

σ 必须克服形成新裂纹表面所需的能量及释放的应变能，裂纹才能继续扩展[9]，即：

$$\sigma \geqslant \left[\frac{2\gamma E}{(1-\nu^2)\pi c} \right]^{\frac{1}{2}} \tag{5.8}$$

式中 γ ——半空间体材料断裂表面能$(J \cdot m^{-2})$；

      c ——裂纹的半宽(mm)；

      E ——材料的弹性模量(GPa)；

      ν ——泊松比。

当材料及表面裂纹宽度确定后，那么裂纹扩展所需的断裂应力就确定了。

Irwin 将格里菲斯裂纹扩展准则用应力强度因子来表达，即：

$$\frac{K_{\mathrm{I}}^2(1-\nu^2)}{E} = G \geqslant 2\gamma \tag{5.9}$$

其中

$$K_{\mathrm{I}} = \sigma(\pi c)^{1/2} \tag{5.10}$$

当 $K_{\mathrm{I}} \geqslant K_{\mathrm{IC}}$ 或 $G \geqslant 2\gamma$ 时，裂纹扩展，其中，K_{IC} 为材料的临界应力强度因子，是一个只和材料有关的常数，可在实验室里获得。

在半径为 r 的支撑物压入下，玻璃试样(半无限大空间体)首先在接触圆环外形成一环形裂纹，然后裂纹呈喇叭状扩展，形成一锥形裂纹(也称赫兹裂纹)，见图 5.8。试验表明，环形裂纹起裂位置往往不是出现在最大拉应力的接触圆(半径为 r)边界上，而是出现在半径为 $(1.05 \sim 1.5)r$ 的某一部位，具体位置取决于该区域玻璃表面缺陷分布位置及大小。设环形裂纹在压头压入力 P 作用下起裂位置半径为 r_0，当裂纹扩展到 c 位置时停止，此时裂纹尖端半径为 r_c，该裂纹可以看为一半宽为 c 的张开型裂纹。根据经典断裂力学理论，在非均匀应力场下，可得到该裂纹扩展的应力强度因子计算公式：

$$K_{\mathrm{I}} = 2\left(\frac{c}{\pi}\right)^{1/2} \int_0^c \frac{\sigma(b)}{(c^2 - b^2)^{1/2}} \mathrm{d}b \tag{5.11}$$

其中，σ 表示裂纹在 q 处的应力。

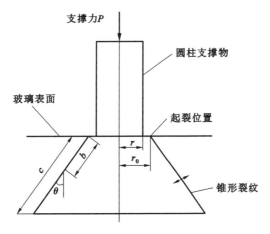

图 5.8 支撑物下玻璃锥形裂纹

为使计算简便,与支撑物接触部位玻璃内部应力分布可以采用如下函数表示:

$$\sigma\left(\frac{R}{r},\frac{z}{r}\right)=\frac{P}{\pi r^2}f\left(\frac{R}{r},\frac{z}{r}\right) \tag{5.12}$$

其中,$f\left(\dfrac{R}{r},\dfrac{z}{r}\right)$是圆柱坐标系下关于$R$、$a/b$的分布函数。

根据式(5.10)、式(5.11)、式(5.12)并引入函数$\phi(c/r)$,可得锥形裂纹的能量释放率为:

$$G=\frac{1-\nu^2}{E}K_1^2=\frac{4}{\pi^3}\frac{1-\nu^2}{E}\frac{P^2}{r^3}\left[\phi\left(\frac{c}{r}\right)\right] \tag{5.13}$$

由$G\leqslant 2\gamma$裂纹不扩展可得临界载荷为:

$$P_c=\left[\frac{r^3}{\phi\left(\dfrac{c}{r}\right)}\right]^{1/2}\cdot\left[\frac{\pi^3 E2\gamma}{4(1-\nu^2)}\right]^{1/2} \tag{5.14}$$

只要玻璃材料确定了,则式(5.14)等号右边第二项各参数均为已知数。函数$\phi(c/r)$包含了压头下面的裂纹扩展区的应力分布及材料表面缺陷尺寸等信息,且与不同的起裂位置r_0/r有关,因为r_0/r决定着裂纹扩展路径附近的应力场。$\phi(c/r)$表达如下[10]:

$$\phi(c/r)=\frac{c}{r}\left[\int_0^c\frac{r_b}{r_c}\int f(b/r)\left/\left(\frac{c^2}{r^2}-\frac{b^2}{r^2}\right)^{1/2}\mathrm{d}\left(\frac{b}{r}\right)\right.\right]^2 \tag{5.15}$$

上式中$f(b/r)$由式(5.12)确定,由于玻璃材料环形裂纹是拉应力σ_1引起的,且裂纹通常是沿着σ_3迹线扩展,图5.9是通过数值计算方法得到平底压头压入下不同起裂半径(r_0/r)、裂纹深度(c/r)的σ_1(沿着σ_3迹线)分布图。由图可以看出,从表面到纵深,应力梯度变化非常大,特别是在靠近接触圆环部位附近。由此可以看出,相对于表面裂纹,玻璃内部裂纹基本不会因拉应力作用扩展,因为该处的应力已衰减到很小了。

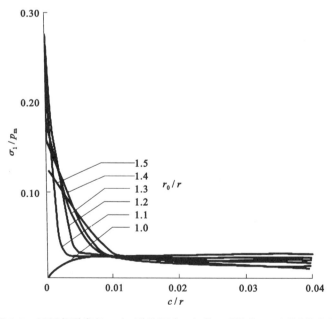

图5.9　不同起裂半径r_0/r、裂纹深度c/r的σ_1(沿着σ_3迹线)分布图

依据图 5.9 中的应力分布关系,对式(5.12)进行数值积分,可得到 $\phi(c/r)$ 值的分布,图 5.10 给出了平底压头下环形裂纹起裂半径(r_0/r)、表面裂纹深度(c/r)与 $\phi(c/r)$ 的关系。

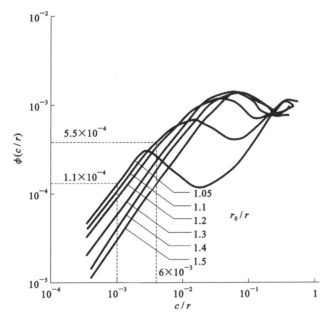

图 5.10 不同环形裂纹起裂半径 r_0/r,表面裂纹深度 c/r 的 $\phi(c/r)$ 分布曲线

只要真空玻璃基片表面的裂纹分布确定下来,那么就可以根据图 5.10 所示的关系曲线确定支撑物下玻璃环形裂纹的开裂位置及对应的能量释放率,而玻璃材料的表面裂纹深度是可以通过显微镜或扫描电镜测量得到的。例如,设玻璃表面裂纹深度 c/r 为 6×10^{-3},那么根据图 5.10,在此位置引条垂直线,可以看到与 $r_0/r=1.1$ 轨迹线的交点处的 $\phi(c/r)$ 最大,说明此时环形裂纹在 $r_0/r=1.1$ 处开裂,对应的 $\phi(c/r)$ 值为 5.5×10^{-4},将该值代入式(5.14),即可得到最大临界载荷。

(2)基于均强度原理的玻璃裂纹扩展准则

根据前面的分析,平头或球头接触引起材料在接触圆环部位接触拉应力最大。径向拉应力[按式(5.12)计算]往往远大于材料的抗拉强度,这就使普通的强度理论用于分析这种压痕开裂时会出现矛盾,这是一个至今使强度研究者感到困惑的问题。BAO 认为这可能是由于应力梯度对强度的影响[11],研究表明,应力变化梯度越大,破坏时的应力峰值就越高。为解释该现象,BAO 提出了均匀强度准则,也就是说,材料的开裂并不是由接触圆环上最大拉应力引起的,而是由接触环外附近最大平均应力引起的,脆性材料存在一个与材料性能和晶粒尺寸相关的过程区,只有当过程区内的平均应力达到一个临界值时,材料才在此处开裂。平均应力计算公式如下:

$$\frac{1}{\Delta}\int_0^\Delta \sigma_1 \mathrm{d}z = \sigma \tag{5.16}$$

其中,σ 为平均应力,当平均应力超过材料的许用拉伸强度时,材料就开裂。σ_1 为平底压头下玻璃内部拉应力,其分布迹线见图 5.7(a),$\Delta=2/\pi\times(K_{IC}/\sigma_0)$ 为积分厚度,随脆性材料粒径增大而增大,其中 σ_0 为材料的局部强度。在接触区域外,由于球形压头与圆柱平底压头的应力分布场是一样的,文献[11]给出了玻璃材料的积分厚度为 $30~\mu m$,通过对式(5.16)进行数值积分,得到接触圆环外部玻璃表面应力与平均应力关系图(图 5.11)。由图 5.11 可以看出,虽然玻璃表面最大拉应力分布在 $1.0 r_0/a$ 部位,但此处的平均应力却最小,因为该处应力梯度最大。最大平均应力在 $1.1 r_0/a$ 附近,环形裂纹易在此处产生。

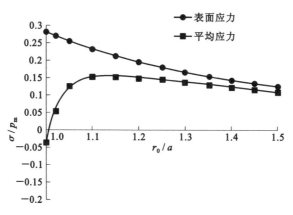

5.11 接触圆环外部玻璃表面应力与平均应力关系图

在接触区域外,由于球形压头与圆柱平底压头的应力分布场是一样的,因此,最大平均应力与压头半径及压入载荷关系可参考文献[12],即:

$$\sigma = \left[-0.1373 r^2 + 0.2862 r + 0.0236\right] \cdot \frac{P}{\pi r^2} \tag{5.17}$$

显然,当最大平均应力超过该处玻璃局部强度时,玻璃就会产生环形裂纹。根据上式,可得到玻璃不产生环形裂纹压头的临界载荷为:

$$P_c = \frac{\sigma_0 \pi r^2}{-0.1373 r^2 + 0.2862 r + 0.0236} \tag{5.18}$$

当玻璃在支撑处的局部强度和压头半径已知,那么临界载荷即可确定。与断裂力学理论相比,均强度理论采用局部强度描述了与玻璃表面裂纹分布的相关信息,而测量玻璃局部强度比采用显微镜观测玻璃表面裂纹更方便和准确,因此,均强度理论应用起来更方便。

(3)试验

选择普通钠钙玻璃材料,$E = 70~GPa$,$\nu = 0.24$,实验室测量玻璃断裂韧性 $K_{IC} = 0.70~MPa \cdot m^{1/2}$,根据式(5.9)可得 $\gamma = 3.3~J \cdot m^{-2}$。玻璃材料的局部强度采用文献[8]提供的球压法得到,通过实测得到平均值为 140 MPa。扫描电镜观测表明,对于新出厂的普通钠钙平板玻璃,其表面最大微观裂纹一般在150 nm左右(由于真空玻璃基片与支撑物接触的一面为真空状态,裂纹不会受到外界环境腐蚀而继续扩展)。测试了一批不锈钢材料,其中 $E = 200~GPa$,$\nu = 0.33$,支撑物半径分别为 0.1 mm、0.15 mm、0.2 mm、0.25 mm、0.3 mm。采用小型试验机将支撑物压入玻璃,压入速度为 0.3 mm/min。当玻璃材料出现环形裂纹即刻记录对应的载荷。玻璃表面锥形裂纹采用 VHX-610 型光学数码显微镜观测,通过显微镜观测到支撑物压入时玻璃表面的环形裂纹和扩展后的锥形裂纹见图 5.12。为准确得到环形裂纹出现时刻对应的载荷,先初步加载得到起裂载荷的大致范围,比如试验机加载到 300 N 时未观测到裂纹,加载到 400 N 时观测到裂纹,我们就可以知道玻璃起裂载荷在这一范围内,然后在这一范围内加密观测,直到最后精度达到 10 N 为止。

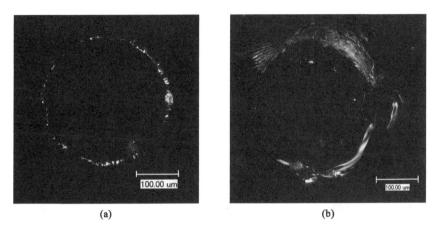

(a) (b)

图 5.12 支撑物压入时玻璃表面的环形裂纹和锥形裂纹

(a) 环形裂纹;(b) 扩展后锥形裂纹

将得到的玻璃样品材料参数及支撑物半径分别代入式(5.14)可得到基于断裂力学理论对应的临界载荷,代入式(5.18)可得到基于均强度理论对应的临界载荷。试验结果与理论计算结果见图 5.13。

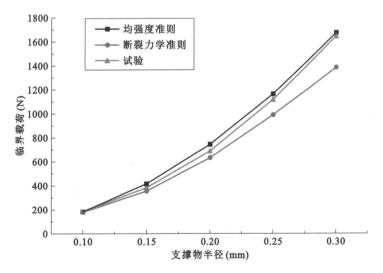

图 5.13 支撑物半径与临界载荷的关系

真空玻璃结构设计时,将确定的支撑物及玻璃材料参数代入式(5.14)或式(5.18),就可以得到玻璃不产生锥形裂纹下该支撑物许用最大临界载荷。将该许用最大临界载荷除以设计安全系数,就可得到支撑物的设计临界载荷。

5.2.5 真空玻璃边缘封接部位应力及封接强度

1.真空玻璃边缘封接部位界面拉应力计算[13]

假设真空玻璃支撑物布放按图 5.14 所示的方式进行,对于布放中心区域,根据第 5.2.3 节分析,每个支撑物承担的压缩载荷为:$F = q_0 ab$。对于边缘区域,玻璃承担的大气压由第一排支撑物和边缘封接部位共同承担,这是造成边缘封接部位产生拉应力的直接原因。由于第一排支撑物的支撑力大小主要与玻璃边缘区域变形大小有关,如果在大气压作用下玻璃变形无法与第一排支撑物接触(与玻璃边缘翘曲、封边焊料厚度、支撑物距边缘距离有关),则此时边缘区域玻璃承受的大气压差完全由封接部位承担,这样会大大增加封接部位的拉应力,严重时可造成玻璃沿封边边缘被拉开裂漏气。

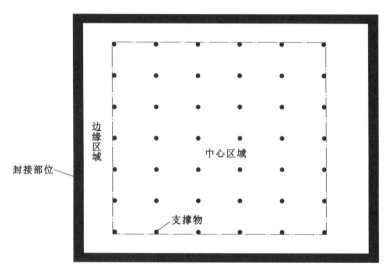

图 5.14　真空玻璃支撑物布放间距示意图

为定量计算大气压作用下真空玻璃边缘封接部位界面拉应力,可以选取与一排支撑物对应的玻璃区域为研究对象,其中玻璃区域长度为玻璃板长的 $1/2$,并有 n 个支撑物,宽度为 b。选取的玻璃区域受力示意图见图 5.15,其中玻璃上表面受均布大气压作用,玻璃下表面受等间隔的支撑物支撑力作用,在玻璃边缘封接区域,玻璃受到边缘封接部位的拉应力作用,设此拉应力为梯度分布,靠外边缘最大,且为线性分布。

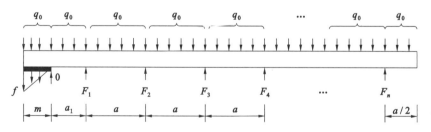

图 5.15　选取的玻璃区域受力示意图

设真空玻璃边缘封接宽度为 m,第一排支撑物距封接部位内边缘距离为 a_1,第一排支撑物支撑力为 F_1,封接部位最大线拉应力为 f(图5.15),考虑玻璃为板状结构,因此设每个支撑力和大气压对长、短边缘的力矩各贡献 $1/2$,选取封接部位内边缘为原点,对该点取力矩平衡。

原点右边力矩:

(1) 大气压产生的力矩

$$2M_1 = \frac{q_0 a_1^2 b}{2} + \frac{q_0 ab(2a_1 + a)}{2} + \frac{q_0 ab(2a_1 + 3a)}{2} + \frac{q_0 ab(2a_1 + 5a)}{2}$$

$$+ \cdots + \frac{q_0 ab[2a_1 + (2n-1)a]}{2} + \frac{q_0 ab\left(na + \frac{a}{4} + a_1\right)}{2} \tag{5.19}$$

(2) 支撑物支撑力产生的力矩(按 $F_2 = F_3 = \cdots = F_n = q_0 ab$ 计算)

$$2M_2 = a_1 F + q_0 ab(a_1 + a) + q_0 ab(a_1 + 2a) + q_0 ab(a_1 + 3a) + \cdots + q_0 ab(a_1 + na) \tag{5.20}$$

则右边对原点总力矩为:

$$M_{右} = M_1 - M_2 = \left(\frac{q_0 a_1^2 b}{2} + \frac{q_0 a^2 b}{8} + \frac{q_0 a a_1 b}{2} - a_1 F_1\right) \times \frac{1}{2} \tag{5.21}$$

原点左边的力矩为:

$$M_{左} = \frac{f m^2 b}{3} + \frac{q_0 m^2 b}{2} \tag{5.22}$$

根据力矩平衡,得:

$$M_{左} = \frac{f m^2 b}{3} + \frac{q_0 m^2 b}{2} = M_{右} = \left(\frac{q_0 a_1^2 b}{2} + \frac{q_0 a^2 b}{8} + \frac{q_0 a a_1 b}{2} - a_1 F_1\right) \times \frac{1}{2} \tag{5.23}$$

则

$$f = \left(\frac{q_0 a_1^2 b}{2} + \frac{q_0 a^2 b}{8} + \frac{q_0 a a_1 b}{2} - a_1 F_1 - q_0 m^2 b\right) \times \frac{3}{2m^2 b} \tag{5.24}$$

F_1 可取极大值 $F_{1,\max} = q_0 ab$,此时,第一排支撑物完全承担边缘区域的大气压力作用力。这时对应的边部拉应力最小,最小值为:

$$f_{\min} = \left(\frac{a_1^2}{2} + \frac{a^2}{8} - \frac{a a_1}{2} - m^2\right) \times \frac{3q_0}{2m^2} \tag{5.25}$$

F_1 取极小值:$F_{1,\min} = 0$,此时,第一排支撑物完全不与玻璃接触。这时对应的边部拉应力最大,最大值为:

$$f_{\max} = \left(\frac{a_1^2}{2} + \frac{a^2}{8} + \frac{a a_1}{2} - m^2\right) \times \frac{3q_0}{2m^2} \tag{5.26}$$

算例:

选取 $q_0 = 1.0 \times 10^5$ Pa,$a_1 = 17$ mm,$a = 30$ mm,$m = 12$ mm,则:$f_{\max} = 0.38$ MPa,$f_{\min} = -0.148$ MPa。

选取 $q_0 = 1.0 \times 10^5$ Pa,$a_1 = 17$ mm,$a = 30$ mm,$m = 8.5$ mm,则:$f_{\max} = 0.91$ MPa,$f_{\min} = -0.146$ MPa。

显然,减小墙边宽度会增大边部拉应力,真空玻璃边缘封接拉伸强度为0.6~1.0 MPa,

因此,需要合理地设计封边结构和支撑物间距来减小边缘拉应力。

通过上面的分析可知,缩小 a、a_1,增大 m,可以减小边缘最大拉应力,因此,要减小封边宽度,又不使边缘拉应力增大,则只要减小 a_1 即可。

2. 真空玻璃边缘封接强度测试方法

真空玻璃边缘封接强度直接影响着真空玻璃的可靠性与耐久性应用,封边强度不足,容易造成边部开裂、脱粘,从而造成真空玻璃密封失效。真空玻璃边缘封接强度包括边缘封接界面黏结拉伸强度和剪切强度。

（1）样品制备要求

准备好两根长×宽×高($l×b×h$)分别为 120 mm×20 mm×8 mm 的玻璃条,要求玻璃条材料成分与真空玻璃原片成分相似。将玻璃条黏结表面清洗干净,将调好的低熔点封接玻璃浆料均匀铺设于玻璃条正中央部位,将另一玻璃条紧密压于玻璃浆料上方并使两玻璃条垂直正交布放,见图 5.16。要求两玻璃条之间的低熔点玻璃浆料充满间隙层并刮掉多余的浆料,间隙层厚度为 $(0.2±0.01)$ mm。将上述制备好的样品条进行烧结,烧结后磨掉溢露出黏结面外的多余的低熔点封接玻璃,使两片玻璃条之间形成 20 mm×20 mm 的封接层。

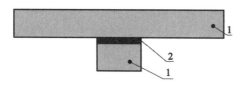

**图 5.16　封接玻璃黏结界面强度测试
样品制备示意图**

1—玻璃条;2—封接玻璃

（2）封接界面黏结拉伸强度测试

测量黏结拉伸强度时,如图 5.17 所示,在夹具中摆放试样,保证十字交叉试样在放入夹具中时无任何摩擦。上压头的底面黏结一块软胶带,保证压头和试样之间的均匀接触。压头宽度必须与试样宽度相同,压头下表面应与下面的水平小柱平行。以某一速率施加载荷直至界面断开,记录断裂时的最大载荷值。测量最大载荷值的精度为 ±1% 或更高。

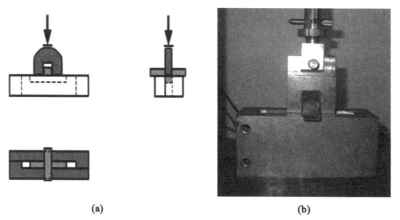

(a)　　　　　　　　　　　(b)

图 5.17　测量界面黏结拉伸强度十字交叉试样和夹具的示意图

（a）测量夹具示意图;（b）测量现场

（3）界面黏结剪切强度的测量

测量黏结剪切强度时,如图 5.18 所示,在夹具中摆放试样。在上压头底部固定一块软胶带,保证压头和试样之间的均匀接触。以某一速率施加载荷直至界面断开,记录断裂时的最大载荷值。测量最大载荷值的精度为±1%或更高。

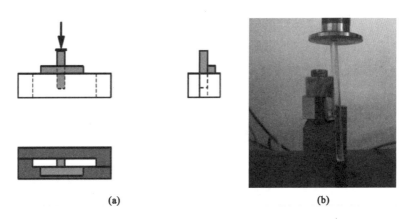

图 5.18 测量界面黏结剪切强度十字交叉试样和夹具的示意图

(a) 测量夹具示意图;(b) 测量现场

(4) 黏结强度计算

界面黏结拉伸强度按式(5.27)计算:

$$\sigma_t = \frac{P_c}{A_1} \tag{5.27}$$

式中　P_c——断裂载荷(N);

　　　A_1——拉伸试验中的黏结面积(mm²)。

界面黏结剪切强度按式(5.28)计算:

$$\tau = \frac{P_c}{A_2} \tag{5.28}$$

式中　A_2——剪切试验中的黏结面积(mm²)。

5.2.6　钢化真空玻璃应力重分布

钢化玻璃是一个应力平衡体,表层为压应力,而中间层为拉应力,物理钢化玻璃比化学钢化玻璃具备了更大的应变能,其应力分布示意图如图 5.19 所示。

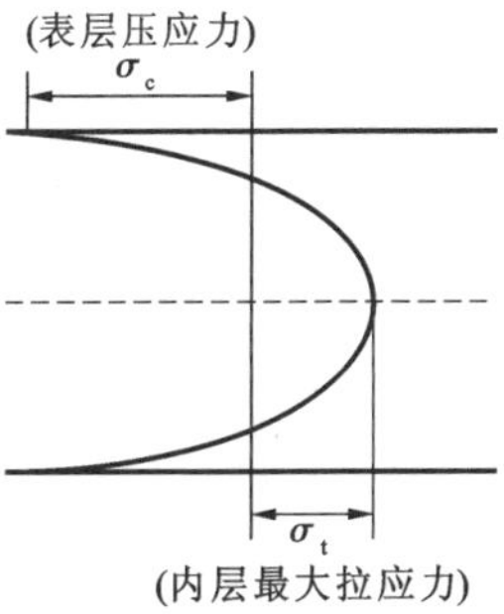

为了提高真空玻璃强度,采用钢化玻璃作为基片制备真空玻璃是有效手段之一,也是真空玻璃未来重要的发展方向。由本节之前的介绍可知,在真空玻璃制备过程中,会因大气压差作用而在真空玻璃内部产生永久残余应力,这种残余应力会与钢化玻璃的钢化应力相叠加,从而使钢化真空玻璃内部应力重分布。例如,真空玻璃支撑点处外表面拉应力、边缘四周玻璃外表面拉应力、封接残余拉应力会与钢化玻璃表面压应力叠加,造成该处的钢化玻璃表面应力下降。例如,对表面应力为 90 MPa 的钢化玻璃而言,假如因真空玻璃制备过程中在玻璃表面形成的拉应力为

图 5.19　钢化玻璃拉/压应力分布示意图

20 MPa(考虑各种影响因素,制备真空玻璃导致的外表面最大拉应力一般为 5～30 MPa),那么,此时钢化真空玻璃的表面应力实际只有 70 MPa,致使钢化真空玻璃内部的钢化应力分布不均,呈现波浪式变化(图 5.20)。

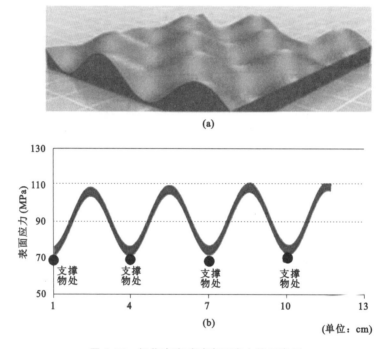

图 5.20　钢化真空玻璃表面应力值示意图
(a) 钢化真空玻璃表面应力分布呈波浪式示意图;(b) 钢化真空玻璃表面应力值分布示意图

　　钢化真空玻璃内部的应力不均匀性,直接导致了其破碎后的碎片呈现分布不均匀状态。钢化真空玻璃受冲击破碎后的典型破碎形貌见图 5.21,由图可知,支撑物上方的玻璃碎片具有明显特殊的形状,尺寸稍大于周围碎片。观察支撑物上方部分碎片发现,碎片的断面都具有图 5.22 所示的轮廓,这种轮廓使光线在碎片断面发生的反射方向不同于其余碎片断面的方向,在玻璃上方观察到这种碎片的边缘呈白色。这是由于该位置支撑拉应力与钢化玻璃表面应力叠加,造成叠加后该处钢化玻璃表面应力比周围小。

图 5.21　钢化真空玻璃典型破碎形貌

图 5.22　支撑物上方钢化玻璃碎片断面轮廓示意图

　　显然,钢化真空玻璃表面应力的下降,一方面降低了钢化真空玻璃的弯曲强度(钢化真空玻璃的弯曲强度不如同等厚度的钢化玻璃弯曲强度),另一方面,还改变了钢化玻璃的破碎状态及使破碎颗粒数量减少。钢化真空玻璃的表面是一种不均匀压应力状态,不适合用《钢化玻璃》(GB 15763.2—2005)标准评价其碎片状态,可以暂且称其为"类"钢化真空玻璃。

5.3　真空玻璃支撑物布放间距优化设计

　　从理论上说,从应力方面考虑,希望支撑物半径越大,支撑物间距越小越好;从热导方面考虑,希望支撑物半径越小,间距越大越好。综合考虑上述因素,可得到一个最佳可选择范围,使真空玻璃达到"热学与力学"的最佳配置。

　　根据前面的分析,合理设计出真空玻璃支撑物布放间距需考虑如下几个方面:① 支撑物最大压应力不能超过其抗压强度设计值;② 支撑物与玻璃接触部位的接触应力不导致玻璃锥形裂纹的产生;③ 玻璃表面最大拉应力不应超过持久应力作用下的玻璃强度设计值;④ 大气压作用下导致的封接部位拉应力不应超过边缘封接拉伸强度;⑤ 真空玻璃两基片不应相互接触。

5.3.1　玻璃表面最大持久拉应力

　　在大气压作用下,真空玻璃表面最大拉应力发生在支撑部位玻璃上(外)表面处。为保证最大拉应力不超过长期载荷作用下玻璃中部强度设计值(表 5.3),应控制支撑物的最大支撑间距。支撑物最大支撑间距可根据式(5.4)进行确定。首先,根据真空玻璃基片的种类(普通、半钢化、钢化)、厚度、选用的支撑物半径实测值,并根据式(5.4)进行计算,可反推出支撑物最大许可支撑间距。

5.3.2　支撑物与玻璃接触应力

　　支撑物附近出现接触裂纹,不仅会影响真空玻璃外观,还会影响真空玻璃的强度及长久使用性能,增大真空玻璃破裂概率,因此,制备良好的真空玻璃产品,是不允许出现支撑接触裂纹的。

　　接触裂纹的产生与真空玻璃基片的种类(普通、半钢化、钢化)、支撑物材料及半径、支撑物支撑间距有关。当真空玻璃材料确定后,通过缩小支撑物间距,可保证支撑物附近不产生接触裂纹。

　　玻璃材料的局部强度根据文献[11]提供的球压法得到,通过实测可知,得到普通玻璃平均值为 140 MPa,半钢化玻璃约为 200 MPa,钢化玻璃约为 250 MPa。将支撑物半径、玻璃材料的局部强度值代入式(5.18),即可确定不产生接触裂纹支撑物临界支撑力 P_c,根据 $P_c = q_0 a^2$(q_0 为大气压),即可反推出不产生接触裂纹的支撑物最大支撑间距 a。需要注意的是,由于玻璃材料为脆性材料,因此,对于不产生接触裂纹的支撑物最大支撑间距设计值,建议给出一个安全系数,一般取值为 2,即采用上述方法得到的支撑间距除以 2,得到最后的最大许可支撑间距。

5.3.3 支撑物压应力

目前,成熟的真空玻璃产品,其支撑物一般用金属支撑物,部分用陶瓷釉料。由于支撑物的支撑力与大气压作用于玻璃面板的压强相互作用,支撑间距越大,支撑物承受的压应力越大,其压应力不应超过支撑物的抗压强度设计值。将支撑物抗压强度设计值代入式(5.6),即可反推出支撑物的最大许可间距。

5.3.4 封接边缘拉应力

真空玻璃封接边缘拉应力与最外排支撑物距边缘距离及封边宽度直接相关。当封边宽度、封接界面拉伸强度设计值已知时,可根据式(5.26)确定最外排支撑物离边缘的最大许可距离。

5.3.5 真空玻璃变形

在大气压作用下,一方面会使真空玻璃基片发生弯曲变形,另一方面,支撑物因压应力作用会产生压缩变形,同时,支撑物与玻璃接触部位还会产生接触变形,上述三者最大变形之和不应超过真空玻璃的间隙层,否则会导致真空玻璃两基片接触在一起。

(1)玻璃基片弯曲变形

玻璃基片弯曲最大变形发生在图 5.4 中简化单元的中点处(两对角支撑物连线中点),其计算公式如下:

$$w_1 = 0.32 \frac{q_0 a^4 (1 - \nu^2)}{E h^3} \tag{5.29}$$

式中　w_1——玻璃基片弯曲变形(mm);

　　　E——玻璃材料的弹性模量(GPa);

　　　ν——玻璃材料的泊松比。

(2)支撑物压缩变形

在弹性阶段,支撑物受压产生的压缩变形计算公式如下:

$$w_2 = h^* \varepsilon = h^* \frac{\sigma}{E^*} = h^* \frac{q_0 a^2}{E^* \pi r^2} \tag{5.30}$$

式中　w_2——支撑物的压缩变形(mm);

　　　h^*——支撑物的厚度(mm);

　　　ε——支撑物受压后的应变;

　　　E^*——支撑物弹性模量(GPa)。

对于脆性材料(如玻璃、陶瓷釉料等)支撑物,在较大的布放间距下,支撑物只产生弹性变形,不会产生塑性变形。对于金属支撑物,在较大的布放间距下,支撑物不仅会产生弹性变形,而且会产生塑性变形。因此,支撑物的压缩变形必须依据其真实的压缩应力-应变曲线来确定。对于目前使用的支撑物主流材料——不锈钢，其受压真实应力 σ-应变 ε 关系曲线见图 5.23。

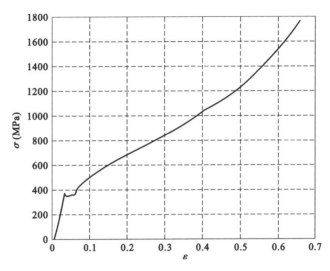

图 5.23　不锈钢受压真实应力-应变关系

（3）支撑物与玻璃基片接触变形

真空玻璃被抽真空后，支撑物会以较大的压强被压入真空玻璃基片中，因此，在支撑物压入点附近处玻璃基片会产生明显的压缩变形，如图 5.24 所示，根据弹性接触力学理论，变形量按下式计算：

$$w_3 = \frac{4(1-\nu^2)q_0 a^2}{\pi^2 E} \tag{5.31}$$

式中　　w_3——玻璃基片的接触变形。

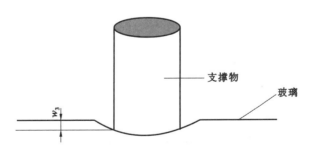

图 5.24　支撑物压入玻璃基片的接触变形示意图

真空玻璃抽真空封口后，真空玻璃真空间隙层厚度的减小量由两片玻璃基片的弯曲变形量 w_1、支撑物压缩变形量 w_2、支撑物与玻璃基片接触变形量 w_3 叠加组成，其大小不得超过支撑物的厚度 h^*（真空玻璃未抽真空前间隙层初始厚度），否则会导致真空玻璃的两片玻璃基片抽真空后接触在一起，即：

$$2w_1 + w_2 + 2w_3 < h^* \tag{5.32}$$

根据 5.3.1 节～5.3.5 节所述 5 个方面的限制,并取其中的最小值,可获得真空玻璃的支撑物最大许可支撑间距。

5.3.6 算例

假设真空玻璃基片采用钢化玻璃为原片,基片厚度为 5 mm,支撑物直径为 0.5 mm,材料为不锈钢,支撑物高度为 0.15 mm,支撑物横竖阵列间距相等,即 $a=b$。钢化玻璃弹性模量为 70 MPa,泊松比为 0.24,不锈钢材料弹性模量为 200 GPa。

(1) 根据表 5.3 可知,钢化玻璃持久载荷作用下的中部强度设计值为 42 MPa,将玻璃厚度 5 mm、泊松比 0.24、支撑物半径 0.25 mm、大气压 0.1013 MPa 代入式(5.4)中,即:

$$42 = \frac{3 \times 0.1013 \times a^2}{2 \times 3.14 \times 5^2} \times \left[(1+0.24)\ln \frac{2a}{\sqrt{1.6 \times (0.25)^2 + 5^2} - 0.675 \times 5} - 0.238 \right] -$$

$$0.1386 \times \frac{0.1013 \times a^2}{5^2}$$

采用 MATLAB 软件进行计算,得到玻璃表面最大持久拉应力限制情况下的支撑物最大支撑间距为 64.09 mm。

(2) 将钢化玻璃的局部强度为 250 MPa 代入式(5.18),即:

$$P_c = \frac{250 \times 3.14 \times 0.25^2}{-0.1373 \times 0.25^2 + 0.2862 \times 0.25 + 0.0236}$$

$$= q_0 a^2 = 0.1013 a^2$$

得到不产生接触裂纹的支撑间距的限制值为 74.79 mm,将该结果除以安全系数 2,即得到不产生接触裂纹的支撑间距的设计限制值为 74.79/2=37.4mm。

(3) 将(1)、(2)计算结果取小值,即 $a=37.4$ mm,代入式(5.29),即:

$$w_1 = 0.32 \frac{q_0 a^4 (1-\nu^2)}{Eh^3}$$

$$= 0.32 \times \frac{0.1013 \times 37.4^4 \times (1-0.24^2)}{70 \times 10^3 \times 5^3} = 0.007 (\text{mm})$$

不锈钢支撑物的压应力为:

$$\sigma_p = \frac{F}{\pi r^2} = \frac{q_0 a^2}{\pi r^2} = \frac{0.1013 \times 37.4^2}{3.14 \times 0.25^2} = 722 (\text{MPa})$$

根据图 5.23 可知,该应力值已超过不锈钢的屈服强度,因此,由图 5.23 得到不锈钢的压缩应变大约为 0.22,因此,其压缩变形为:

$$w_2 = h^* \varepsilon = 0.15 \times 0.22 = 0.033 (\text{mm})$$

根据式(5.31),得到不锈钢压入玻璃的深度为:

$$w_3 = \frac{4(1-\nu^2)q_0 a^2}{\pi^2 E} = \frac{4 \times (1-0.24^2) \times 0.1013 \times 37.4^2}{3.14^2 \times 70000} = 0.0008 (\text{mm})$$

将上述结果代入式(5.32),得到总体变形为:

$$2w_1 + w_2 + 2w_3 = 0.007 \times 2 + 0.033 + 0.0008 \times 2 = 0.063 \text{ mm} < 0.15 \text{ mm}$$

即在该支撑间距下,真空玻璃间隙层的总体变形小于支撑物厚度,两片玻璃不会接触在一起。因此,根据上述计算,得到真空玻璃的支撑间距最大值为 37.4 mm。

5.4 支撑物缺位对真空玻璃影响分析

在真空玻璃的制备过程中,由于支撑物非常微小,且目前的布放技术水平不高,或因机械布放时,由于静电等因素造成支撑物漏放,布放过程中难免会出现支撑物缺位(漏放)现象,有时甚至在某一个部位连续缺位两三个支撑物。支撑物的布放间距一般是生产前根据玻璃的品种、厚度及支撑物的品种与直径等参数确定下来的,一旦发生支撑物缺位,则会增大玻璃中的永久残余应力,造成真空玻璃在日后应用过程中破裂概率增大,严重时甚至直接造成抽真空后支撑物缺位部位的两片玻璃相互接触或破裂。因此,对支撑物缺位进行检查是真空玻璃制造企业非常重视的一项产品质量检测内容。还应特别指出,在有些产品中,虽然未发现支撑物缺位,但某些支撑物因高度不同等,并未起到支撑作用,形同虚设,这些"虚设"的支撑物危害与缺位是一样的。

5.4.1 支撑物缺位对真空玻璃的弯曲应力和弯曲变形影响及分析

支撑物缺位后,对真空玻璃的应力和变形存在以下几个方面影响:① 支撑物缺位等同于缺位处支撑物间距加大,从而增大了玻璃基片内部的弯曲应力及缺位部位附近的玻璃基片的弯曲挠度;② 本应由缺位支撑物承担的大气压要由周边的支撑物承担,因此,增大了缺位部位周围支撑物的支撑力,致使周边支撑物的受压变形及与玻璃接触应力增大,严重时可造成支撑处玻璃接触裂纹的产生;③ 当边部支撑物缺位时,会增大真空玻璃边缘封边处的拉应力,情况严重时可导致封边部位开裂漏气。

5.4.2 支撑物缺位时真空玻璃基片的弯曲应力和变形

由于支撑物缺位的部位、缺位数量不同,很难建立起理论模型计算不同支撑物缺位情况下真空玻璃基片的弯曲应力和变形。本节基于 ANSYS 有限元分析方法,采用 Structural shell 的 Elastic 4 node 63 单元进行建模。由于有支撑物支撑作用,在不考虑支撑物变形影响的情况下,认为玻璃被支撑处厚度方向不存在变形,而玻璃未被支撑处厚度方向会发生变形。因此,建模时,在有支撑物支撑处玻璃厚度方向进行位移约束,但转动不约束。玻璃基片四周由于受低熔点玻璃封边熔固约束作用,建模时简化为固支约束。加载时,玻璃内、外面承担一个大气压差的作用。图 5.25 为通过 ANSYS 分析的支撑物在无缺位、中央部位缺位(除了最外边缘一排支撑物外均视为中央部位)、角部缺位、边缘部位缺位(最外边缘支撑物)四种情况下的真空玻璃基片的弯曲拉应力和变形云图。由图中可以看出,缺位处真空玻璃基片的弯曲应力和变形明显偏大,但影响区域只局限于支撑物缺位处附近的玻璃及支撑物,而对其他部位的玻璃和支撑物几乎没影响。

假设玻璃基片厚度分别为 3 mm、4 mm、5 mm,最外排支撑物与边缘距离为 40 mm,支撑物布放的横、竖向的阵列间距均为 40 mm,通过 ANSYS 数值模拟计算,得到不同支撑物缺位情况下真空玻璃基片的最大弯曲拉应力和挠度 w_1,见图 5.25。

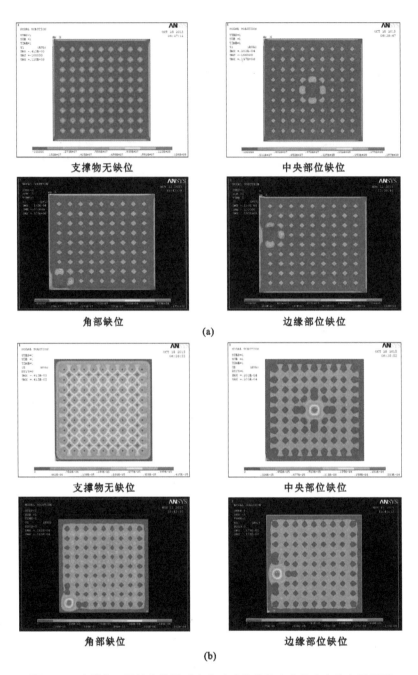

支撑物无缺位　　　　　　　　　　　中央部位缺位

角部缺位　　　　　　　　　　　边缘部位缺位

(a)

支撑物无缺位　　　　　　　　　　　中央部位缺位

角部缺位　　　　　　　　　　　边缘部位缺位

(b)

图 5.25　支撑物不同缺位位置时真空玻璃基片的弯曲拉应力和变形云图

(a) 支撑物不同缺位位置时真空玻璃基片的弯曲拉应力分布示意图；
(b) 支撑物不同缺位位置时真空玻璃基片的弯曲变形分布示意图

支撑物缺位后产生的弯曲拉应力为持久应力，基于强度设计理论，其值不得超过表 5.4 给出的持久载荷作用下玻璃的强度设计值。

表 5.4　不同支撑物缺位情况下真空玻璃的弯曲拉应力和弯曲变形计算结果

玻璃厚度(mm)	最大弯曲拉应力(MPa)	缺位处周边支撑物支撑力(N)	玻璃基片压缩变形量 w_1(mm)	支撑物压缩最大变形量 w_2(mm)	玻璃最大弯曲变形量 w_3(mm)	真空间隙层总厚度变化量(mm)	支撑物缺位示意图
5	8.05		0.002	0.036	0.0021	0.0442	
4	12.6	160	0.002	0.036	0.0041	0.0482	
3	22.5		0.002	0.036	0.0098	0.0596	
5	12.6		0.0025	0.054	0.010	0.079	
4	19.7	200	0.0025	0.054	0.02	0.099	
3	35.1		0.0025	0.054	0.047	0.153	
5	15.6		0.0027	0.057	0.019	0.100	
4	24.4	213	0.0027	0.057	0.037	0.136	
3	40		0.0027	0.057	0.088	0.238	
5	23.4		0.0029	0.059	0.028	0.121	
4	36.7	228	0.0029	0.059	0.053	0.171	
3	65.2		0.0029	0.059	0.128	0.321	
5	11.5		0.002	0.054	0.0082	0.074	
4	17.9	200	0.002	0.054	0.016	0.09	
3	31.9		0.002	0.054	0.038	0.134	
5	12.36		0.0025	0.054	0.0092	0.077	
4	19.3	200	0.0025	0.054	0.018	0.095	
3	34.3		0.0025	0.054	0.043	0.145	
5	14.66		0.0027	0.057	0.016	0.094	
4	22.9	213	0.0027	0.057	0.03	0.122	
3	40.7		0.0027	0.057	0.07	0.202	

续表 5.4

玻璃厚度(mm)	最大弯曲拉应力(MPa)	缺位处周边支撑物支撑力(N)	玻璃基片压缩变形量 w_1(mm)	支撑物压缩最大变形量 w_2(mm)	玻璃最大弯曲变形量 w_3(mm)	真空间隙层总厚度变化量(mm)	支撑物缺位示意图
5	16.8		0.0029	0.068	0.0184	0.111	
4	26.2	240	0.0029	0.068	0.036	0.146	
3	46.6		0.0029	0.068	0.086	0.246	

5.4.3 支撑物缺位许可界定

对于目前采用的一种真空玻璃结构与构造(圆环形不锈钢支撑物外径为 0.6 mm,内径为 0.3 mm,支撑物阵列间距为 40 mm,最外排支撑物离真空玻璃边界为 40 mm)的产品,根据表 5.4,可得出如下界定:

(1)钢化玻璃基片。3 mm 厚玻璃的基片,在角部可允许缺少一个支撑物;4 mm 厚玻璃的基片,在角部和中央部位不允许超过 2 个以上连续的支撑物缺位;5 mm 厚玻璃的基片,在角部和中央部位不允许超过 3 个以上连续的支撑物缺位。

(2)半钢化玻璃基片。3 mm 厚玻璃的基片,任何部位不允许有支撑物缺位情况;4 mm 厚玻璃的基片,在角部和中央部位不允许超过 1 个以上的支撑物缺位;5 mm 厚玻璃的基片,在角部和中央部位不允许超过 2 个以上连续的支撑物缺位。

(3)普通玻璃基片。3 mm 厚玻璃的基片,不允许支撑物间距超过 40 mm,且任何部位不允许有支撑物缺位情况;4 mm 厚玻璃的基片,不允许支撑物间距超过 40 mm,且任何部位不允许有支撑物缺位情况;5 mm 厚玻璃的基片,任何部位不允许有支撑物缺位。

(4)鉴于边部支撑物缺位会造成边缘封边部位的拉应力增大,降低缺位处封边部位的可靠性,建议边缘支撑物不允许有缺位。

5.5 真空玻璃温差应力与变形

真空玻璃在服役过程中,玻璃内、外所处的空间环境温度往往存在较大差异,真空玻璃的真空腔体隔断了热流的传导,致使外片(朝室外一面)玻璃与内片(朝室内一面)玻璃存在较大的温差。此时,温度高的一面玻璃膨胀或温度低的一面玻璃收缩比另一面玻璃要大,但真空玻璃的内、外两片玻璃四周被低熔点玻璃熔封在一起,两片玻璃边缘伸缩相互受到约束,从而造成真空玻璃整体产生球面弯曲变形和弯曲应力。通过对真空玻璃因温差作用下导致的破裂案例进行分析,所有玻璃破裂起裂位置均在边缘部位,并且在接近角部部位起裂居多,起裂裂纹与边缘并不垂直(与典型玻璃热炸裂起裂裂纹垂直于边缘部位不同),如图 5.26 所示,这说明温差引起真空玻璃破裂是由多个因素作用造成的。对于与中空玻璃复合的真空玻璃,往往出现破裂的是靠近中空层并镀有 Low-E 膜的那片玻璃。因真空玻璃特有的结构特征,大气压差作用、封边作用均会在边缘部位形成永久残余拉应力,而温差作用又更容易在边部形成拉应力,这两种拉应力相互叠加,是真空玻璃破裂现象比其他建筑玻璃更容易产生的根本原因。

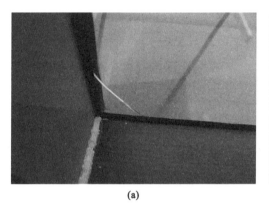

(a)　　　　　　　　　　　　　　　　**(b)**

图 5.26　典型温差作用下真空玻璃破裂形貌

(a) 普通真空玻璃;(b) 半钢化真空玻璃

5.5.1　温差作用下真空玻璃变形与应力计算

(1) 真空玻璃球面弯曲曲率半径计算

在不考虑真空玻璃封边焊料作用,且真空玻璃整体不受任何约束的情况下,则内、外片温差作用下的真空玻璃产生的自由变形是一个等半径的球面。

设真空玻璃基片的厚度为 h,真空玻璃内、外片温差为 ΔT,玻璃基片线膨胀系数为 α。在温差作用下,真空玻璃发生球面弯曲,任取弯曲球面真空玻璃内片玻璃的一单位长度 $\mathrm{d}l$ 为研究对象,则在与该长度(弯曲角度 θ)对应的外片玻璃的长度为 $\mathrm{d}l+\alpha\Delta T\mathrm{d}l$。设内片玻璃横截面中心距球面球心 O 的距离为 R(球面的曲率半径),忽略真空玻璃间隙层厚度(因间隙层厚度远小于玻璃基片厚度),则外片玻璃横截面中心距球心 O 的距离为 $R+h$,如图 5.27 所示。

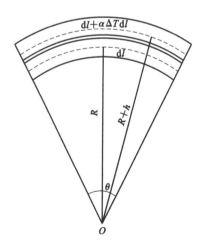

根据变形协调关系,同时考虑玻璃板的泊松效应,则真空玻璃内、外片玻璃在任一方向的单位长度的变形协调满足如下关系[14]:

$$\frac{\mathrm{d}l}{R}=\frac{\mathrm{d}l[1+(1-\nu)\alpha\Delta T]}{R+h} \tag{5.33}$$

上式简化为:

$$R=\frac{h}{\alpha\Delta T(1-\nu)} \tag{5.34}$$

式中　ν——玻璃基片材料的泊松比。

图 5.27　内、外片温差作用下真空玻璃内、外片变形协调示意图

由式(5.34)可以看出,真空玻璃的弯曲曲率半径与玻璃基片的厚度成正比,与玻璃基片的线膨胀系数及内、外片温差成反比,与真空玻璃的长、宽尺寸无关,曲率半径越小,说明真空玻璃弯曲得越厉害,造成的危害就越大。

(2) 球面弯曲挠度与边缘弯曲挠度计算

在内、外片温差作用下,真空玻璃由初始的平面变成球面,同时,四个边缘由初始的直线变成弓形曲线,如图 5.28 所示。

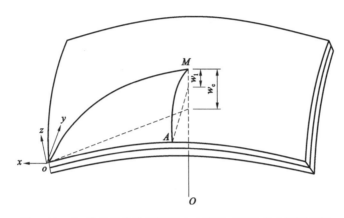

图 5.28　内、外片温差作用下真空玻璃的球面弯曲变形示意图

取真空玻璃发生球面弯曲变形后的任意一个角且朝凸面的外侧的点为坐标原点 o,弯曲球面顶点为 M,弯曲球面球心为 o,则真空玻璃的球面弯曲挠度为角坐标原点 o 至球面顶点 M 在 z 方向之间的垂直距离 w_c,边缘弯曲挠度为真空玻璃边缘线中点 A 至角坐标原 o 点在 z 方向之间的垂直距离 w_b,即真空玻璃球面弯曲挠度 w_c 减去对应边缘线中点 A 至球面顶点 M 在 z 方向之间的垂直距离 w_l(图 5.28)。

设真空玻璃长边边长为 a,短边边长为 b,不考虑温度引起的玻璃膨胀或收缩影响(相对于原长较小),则图中弧长 $\overset{\frown}{oM}$ 的长度为:

$$\overset{\frown}{oM} = \frac{\sqrt{a^2 + b^2}}{2} \tag{5.35}$$

弧长 $\overset{\frown}{AM}$ 的长度为短边边长的一半,即:

$$\overset{\frown}{AM} = \frac{b}{2} \tag{5.36}$$

根据图 5.28 中对应的几何关系,则真空玻璃的球面弯曲挠度计算公式如下:

$$w_c = R\left(1 - \cos\frac{180\sqrt{a^2 + b^2}}{2\pi R}\right) \tag{5.37}$$

真空玻璃边缘弯曲挠度计算公式如下:

$$w_b = w_c - w_l = R\left(1 - \cos\frac{180\sqrt{a^2 + b^2}}{2\pi R}\right) - R\left(1 - \cos\frac{180b}{2\pi R}\right)$$

$$= R\left(\cos\frac{90b}{\pi R} - \cos\frac{90\sqrt{a^2 + b^2}}{\pi R}\right) \tag{5.38}$$

由式(5.37)和式(5.38)中可以看出,内、外片温差作用下导致的真空玻璃球面弯曲挠度和边缘弯曲挠度与真空玻璃长、宽尺寸及弯曲半径成正比,最大边缘弯曲挠度发生在长边中

点 A 处。

取真空玻璃规格为 4 mm+4 mm,长、宽尺寸为 1800 mm×1000 mm,玻璃泊松比为 0.24,内、外片温差为 50 ℃,玻璃热膨胀系数为 0.8×10^{-5} m·K,根据式(5.34),计算得到:

$$R = \frac{h}{\alpha \Delta T(1 - \nu)} = \frac{0.004}{0.8 \times 10^{-5} \times 50 \times (1 - 0.24)} = 13.16(\text{m})$$

将 R 值代入式(5.37),得到真空玻璃的球面弯曲挠度为:

$$w_\text{c} = R\left(1 - \cos\frac{180 \times \sqrt{a^2 + b^2}}{2\pi R}\right) = 13.16 \times \left(1 - \cos\frac{180 \times \sqrt{1.8^2 + 1^2}}{2 \times 3.14 \times 13.16}\right)$$
$$= 40.79(\text{mm})$$

将 R 值代入式(5.38),得到真空玻璃的长边弯曲挠度为:

$$w_\text{b} = R\left(\cos\frac{90b}{\pi R} - \cos\frac{90\sqrt{a^2 + b^2}}{\pi R}\right) = 31.08(\text{mm})$$

由上述计算结果可以看出,计算得到的该真空玻璃的长边弯曲挠度远大于《建筑玻璃应用技术规程》(JGJ 113—2009)第 11.1 条中给出的玻璃安装的前、后部余隙值。显然,温差作用下,真空玻璃边缘支承槽口会约束真空玻璃边缘的弓形弯曲自由变形。

(3)温差作用下真空玻璃的应力计算

真空玻璃发生球面弯曲,其最大弯曲拉应力发生在温度较高一面的玻璃凸面,因弯曲曲率相同,所以弯曲应力也处处相等。但是,因受真空玻璃边缘熔封玻璃的影响,在靠近边缘处,弯曲拉应力会与中部区域不同。图 5.29 是通过 ANSYS 模拟的内、外片温差作用下真空玻璃的应力分布云图,由图中可以看出,受拉面的最外表面的边缘拉应力比中部适当变小。

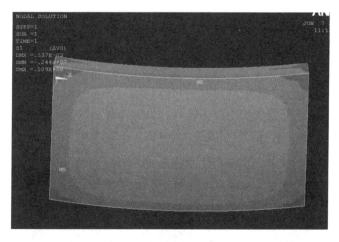

图 5.29 ANSYS 模拟的内、外片温差作用下真空玻璃的拉应力分布云图

如果不考虑封边焊料的作用,真空玻璃弯曲曲率与弯矩满足如下公式:

$$\frac{1}{R} = \frac{M}{EI} = \frac{2M}{hEW} = \frac{2}{hE}\sigma_{\max} \tag{5.39}$$

式中 M——玻璃基片的弯曲截面系数。

将式(5.39)代入式(5.34)中,得到:

$$\sigma_{\max} = \frac{E\alpha\Delta T(1-\nu)}{2} \tag{5.40}$$

式中　E——玻璃的弹性模量(一般为 70 GPa)。

由式(5.40)可以看出,内、外片温差作用下真空玻璃的最大拉应力与真空玻璃的基片厚度及长、宽尺寸均无关,说明无论真空玻璃尺寸大小如何,均有可能在温差作用下发生破裂。最大拉应力与温差呈线性关系,根据式(5.40)计算,得到不同温差下引起的真空玻璃最大拉应力,见表 5.5。

表 5.5　不同内、外片温差作用下真空玻璃最大拉应力

温差(℃)	0	10	20	30	40	50	60	70
最大拉应力(MPa)	0	2.13	4.26	6.38	8.51	10.6	12.77	14.90

5.5.2　装配约束对真空玻璃温差造成的应力影响分析

在真空玻璃应用过程中,真空玻璃与框架作为结构整体,温差导致的应力会受到框架整体结构的制作和装配方面影响。上节谈到,真空玻璃在发生球面弯曲时,同时也会导致真空玻璃边部发生弓形弯曲变形(边部由原先的直线变成弓形曲线),而计算表明目前常用的真空玻璃尺寸在足够大的内、外片温差情况下,其边缘产生的弓形弯曲变形均会远大于支承槽口给出的预留活动容量尺寸(规范规定为 3～5 mm)。因此,实际服役过程中,真空玻璃边缘弯曲变形是会受到装配框架约束作用的(即温差作用下真空玻璃边缘向着弓形弯曲变形趋势发展,但框架因整体刚度高,会抑制这一趋势的发生,并使真空玻璃四边仍大致处于直线状态)。这种相互作用会改变原来真空玻璃自由变形的应力分布状态,使温差作用下导致的应力重新分布。另外,值得一提的是,将真空玻璃与中空玻璃复合,或者把真空玻璃四周用结构胶黏结在支承框架上,真空玻璃四周结构密封胶的约束作用也会造成上述现象发生。

由于采用理论计算很难建立起框架约束下对温差造成的应力影响关系,笔者基于 ANSYS 分析,在模拟真空玻璃四边变形完全约束(仍保持初始直线状态)的情况下,得到了真空玻璃在内、外温差作用下的真空玻璃受拉面弯曲应力分布云图,见图 5.30。与图 5.29 进行比较,发现此时的真空玻璃最大拉应力已分布在边角部位(边缘未约束状态下是分布在板中心部位的),且应力数值增大了。因此,真空玻璃应用过程中,因装配或其他因素约束真空

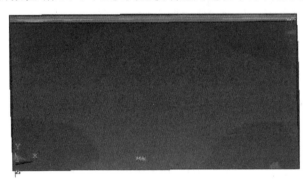

图 5.30　ANSYS 模拟温差作用下真空玻璃在装配约束下的热应力分布云图

玻璃四周的温差变形,会增大真空玻璃的边缘及角部应力,从而造成真空玻璃在接近于边角处破裂。

5.5.3 减小温差导致真空玻璃破裂概率的措施

为了减小真空玻璃在应用过程中温差导致的破裂概率,可采取如下措施:① 尽量通过真空玻璃及其复合结构的优化配备,在同样使用环境条件下,减小真空玻璃的内、外片温差,比如,对于"真空＋中空"复合玻璃结构,将真空玻璃一面朝室内安装,有利于减小真空玻璃两片玻璃的温差。② 提高真空玻璃基片强度,比如,大量推广半钢化或全钢化真空玻璃的应用,能够明显减小甚至杜绝真空玻璃因温差作用而破裂的概率。③ 当真空玻璃基片厚度增大时,有利于减小温差导致的真空玻璃的变形,从而减小温差对真空玻璃的不利影响。另外,当真空玻璃一面与夹层玻璃复合时,相当于与夹层玻璃复合一面的真空玻璃基片厚度增大,从而有利于减小这种复合结构的温差变形。④ 增大真空玻璃装配件支承槽口的宽度,有利于减小支承框架对真空玻璃边缘的变形约束。

5.6 真空玻璃热应力及热炸裂

真空玻璃的热炸裂是由多个因素引起的,可以将各影响因素在一般性基础上划分为主要影响因素和非主要影响因素。在特定场合,非主要影响因素也可能起主要作用,这要针对应用条件进行具体分析。玻璃热炸裂有三种原因:太阳辐射、外加荷载和设计因素。除这三种原因外,还有玻璃与框架作为结构整体在制造和装配方面的影响。真空玻璃的热炸裂是一个综合性的问题,既要全面考虑各个因素的作用,又要针对工程实际排除次要因素,控制主要因素。在一般情况下,玻璃热炸裂的主要影响因素有三个:

(1) 玻璃的吸热率。热炸裂的机理是玻璃吸收阳光中的红外线辐射,自身温度升高,与边部的冷端之间形成温度梯度,造成非均匀膨胀或受到约束,形成热应力,进而使薄弱部位发生裂纹扩展。所以,玻璃本身对红外线的吸收率是一个关键因素,真空玻璃一般一面镀有Low-E 膜,造成玻璃吸热,一般吸热玻璃的热吸收率在 $20\%\sim40\%$ 之间,采用吸热玻璃的设计时,一定要对使用环境进行全面评价再确定,比如玻璃的朝向、环境的温度、边框及墙体的导热情况等,要特别注意温差造成热炸裂。玻璃吸收热能,自身温度升高,与较低温度的边框、墙体及另一片玻璃形成的温度差越大,热炸裂的危险也就越大。经验告诉我们,热炸裂通常不是发生在热带,而是发生在寒带或温带的朝东南向的玻璃,而且清晨、上午的热炸裂最多,这是因为环境温度低,玻璃吸收红外线辐射后容易与边部形成较大的温度梯度。

(2) 真空玻璃的板面尺寸。真空玻璃的板面越大,受热膨胀后的变形也越大,形成的约束反力也越大,相应地造成了更大的热应力,增加了热炸裂的概率。同时,板面尺寸越大,越容易受到其他荷载的叠加效应。所以在追求大板面玻璃的装饰效果的同时,应对风荷载、热应力、边框变形、自重、装配应力等综合影响进行全面考虑。

(3) 真空玻璃边部的加工质量及应力。在热应力分析中指出,热炸裂一般从玻璃边部开始,边部的拉应力最大、加工缺陷最严重,所以提高边部的加工质量是提高建筑玻璃抗热炸裂能力的关键因素之一。当玻璃边部存在缺陷时,将极大地降低玻璃的抗拉强度,在加工安装时最好将玻璃边部进行细磨,并剔除有严重缺陷的玻璃。典型的玻璃热炸裂形貌见图5.31,裂纹一般起始于边缘部位,其典型特征是玻璃边缘裂纹与板平面方向是垂直的,见图5.32(a);而因非热应力引起的玻璃破裂,玻璃边缘裂纹与板平面方向是不垂直的,见图5.32(b)。

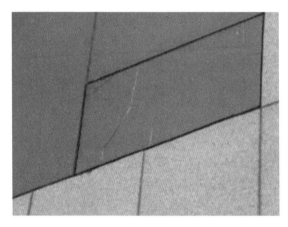

图 5.31　普通玻璃热炸裂图片

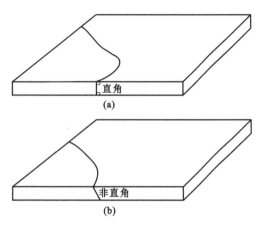

图 5.32　玻璃边缘裂纹破裂形貌

(a) 由热应力造成的玻璃破裂裂纹形貌;

(b) 由非热应力造成的玻璃破裂裂纹形貌

值得一提的是,真空玻璃焊接残余应力及大气压差作用引起的边缘拉应力作用,使真空玻璃边缘成为整个结构最脆弱部位。而热作用本身就使真空玻璃边部产生拉应力,这种多重因素影响,造成真空玻璃热炸裂的概率比普通玻璃更高。

为避免真空玻璃热炸裂,真空玻璃的安装必须依照《建筑玻璃应用技术规范》(JGJ 113—2009)规定,真空玻璃与金属框或其他金属物保持一定的距离,严禁玻璃边角在任何方向直接接触金属框体或保留的空隙过小,以保证玻璃有足够的膨胀空间。如果玻璃的某一个点接触到框架,将导致整块玻璃的受热及膨胀不均匀,就会导致玻璃热炸裂。另外,在真空玻璃制备过程中,对玻璃基片边缘的切割质量至关重要,它是导致热炸裂的重要原因。玻璃是脆性材料,其玻璃边部的抗拉强度与玻璃边缘缺陷的关系极为密切,任何边部的缺陷都会导致边缘的抗拉强度降低十几倍。因此,如果因切割质量不好,在玻璃的边缘存在边界凹凸不平整、崩边崩角的情况或有裂纹,真空玻璃在受热膨胀时,由于内部应力的作用,就极易在边缘有缺陷的点开始破裂。

5.7　真空玻璃边缘热封接残余应力

真空玻璃封边残余应力是封接玻璃和普通玻璃的物理特性和力学性能不同而造成的,在真空玻璃封边由约400 ℃向室温冷却的过程中,玻璃粉由熔化状态转化为凝固状态,在这一过程中,会造成封接部位存在残余应力。造成真空玻璃封边残余应力的主要因素为:

① 任何材料从高温冷却下来时,材料表面和内部散热速度不一致,导致在材料内部形成一个温度梯度。由于封边无机玻璃焊料的导热系数较小,是热的不良导体,所以温度梯度就更大。在不同温度时,焊料的热膨胀变形不一样,肯定有不同的屈服行为,使得焊料中各部分有不同的塑性变形行为,从而导致封边处有热残余应力,一般称之为热梯度残余应力。
② 低熔点无机玻璃焊料是一种复合材料,其中各材料的热膨胀系数不相同。这种热膨胀系数的差异,使融合层从高温冷却下来时,各材料的变形情况不一致,从而导致封边处有热残余应力。研究表明,即使热膨胀系数有较小的差异也会导致较大的热残余应力。还有一种热残余应力是材料从高温冷却下来时其中某些成分常常会发生相变。通常,相变过程总是伴随有体积变化,无论相变部分的体积是膨胀还是收缩,都会在相变部分和未相变部分之间产生应力,从而导致材料中的热残余应力,一般称之为相变残余应力。但由于真空玻璃封边从烧成温度冷却到室温的过程中没有相的转变,所以封边处不存在相变残余应力。真空玻璃封接残余应力的主要危害是造成封接边部变形及应力产生。图 5.33 为通过 ANSYS 分析的真空玻璃封边残余应力分布云图(第一主应力)。由分析结果可以看出,最大拉应力分布在距边缘一定位置处,并在封接玻璃内部,且分布范围较窄,在封边部位玻璃基片也存在一定的封边残余应力,可造成真空玻璃边部玻璃强度降低。真空玻璃封边残余应力一般为 $3 \sim 10$ MPa,在材料能够承受的范围之内。

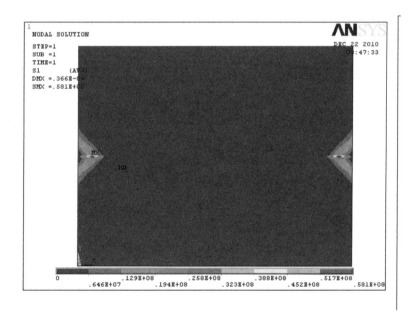

图 5.33　封边残余应力 ANSYS 分析第一主应力分布云图

目前,对残余应力的检测主要有盲孔法、磁测法和 X 射线法,这些方法应用到真空玻璃封边残余应力的检测均有一定困难。

5.8 真空玻璃夹层应力

将真空玻璃与另一片玻璃采用 PVB 或 EVA 等胶片进行复合,可得到安全性较高的夹层真空玻璃。真空玻璃在热夹胶过程中会产生如下应力:

(1) 由于各层材料热膨胀系数不一致,热夹胶过程中会导致真空夹层玻璃在热夹胶降温后存在残余应力及弯曲。夹层玻璃所使用的胶片与玻璃热膨胀系数和弹性模量均相差 3 个数量级,夹胶后玻璃与胶片界面会产生较大的剪应力和拉应力。特别是,由于被夹胶的真空玻璃的总厚度一般与另一片复合的单片玻璃厚度不同,此时还会使夹胶后的真空玻璃产生弓形弯曲(弯曲凹面在等效厚度大的玻璃一侧,一般凹面在真空玻璃一侧)。导致真空玻璃弓形弯曲的应力作用比较复杂,主要是由夹胶界面上的残余应力引起的,界面上的残余拉应力分布如图 5.34(a)所示,残余剪应力分布如图 5.34(b)所示。由图 5.34 可以看出,夹胶界面最大拉应力和剪应力均分布在边缘,因此,夹胶玻璃最容易从边缘脱胶。

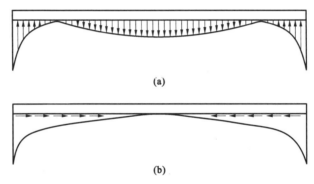

图 5.34 真空夹层玻璃界面应力沿长度方向的分布示意图
(a)残余拉应力分布;(b)残余剪应力分布

(2) 与真空玻璃夹胶的另一片玻璃一般为钢化玻璃,钢化玻璃存在一定的弯曲,特别是波形弯曲、边部和角部翘曲在真空玻璃夹胶过程中有更大的影响。其中,角部翘曲影响最大,因为夹胶过程中,真空玻璃要与被夹胶玻璃最后保持形状基本一致,显然,夹胶后钢化玻璃越不平整,其对真空玻璃带来的应力越大。

(3) 真空玻璃制备后本身也存在一定的弯曲变形和不平整,这同样在夹胶后会导致应力存在。因此,应尽量选择平整度好的真空玻璃进行夹胶。

(4) 因真空玻璃镀膜一面在夹胶过程中会吸热,温度会比另一片玻璃高,此时真空玻璃有朝冷的一面弯曲的趋势(虽然此时受夹胶压力作用),降温胶片固化后,夹层真空玻璃有朝真空玻璃一面弯曲的趋势,因此,可以利用这两种现象相互抵消,建议进行夹胶工序时,夹胶面选择在真空玻璃未镀膜的那片玻璃。

5.9 真空玻璃承载特性与强度设计

5.9.1 弯曲载荷作用下真空玻璃等效厚度

真空玻璃在应用过程中经常受到风、雪等弯曲载荷作用,应用于建筑物上的真空玻璃,需对其进行强度与挠度设计计算,以确定被选用的真空玻璃是否满足要求,或者根据当地风压或雪压情况,选择合适的真空玻璃结构及尺寸。对于真空玻璃这种特殊结构,由于其厚度方向上的非连续性,计算弯曲应力或挠度时,不能将原始厚度代入已有公式进行计算。因此,工程上对其进行应力与变形分析时,将其等效为单片玻璃进行计算更为准确与方便,其等效的单片玻璃厚度即为真空玻璃等效厚度。

弯曲载荷作用下真空玻璃等效厚度[15]可以通过试验确定,包括等效应力弯曲法和等效挠度弯曲法。通过均布负压试验获得的不同规格玻璃在相同条件下的玻璃板中心最大应力和最大挠度值(玻璃挠度采用激光位移传感器测量,挠度值精确到 0.001 mm。最大应力采用三片直角 45°应变花测量,应变花预先布置在玻璃受拉面板中心)见表 5.6。

表 5.6　长、宽尺寸为 1000 mm×1000 mm 的玻璃样品板中心挠度和应力测试结果

玻璃规格	测量项目	载　荷(Pa)					
		500	1000	1500	2000	2500	3000
N3+V+N3	挠度(mm)	1.76	3.38	4.45	5.60	—	—
	应力(MPa)	4.66	9.41	11.83	14.61	—	—
N4+V+N4	挠度(mm)	0.92	1.85	2.62	3.43	4.08	4.95
	应力(MPa)	3.99	7.69	10.77	13.24	16.55	18.94
N5+V+N5	挠度(mm)	0.59	1.17	1.59	1.94	2.34	2.76
	应力(MPa)	2.40	4.96	6.50	7.91	9.48	11.29
N3+1.52PVB+N3	挠度(mm)	1.13	2.36	3.20	3.93	—	—
	应力(MPa)	3.19	6.78	9.09	11.47	—	—
N4+1.52PVB+N4	挠度(mm)	0.79	1.65	2.27	2.81	3.40	4.04
	应力(MPa)	2.52	5.26	7.22	9.11	10.94	13.02
N5+1.52PVB+N5	挠度(mm)	0.47	1.03	1.40	1.80	2.17	2.60
	应力(MPa)	1.60	3.35	4.69	6.29	7.49	9.15
N5	挠度(mm)	2.72	4.14	6.41	8.61	—	—
	应力(MPa)	5.77	10.85	16.25	20.11	—	—

续表 5.6

玻璃规格	测量项目	载　　荷（Pa）					
		500	1000	1500	2000	2500	3000
N6	挠度（mm）	1.47	3.01	4.07	4.92	—	—
	应力（MPa）	4.07	8.75	11.73	14.56	—	—
N8	挠度（mm）	0.68	1.38	1.90	2.35	2.85	3.42
	应力（MPa）	3.63	6.55	9.38	11.62	14.17	16.68
N10	挠度（mm）	0.37	0.79	1.08	1.38	1.72	2.09
	应力（MPa）	1.57	3.54	4.75	5.89	7.80	9.42

注：N3＋V＋N3,3 mm普通浮法玻璃＋真空层＋3 mm普通浮法玻璃；N5,5 mm普通浮法玻璃；N3＋1.52PVB＋N3,
3 mm普通浮法玻璃＋1.52PVB＋3 mm普通浮法玻璃。其余类似。

测试结果表明，相同载荷下，真空玻璃板中心最大应力和挠度均比与其等厚度的夹层玻璃和单片普通玻璃大（不考虑真空玻璃真空层厚度及夹层玻璃胶片厚度）。这说明真空玻璃的强度和刚度均不及与其等厚度的单片玻璃和夹层玻璃。从结构上分析，由于真空玻璃的两片玻璃四边由焊接玻璃密封，中间由支撑物支撑，支撑物不能起到传递面内剪切力作用，而夹层玻璃的胶片能够传递剪切力，因此，相同条件下，真空玻璃的强度和刚度均比与其等厚度的夹层玻璃和单片玻璃要低。

弯曲载荷作用下真空玻璃的等效厚度可采用如下公式表示：

① 按挠度相等

$$t_{eq} = \sqrt[3]{\frac{w_t}{w_v}}t \tag{5.41}$$

式中　t_{eq}——真空玻璃等效厚度（mm）；

　　　w_t——单片玻璃对应的挠度（mm）；

　　　w_v——真空玻璃对应的挠度（mm）；

　　　t——单片玻璃的厚度（mm）。

② 按应力相等

$$t_{eq} = \sqrt{\frac{\sigma_t}{\sigma_v}}t \tag{5.42}$$

式中　σ_t——单片玻璃对应的应力（GPa）；

　　　σ_v——真空玻璃对应的应力（MPa）；

　　　t——单片玻璃的厚度（mm）；

　　　t_{eq}——真空玻璃等效厚度（mm）。

根据表 5.6 的测试结果，通过式（5.41）和式（5.42）得到不同规格真空玻璃的等效厚度，见表 5.7。

表 5.7　不同真空玻璃等效厚度计算结果

样品规格(mm)	等效厚度（mm）		等效厚度系数($t_{eq}/t_{总}$)	
	按应力相等	按挠度相等	按应力相等	按挠度相等
N5+V+N5 (300×300)	8.50	8.80	0.85	0.88
N3+V+N3 (1000×1000)	5.82	5.76	0.97	0.96
N4+V+N4 (1000×1000)	7.52	7.12	0.94	0.89
N5+V+N5 (1000×1000)	8.90	8.80	0.89	0.88

试验表明,真空玻璃基片厚度对等效厚度有影响,且基片厚度越大,其等效厚度系数($t_{eq}/t_{总}$)越小。无论按等挠度还是等应力计算,其等效厚度基本相同。计算真空玻璃承载能力时,弯曲载荷作用下等效厚度可按如下方式选择:

N3+V+N3 真空玻璃等效厚度系数可取 0.95,N4+V+N4 真空玻璃等效厚度系数可取 0.90,N5+V+N5 及基片厚度超过 5 mm 的真空玻璃等效厚度系数可取 0.85。

等效厚度是用于计算真空玻璃在弯曲载荷作用下的应力和变形时采用的计算参数,其值只与真空玻璃结构参数有关,与真空玻璃使用的玻璃材料(普通玻璃、半钢化玻璃、钢化玻璃)无关。由于真空玻璃表面及内部存在复杂的残余应力,会影响真空玻璃的强度,因此,工程应用时,不能简单地将其与其等效厚度相等厚度的单片玻璃等效应用。

5.9.2　真空玻璃抗风压性能

真空玻璃抗风压性能是其力学性能的重要指标之一。风载荷作用下真空玻璃弯曲应力与变形示意图见图 5.35,其基本特征如下:

(1)真空玻璃两片玻璃变形协调,且每片玻璃均有弯曲中性轴;

(2)风载荷作用下最大拉应力分布在真空玻璃凸面的板中心位置,由最大弯曲应力和因大气压作用下分布在真空玻璃表面最大残余拉应力组成。

风载荷作用下,根据式(5.43)计算真空玻璃应力,或采用《建筑玻璃应用技术规程》(JGJ 113—2015)第 5 条中规定的计算方法进行计算。

$$\sigma = \frac{6\varphi q l^2}{t_{eq}^2} \tag{5.43}$$

式中　σ——风载荷作用下玻璃的最大弯曲应力(MPa);

　　　q——作用在真空玻璃上的风载荷值(Pa);

　　　l——矩形真空玻璃板短边边长(mm);

　　　t_{eq}——真空玻璃等效厚度(mm);

　　　φ——弯曲系数,与边长比 l/b[b 为真空玻璃板的长边边长(mm)]有关,按表 5.8 选取。

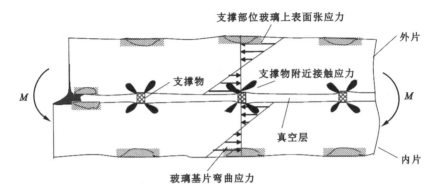

图5.35 真空玻璃在风载荷及大气压差作用下弯曲应力与变形示意图

表5.8 φ 值

l/b	0.00	0.25	0.33	0.40	0.50	0.55	0.60	0.65
φ	0.125	0.123	0.118	0.112	0.100	0.093	0.087	0.080
l/b	0.70	0.75	0.80	0.85	0.90	0.95	1.00	
φ	0.074	0.068	0.063	0.058	0.053	0.048	0.044	

真空玻璃在风载荷作用下玻璃外表面最大拉应力为[16]：

$$\sigma_{\max} = \sigma_{0,\max} + \frac{6\varphi q l^2}{t_{eq}^2} \tag{5.44}$$

上式中，$\sigma_{0,\max}$ 按式(5.4)进行计算。

真空玻璃表面最大拉应力不应超过玻璃强度设计值。

5.9.3 真空玻璃抗风压性能计算实例

（1）前提条件

北京地区某建筑物，高度100 m，地面粗糙度类别为C，不考虑地震作用。玻璃结构如下：真空＋中空(6＋12A＋6Low-E＋V＋6)，中空朝室外，中空玻璃外片为钢化玻璃，真空玻璃原片为半钢化玻璃。玻璃尺寸如下：宽度 $l=1000$ mm，长度 $b=2000$ mm。真空玻璃支撑物为不锈钢，半径为0.3 mm，支撑间距为45 mm。

（2）风载荷标准值计算

参照标准《玻璃幕墙工程技术规范》(JGJ 102—2003)中第5.3.2条，采用公式 $w_k=\beta_{gz}\mu_s\mu_z w_0$，其中，$w_k$ 为风载荷标准值(kN/m^2)；β_{gz} 为阵风系数，取值1.69；μ_s 为风载荷体形系数，取值为1.2；μ_z 为风压高度变化系数，取值为1.5；w_0 为当地50年一遇基本风压，取值为0.45 kN/m^2。根据上述计算参数，得到 $w_k=1.3689$ kN/m^2。

（3）载荷分配

首先，将真空玻璃视为一片玻璃，根据第5.9.1节，其等效厚度系数为0.85，因此，真空玻璃等效厚度为：$t_{eqv}=0.85\times(6+6)=10.2$(mm)。

则作用在第一片玻璃即中空玻璃外片上的载荷为:

$$w_{k1} = 1.1 \times w_k \times \frac{t_1^3}{t_1^3 + t_2^3} = 1.1 \times 1.3689 \times \frac{6^3}{6^3 + 10.2^3} = 0.255(kN)$$

作用在第二片玻璃即真空玻璃外片上的载荷为:

$$w_{k2} = 1.0 \times w_k \times \frac{t_2^3}{t_1^3 + t_2^3} = 1.0 \times 1.3689 \times \frac{10.2^3}{6^3 + 10.2^3} = 1.137(kN)$$

（4）应力计算

风载荷作用下中空玻璃外片应力为:

$$\sigma_1 = \frac{6\varphi w_{k1} l^2}{t_1^2} = \frac{6 \times 0.1 \times 0.255 \times 1000 \times 1^2}{6^2} = 4.25(MPa)$$

风载荷作用下真空玻璃应力为:

$$\sigma_2 = \sigma_{0,max} + \frac{6\varphi q l^2}{t_{eq}^2} = \frac{3F}{2\pi h^2}\left[(1+\nu)\ln\frac{2a}{\sqrt{1.6r^2 + h^2} - 0.675h} + \beta\right] - \beta_1\frac{q_0 b^2}{h^2} + \frac{6\varphi w_{k2} l^2}{t_{eqv}^2}$$

$$= \frac{3 \times 1.013 \times 10^5 \times 0.03 \times 0.03}{2 \times 3.14 \times 0.006^2} \times$$

$$\left[(1+0.24)\ln\frac{2 \times 0.03}{\sqrt{1.6 \times 0.0003^2 + 0.006^2} - 0.675 \times 0.006} - 0.238\right] -$$

$$0.1386 \times \frac{1.013 \times 10^5 \times 0.03 \times 0.03}{0.006^2} + \frac{6 \times 0.1 \times 1137 \times 1^2}{0.0102^2}$$

$$= 11.06(MPa)$$

（5）强度校核

根据行业标准《建筑玻璃应用技术规程》(JGJ 113—2009)的表 4.1.8,6 mm 半钢化玻璃短期载荷下中部强度设计值为 56 N/mm²,钢化玻璃强度设计值为 84 N/mm²。对比以上计算结果,真空玻璃满足强度设计要求。

（6）挠度计算

根据行业标准 JGJ 113—2003 中第 6.1.3 条,计算该复合真空＋中空玻璃的跨中挠度。

该复合真空＋中空玻璃的等效厚度为:

$$t_{eq} = 0.95 \times \sqrt[3]{t_1^3 + t_{eqv}^3} = 0.95 \times \sqrt[3]{6^3 + 10.2^3} = 10.85(mm)$$

刚度计算为:

$$D = \frac{E t_{eq}^3}{12 \times (1 - \nu^2)} = \frac{0.72 \times 10^5 \times 10.85^3}{12 \times (1 - 0.24^2)} = 81.32 \times 10^5(N \cdot mm)$$

跨中挠度计算为:

$$d_f = \frac{\mu w_k a^4}{D}\eta = 1.71(mm)$$

式中　μ——挠度系数,取值为 0.01013;

　　　η——折减系数,取值为 1.00。

（7）挠度校核

根据行业标准 JGJ 113—2003 中第 6.1.3 条,玻璃跨中挠度不能大于短边边长的 1/60。对比以上计算结果,该真空＋中空玻璃挠度满足要求。

5.10　真空玻璃抗冲击性能

我国国家标准《建筑用安全玻璃　第2部分:钢化玻璃》(GB 15763.2—2005)和《汽车安全玻璃试验方法　第1部分:力学性能试验》(GB/T 5137.1—2002)都分别规定了钢化玻璃和汽车玻璃的抗冲击性能试验方法,若抗冲击性能不能满足安全玻璃要求,则玻璃不能作为安全玻璃应用。玻璃的抗冲击性能与玻璃的本征强度、厚度及表面应力分布等有关。由于钢化玻璃表面压应力的存在,其抗冲击强度比普通玻璃大几倍。大量试验表明,真空玻璃的抗冲击强度明显低于与其相等厚度的普通玻璃的抗冲击强度,按现有检测标准,真空玻璃的抗冲击性能是无法达到安全玻璃应用要求的。

造成真空玻璃抗冲击强度低的主要原因是支撑物附近的应力集中。真空玻璃在受到冲击载荷作用时,动应力由承受载荷的一面通过支撑物传递给另一面,并且离冲击点越近,支撑物附近的玻璃承受的动应力越大,这种动应力在支撑点附近的应力集中区域呈数倍甚至几十倍的放大。因此,很小的冲击载荷就可在支撑物附近形成很大的压应力和拉应力,从而造成支撑物附近玻璃裂纹的迅速形成与扩展,造成真空玻璃破裂。

即使采用钢化玻璃制备成钢化真空玻璃,其抗冲击性能也不是很理想。真空玻璃的结构特征决定了其抗冲击性能差。要想提高真空玻璃的抗冲击性能,降低支撑物附近的集中应力是最直接有效的办法,但采用目前的生产与制备工艺及结构设计方案,要想明显降低这种应力集中是不太可能实现的。因此,为了使真空玻璃能够应用于对抗冲击性能有要求的建筑幕墙或汽车挡风玻璃上,有效的办法是将真空玻璃与其他玻璃复合,制备成复合真空玻璃。

5.11　真空玻璃抗振动性能

振动载荷作用(如地震波、风振、门窗开关引起的振动、汽车颠簸引起的振动等)引起的加速度和应力波会使存在于真空玻璃内部的残余应力放大,对真空玻璃主要有两方面不利影响:一是引起真空玻璃支撑物附近支撑应力增大,产生接触裂纹;二是引起真空玻璃边缘封接界面残余拉应力增大,长久疲劳作用,可使封接界面产生疲劳开裂,造成真空玻璃漏气。相对于冲击载荷而言,常规的振动载荷一般是均匀分布于真空玻璃各个部位,且其引起的动应力不足以使真空玻璃发生结构性破坏,也不会使支撑物与玻璃的接触裂纹扩展至足够大而使真空玻璃破裂。因此,只要振动载荷不超过允许范围,且真空玻璃边缘封接强度达到要求,封边界面拉应力不太大,则振动载荷不会对真空玻璃使用性能产生影响。

参 考 文 献

[1]　龙文志.玻璃幕墙癌症——钢化玻璃自爆[J].建筑知识,2006,26 (5):7-12.
[2]　张悦,许宏亮,王海龙.玻璃工艺学[M].北京:中国轻工业出版社,2006.

[3] 张瑞宏,顾乡,张华.真空玻璃应力支撑实验研究[J].真空科学与技术学报,2006,26(2):455-458.

[4] 刘小根,包亦望,王秀芳,等.安全型真空玻璃结构功能一体化优化设计[J].硅酸盐学报,2010,38(7): 1310-1317.

[5] 张瑞宏.真空平板玻璃传热性能及支撑应力研究[D].北京:中国农业大学,2005.

[6] 高兑现,晏兴威,张应翠.均布荷载作用下四点支承矩形平板的差分解[J].西安科技学院学报, 2000,24(4):307-310.

[7] JOHNSON K L. Contact Mechanics[D]. London:Cambridge University, 1985.

[8] TIMOSHENKO S, W-KRIEGER S. Theory of plates and shells[M]. New York:McGraw-Hill Book Co.,1977.

[9] LAWN B R. Fracture of Brittle Solid[M]. 2nd ed. Cambridge:Cambridge University Press, 1993.

[10] FISCHER-CRIPPS A C, COLLINS R E. The probability of hertzian fracture[J]. Journal of Materials Science,1994,29:2216-2230.

[11] BAO Y W, JIN Z. Size effects and a mean-strength criterion for ceramics[J]. Fatigue & Fracture of Engineering Materials & Structures, 1993, 16(8):829-835.

[12] BAO Y W, GAO S J. Local strength evaluation and proof test of glass components via spherical indentation[J]. Journal of Non-Crystalline Solids,2008, 354:1378-1381.

[13] 刘小根,王秀芳,王占景,等.环境温度作用下中空玻璃密封单元变形解析[J].中国建筑防水, 2015(12):10-13.

[14] WANG J, EAMES P C, ZHAO J F, et al. Stresses in vacuum glazing fabricated at low temperature [J]. Solar Energy Materials & Solar Cells, 2007, 91(4):290-303.

[15] LIU X G, BAO Y W. Theoretical and experimental studies on strength and stiffness of vacuum glazing[J]. Key Engineering Materials, 2013, 544:265-270.

[16] 刘小根,包亦望,万德田,等.建筑真空玻璃承载性能及强度设计[J].中南大学学报,2011,42(2): 349-355.

6 真空玻璃性能检测方法

真空玻璃性能主要包括四个方面:热学、光学、声学、力学。真空玻璃光学性能和声学性能检测方法与普通玻璃相同,检测时所依据的标准也相同,见表 6.1。而真空玻璃热学及力学性能独特,需要研究适合其特点的检测方法。因此,本章重点介绍真空玻璃热学及力学性能的检测方法。

表 6.1　真空玻璃光学性能和声学性能检测时所依据的标准

检测内容	依 据 标 准
真空玻璃光学性能	《建筑玻璃　可见光透射比、太阳光直接透射比、太阳辐射总透射比、紫外线透射比及有关窗玻璃参数的测定》(GB/T 2680—1994)
真空玻璃声学性能	《建筑门窗空气声隔声性能分级及检测方法》(GB/T 8485—2008)

6.1　真空玻璃 U 值的测量方法

6.1.1　真空玻璃 U 值测量的重要性

如第 1 章第 1.1.3 节所述,真空玻璃热导 $C_{真空}$ 计算公式为:
$$C_{真空} = C_{辐射} + C_{支撑物} + C_{气} \tag{6.1}$$
式中,$C_{辐射}$ 为辐射热导;$C_{支撑物}$ 为支撑物热导;$C_{气}$ 为残余气体热导。

由第 1 章式(1.2)可知,要测算出 U 值必须先测出 $C_{真空}$。由于技术的不断进步和完善,目前这三种热导都可以做得很小,因此 $C_{真空}$ 也很小。

Low-E 膜的辐射率是使 $C_{辐射}$ 减小的关键指标,在文献[1]中给出了表 6.2 和图 6.1 所示的 Low-E 玻璃辐射率 ε 与辐射热导 $C_{辐射}$ 的关系。可见,Low-E 玻璃的辐射率 ε 是影响玻璃辐射热导的主要因素,ε 越低,$C_{辐射}$ 越小。

表 6.2　Low-E 玻璃辐射率 ε 与单 Low-E 真空玻璃辐射热导 $C_{辐射}$ 的关系

玻璃辐射率 ε	0.01	0.02	0.03	0.04	0.06	0.08	0.10	0.12	0.17	0.20
辐射热导 $C_{辐射}$ (W・m^{-2}・K^{-1})	0.05	0.09	0.14	0.18	0.27	0.36	0.45	0.54	0.75	0.88

注:单 Low-E 真空玻璃是由一片 Low-E 玻璃和一片普通玻璃($\varepsilon=0.84$)组成的真空玻璃。

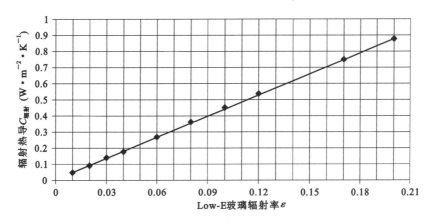

图 6.1 Low-E 玻璃辐射率 ε 与单 Low-E 真空玻璃辐射热导 $C_{辐射}$ 的关系曲线

目前,离线 Low-E 的辐射率已经可以达到不大于 0.06,因此单 Low-E 真空玻璃的 $C_{辐射}$ 可以达到不大于 0.3 W·m^{-2}·K^{-1},$C_{支撑物}$ 的值也可以达到不大于 0.3 W·m^{-2}·K^{-1}。对于环形支撑物,支撑物间距及对应的热导值如表 6.3 和图 6.2 所示。可见,支撑物间距越大,支撑物热导越小,$C_{真空}$ 也越低。但支撑物间距太大,单个支撑物所承受的压应力也越大,被支撑处的玻璃容易产生微裂纹。

表 6.3 圆环形不锈钢支撑物不同方阵间距对应的支撑物热导值

支撑物间距 b(mm)	25	30	35	40	45	50
支撑物方阵热导(W·m^{-2}·K^{-1})	0.707	0.491	0.361	0.276	0.218	0.177

注:圆环形支撑物内、外半径分别为 0.15 mm、0.3 mm,支撑物高度为 0.15 mm。玻璃的导热系数约为 1 W·m^{-1}·K^{-1},
不锈钢导热系数约为 17 W·m^{-1}·K^{-1}。

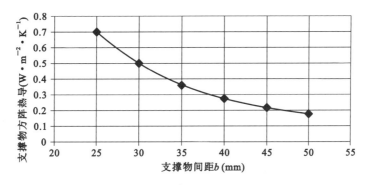

图 6.2 不锈钢圆环形支撑物方阵热导值随方阵间距变化曲线

由图 6.2 可见,支撑物间距变大,$C_{支撑物}$ 也有可能不大于 0.3 W·m^{-2}·K^{-1}。同样,支撑物直径或形状变化也会使 $C_{支撑物}$ 改变。

例如,外径 0.6 mm、高度 0.15 mm 的不锈钢圆柱形支撑物,方阵间距为 40 mm 时,$C_{支撑物}$=0.281 W·m^{-2}·K^{-1}。把形状改为同样外径和高度,内径为 0.3 mm 的不锈钢圆环,则 $C_{支撑物}$=0.211 W·m^{-2}·K^{-1},二者相差 0.07 W·m^{-2}·K^{-1},减少 25%。

残余气体热导 $C_{气}$ 的大小则取决于真空度,由第 4 章第 4.3.2 节公式 $C_{气}$=0.8P 可知,

P 的改变直接影响 $C_气$，从而影响 $C_{真空}$ 和 U 值。表 6.4 给出了当 $C_{辐射}$ 和 $C_{支撑物}$ 均等于 0.3 W·m^{-2}·K^{-1} 时，不同真空度对应的 $C_气$ 和 U 值。

表 6.4 U 值随真空度 P 变化关系

序号	P(Pa)	$C_气$(W·m^{-2}·K^{-1})	U 值(W·m^{-2}·K^{-1})
1	0.01	0.008	0.549
2	0.1	0.08	0.554
3	1.0	0.8	0.614

注：$C_{辐射}=C_{支撑物}=0.3$ W·m^{-2}·K^{-1}，按国家标准 JGJ/T 151—2008 计算。

表 6.4 中，1$^#$ 是合格的真空玻璃，当 P 达到 0.01 Pa 时，$C_气$ 只有 0.008 W·m^{-2}·K^{-1}，此值对于 U 值的影响几乎可以忽略。但如果真空度为 3$^#$ 中的 1.0 Pa，则 U 值增加约 20%，超过 0.6 W·m^{-2}·K^{-1}。

顺带指出，由于在真空玻璃需要的真空度范围内，真空度 P 与 $C_气$ 有上述线性对应关系，使测量 $C_气$ 成为测量真空玻璃真空度 P 的直接而且准确的方法。熟悉真空技术的人都知道，测量真空度是用各种"真空规"来实现的。所谓"真空规"，实际上是利用某一物理量与 P 的关系，通过测量该物理量的大小进而测出 P 值，据此制成的测量仪器，如电离真空计、旋子真空计等。至今为止，尚没有一种"真空规"能直接、方便、无破坏、准确地测量真空玻璃的 P 值[2]。而通过测 $C_气$ 而测出 P 值实际上是一种"热导真空规"，可以解决测量真空玻璃真空度的难题。

综上所述，对于优质的真空玻璃，U 值、$C_{真空}$、$C_{辐射}$、$C_{支撑物}$、$C_气$ 这几项热工参数本身数值都很小，而且它们的数值随其本身的参数变化是很敏感的，真空度差一点，Low-E 膜辐射率差一点，支撑物材料、尺寸和间距不同，U 值都会有差别。怎样才能判断真空玻璃的质量？没有一种优质的能测出这些差异的热导测量仪，判断真空玻璃的质量就是一句空话。因为真空玻璃已经从实验室走向产业化并走向市场，开发此类测量仪就显得格外重要。

要做出 U 值测量仪，首先就是要做出热导测量仪（或称为热阻测量仪），通过热导测量仪可以测出 $C_{辐射}$，从而判断 Low-E 的辐射率，测出 $C_气$ 可以判断真空度的高低。通过测出 $C_{辐射}$、$C_{支撑物}$ 和 $C_气$ 可以由式(6.1)算出 $C_{真空}$，从而换算出 U 值。无论是实验室还是生产车间，都需要用此仪器根据标准检验真空玻璃 U 值等指标是否达标。反过来说，没有测量仪就无法执行标准，无法控制产品质量。

6.1.2 设计制作热导测量仪的难度

设计制作热导测量仪的难度可分析如下：

1.真空玻璃的低热导特性要求测量仪具有极高的精准度

由本章第 6.1.1 节可见，影响 U 值的几项热导都是非常小的，说明真空玻璃是一种优良的绝热板。为了比较真空玻璃和一般建筑材料的绝热性能，特引入"表观导热系数"的概念来进行比较。一般均匀材料用导热系数（热导率）λ 表征其导热性能。其定义为：在稳态条件下，1 m 厚的物体，两侧表面温差为 1 K 时，单位时间内通过 1 m^2 面积传递的热量。

我国法定单位为 $W \cdot m^{-1} \cdot K^{-1}$。

真空玻璃不是均匀连续的材料,而是一薄片结构。为了便于与其他保温材料比较其性能,常引用"表观导热系数"或"折算导热系数"的概念。可想象成将许多片真空玻璃叠合到 1 m 厚时,其导热系数的值。

以厚度 d 约为 8 mm,U 值为 $0.6\ W \cdot m^{-2} \cdot K^{-1}$ 的一片真空玻璃为例,可以算出其 $C_{真空} = 0.668\ W \cdot m^{-2} \cdot K^{-1}$。

在 1 m 厚度中等效地可叠放的真空玻璃数为:$\dfrac{1}{d} = \dfrac{1}{0.008} = 125$。

此时热导将减少 125 倍,热阻将增大 125 倍。

表观导热系数为 $\lambda_{表} = \dfrac{0.668}{125} = 0.0053\ (W \cdot m^{-1} \cdot K^{-1})$。

根据式(6.2)可方便地算出表观导热系数:

$$\lambda_{表} = C_{真空} d \tag{6.2}$$

式中　d——真空玻璃厚度(m)。

表 6.5 中列出了几种常见建筑材料的导热系数。

表 6.5　几种建筑材料的导热系数

材料	玻璃	密度为 2500 kg/m³ 的加卵石混凝土	重砂浆砌红砖墙	大理石	密度为 70~120 kg/m³ 的矿渣棉	密度为 500 kg/m³ 的粉煤灰泡沫砖
$\lambda(W \cdot m^{-1} \cdot K^{-1})$	0.76	1.51	0.81	2.91	0.045	0.19

对比可知,真空玻璃由于特别薄,故表观导热系数远低于一般保温材料,也比我国标准《设备及管道绝热技术通则》(GB 4272—2008)规定的保温材料导热系数界定值 $0.12\ W \cdot m^{-1} \cdot K^{-1}$ 小十多倍,是性能极优良的保温隔热体。对如此低热导材料的测量在热测量技术中本身就是个难题,因为传热途径很多,稍有"漏热"就使测量精准度下降。

为了测量 $U \leqslant 0.6\ W \cdot m^{-2} \cdot K^{-1}$ 的样品,仪器的准确度或者说分辨率至少要比测量值小 1 至 2 个数量级,比如分辨率小两个数量级达到 $\pm 2\%$,则测量 U 值为 0.6 的样品准确度为 ± 0.012,即在 $0.61 \sim 0.59$ 范围,就相当不容易了。

同时要求仪器具有高的测量可重复性,也称为精密度,比如在相同环境下对同一样品重复测量的结果差别小于 ± 0.005,才能用这样的仪器来测定真空玻璃的寿命及可靠性。如果仪器的可重复性(精准度)差,则分不清热导的变化是真空玻璃性能不稳定造成的,还是仪器测出值不稳定造成的。由于影响热测量重复性的因素很多,做到这一点也很难。

总之,提高 U 值测量仪分辨率和可重复性都是相当困难的。

2. 真空玻璃传热的不均匀性给测量仪制作带来的特殊困难

正如第 1 章第 1.1.3 节所述,真空玻璃传热的不均匀性是由支撑物引起的。不同种类(如钢化真空玻璃和普通真空玻璃)不同玻璃原片厚度(3 mm、4 mm、5 mm、6 mm、8 mm)的真空玻璃的支撑物间距可以在 $20 \sim 60$ mm 之间变化,如果要分别测出 $C_{辐射}$、$C_{支撑物}$、$C_{气}$,则测量仪的测试头面积必须足够小,这使测量仪的设计和制作难度更大。

如果只要求测平均热导从而得出 U 值,则测试区要足够大才能准确测出各种热导综合的平均值,这时导致真空玻璃传热不均匀的另一因素——边缘热导大又会影响测试结果。由于测试的样品有的尺寸很小(比如 400 mm×300 mm),测试区设计得太大就难以不受边缘热导的影响而测不准中心 U 值。

正因为上述的各种测量难度,用于测量门窗和墙体建材 U 值的传统热箱法难以达到真空玻璃测量要求的精准度,必须研究新的测量方法及测试仪器。

本章下文将介绍目前正在研发的两种测量方法——防护热板法和热流计加均温板法。

6.1.3　防护热板法 U 值测量仪

1.防护热板法热导测量仪的原理和构造

(1) 用小测量区域区分 $C_{辐射}$、$C_{支撑物}$ 和 $C_{气}$

为了能够分别测量出真空玻璃中的辐射热导和支撑物热导,需要我们使用足够小的测量区域,以区别辐射热导和支撑物热导。图 6.3 为小测量区域示意图。

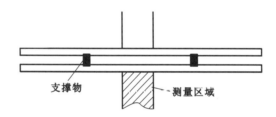

支撑物　　　测量区域

图 6.3　测量真空玻璃热导设备的小测量区域示意图

究竟测量区域多小,支撑物间距多大,才能把辐射热导和支撑物热导"分开"而达到分别测出 $C_{辐射}$、$C_{气}$ 和 $C_{支撑物}$ 的目的。为此,悉尼大学真空玻璃研究小组做了大量理论和试验工作[3],对单个支撑物传热量进行测量的数字模拟计算结果见图 6.4。计算时假设支撑物为直径很小、高度可忽略的圆片。测量区域直径为 D,其中心至支撑物中心的距离为 L,测量面玻璃厚度为 t(如果测量头表面也有玻璃片,则 t 为玻璃的总厚度),通过支撑物的全部热量为 $Q_{总}$,而测到的传热量为 Q,图 6.4 给出的是 $Q/Q_{总}$ 与 L/t 的关系图,参变量为 D/t。

由图 6.4 可见,当 $L/t=0$,即测试区中心对准支撑物时,D/t 越大,$Q/Q_{总}$ 越接近 1,即 $Q=Q_{总}$,可测出支撑物全部传热量。当 L/t 越大,D/t 越小,即离支撑物越远,测试区域越小,则 $Q/Q_{总}$ 越接近零,即测不到支撑物热导。

例如,测一块厚度 $t=4$ mm 玻璃制成的真空玻璃,如果测试区直径 $D=12$ mm,则 $D/t=3$,若测试区中心距支撑物 $L=12$ mm,则 $L/t=3$,则由图 6.4 可查到 $Q/Q_{总}$ 约为 0.03,即只测量到 $C_{支撑物}$ 总值的 3%。图 6.5 给出一个真空玻璃实测例,当测试区沿支撑物矩阵对角线移动时,测得的传热功率变化曲线与计算值相符。当测试区在中心位置时,支撑物热传导的影响已很小;当 $C_{气}$ 可忽略时,测出的是辐射热传导的功率。

图 6.5 中测试的样品两内表面没有 Low-E 膜,其支撑物直径大约为 0.6 mm,间距为 40 mm,支撑物对矩阵中心的总传热有 1% 的贡献。由此可推断出,只要在支撑物间距超过 40 mm 的"测试区"中央选取合理的 D 值,就可以直接测出 $C_{辐射}$ 或 $C_{辐射}+C_{气}$,而把测试区中

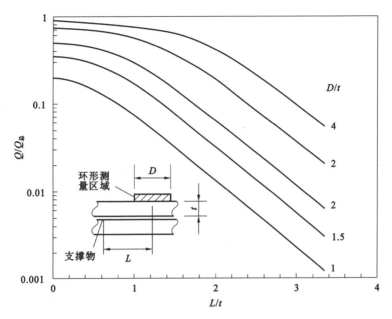

图 6.4 支撑物传热量与 L、D 等参数的关系

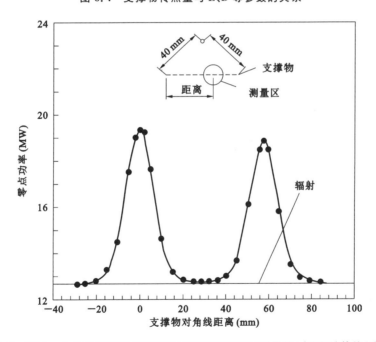

图 6.5 通过一个单位支撑物矩阵沿对角线方向的热导测量值(点)和计算值(实线)

心对准一个支撑物,则可测算出 $C_{支撑物}$,测算方法将在下文中详述。

(2)防护热板法热导测量仪的原理和构造

北京大学物理系林福亨(已故)设计制造的真空玻璃热导测量仪的结构如图 6.6 所示[4],与悉尼大学研制的同类装置不同的是:仪器结构有很大变化,例如冷板和热板均采用电加热和制冷技术,不用热水和冷水循环,使装置小型化成便携式仪器,又采用了自动控温和自动化数据采集,可以自动检测并进行数据处理。

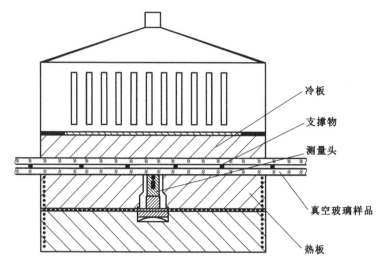

图 6.6　热导测量仪测量部件结构示意图

由图 6.6 可见,这种热导仪将真空玻璃夹在测量仪的冷板和防护热板之间,测量头在防护热板的中心部位。测量时,仪器中的热源使防护热板恒定于温度 T_1(比如 30 ℃),冷源使冷板温度恒定于 T_2(比如 10 ℃),测量头内设置有微型加热器和测温传感器,其加热功率可通过控温电路来调节。理论上,当测量头的温度等于防护热板温度 T_1 时,测量头与防护热板之间传热为零,此时微型加热器的加热功率 W 即可认定是由真空玻璃热面传向冷面的热功率,真空玻璃的实测热导 C_v' 可由下式得出:

$$C_v' = \frac{W}{S(T_1 - T_2)} \tag{6.3}$$

式中　S——测量头与玻璃接触的有效面积。

实际上,此仪器中的受控微型加热电路是个"热流计"。由于有热板的"防护",在稳定状态下,测量头周围玻璃板的温度是恒定的,避免了热流向侧面传导。理论上,防护板越大,测量精度越高。所以,防护热板法属于一种传统的热测量的"热流计法"。

(3) 用热导仪测 $C_{辐射}$、$C_气$、真空度 P 和 $C_{支撑物}$ 的方法

① 测量 $C_{辐射}$ 和 $C_气$ 和真空度 P 的方法

准确测量 $C_{辐射}$ 和 $C_气$ 的样品需要特别制备,要在样品中适当位置少放一个支撑物,形成空白区,也称"测试区",如图 6.7 所示。

样品在热导仪上的摆放位置如图 6.8 所示,中间空缺一个支撑物,测量头中心和周围每个支撑物的距离都在 20 mm 以上,故支撑物对热导测量值的影响可忽略不计。

测得值 $C_测$ 中包括辐射热导和残余气体热导,即 $C_测 = C_{辐射} + C_气$,$C_{辐射}$ 可由第 4 章式(4.7)计算得到。

若 $C_测 > C_{辐射}$,则可得到 $C_气 = C_测 - C_{辐射}$。

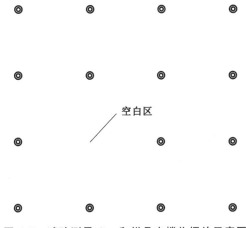

图 6.7　试验测量 $C_{辐射}$ 和样品支撑物摆放示意图

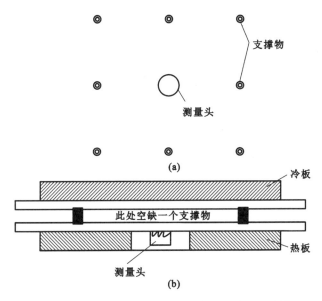

(a)

(b)

图 6.8　带测试区样品的测量位置示意图(俯视图和侧视图)

(a)俯视图；(b)侧视图

　　例如，$C_{辐射} = 0.45$ W·m^{-2}·K^{-1}，测出 $C_{测} = 0.53$ W·m^{-2}·K^{-1}，则 $C_{气} = 0.08$ W·m^{-2}·K^{-1}，则根据公式 $C_{气} = 0.8P$，可得到 $P = 0.1$ Pa，即真空度为 0.1 Pa。

　　② 测量 $C_{支撑物}$ 的方法

　　样品在测量仪上的摆放位置如图 6.9 所示。

　　如此测出的热导 C 必须经过三项修正：

　　a. 实际上 C 中不仅含有 $C_{支撑物}$，还有 $C_{辐射}$ 和 $C_{气}$。如果 $C_{气}$ 可忽略，则必须从 C 中扣除 $C_{辐射}$。

　　b. 当测量头盖在支撑物上时，通过此支撑物的传热几乎全部通过测量头的有效面积 S，而实际上当支撑物方阵间距为 b 时，一个支撑物的平均有效面积是 b^2，而 b^2 远大于 S，因此支撑物的热导被测高了 b^2/S 倍，应作负修正。

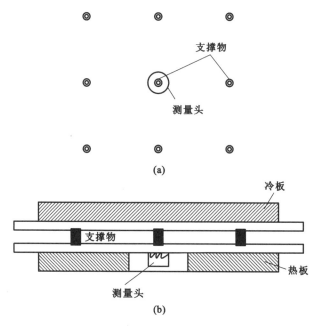

图 6.9   测量头直接对准一个支撑物的测量位置示意图

(a) 俯视图；(b) 侧视图

c.根据图 6.4 的理论模拟计算结果，当 $L/t=0$ 时，由于 D/t 不够大，实际测到的 $C_{支撑物}$ 不是全部，百分比为 $Q/Q_{总}$，应作正修正。

综合以上 3 项，可得到公式(6.4)：

$$C_{支撑物} = (C - C_{辐射}) \cdot \frac{S}{b^2} \cdot \frac{Q_{总}}{Q} \tag{6.4}$$

表 6.6 中给出了两种真空玻璃样品的测试结果。这两种样品的支撑物均为外径 0.6 mm、内径 0.3 mm、厚度为 0.15 mm 的金属圆环，阵列间距 $b=25$ mm，其中一块样品中有发射率为 0.11 的 Low-E 膜，玻璃厚度均为 4 mm。

表 6.6   用热导仪测量两种样品的辐射热导 $C_{辐射}$ 和盖在支撑物上的热导 C

样品	$C_{辐射}(\mathrm{W \cdot m^{-2} \cdot K^{-1}})$	$C(\mathrm{W \cdot m^{-2} \cdot K^{-1}})$	$C - C_{辐射}(\mathrm{W \cdot m^{-2} \cdot K^{-1}})$
N4＋V＋N4	4.26	5.62	1.36
L4＋V＋N4	1.68	3.04	1.06

注：数字—玻璃厚度(mm)；N—普通玻璃；L—Low-E 玻璃；V—真空层。

测量头的等效面积 $S=1.83$ cm²，$b^2=6.25$ cm²，$D=12$ mm，$t=4$ mm，$D/t=3$，由图 6.4 可查出 $Q/Q_{总}=0.75$，将以上数据代入式(6.4)可算出：

$$C_{支撑物} = 1.36 \times \frac{1.83}{6.25} \times \frac{100}{75} = 0.53(\mathrm{W \cdot m^{-2} \cdot K^{-1}})$$

显然，由于 D、t 等参数及 $Q/Q_{总}$ 等误差的影响，$C_{支撑物}$ 的测算不可能非常准确，原因很多：其一，理论计算值可能并不一定准确，比如表 6.3 中计算 $C_{支撑物}$ 时，玻璃的导热系数为 1 W $\cdot$ m^{-1} $\cdot$ K^{-1}，这是个近似值，实际值如果是 0.78 W $\cdot$ m^{-1} $\cdot$ K^{-1}，则 $C_{支撑物}$ 就不是表中

的 $0.707\ \mathrm{W\cdot m^{-2}\cdot K^{-1}}$，而是 $0.551\ \mathrm{W\cdot m^{-2}\cdot K^{-1}}$。又如，由图 6.4 查出的数据并不准确，不管 $Q/Q_{总}$ 是 0.60 还是 0.70，对 $C_{支撑物}$ 的计算结果影响很大，应该由测量仪中的计算系统直接算出比值。其二，由于是对单个支撑物进行测量，此支撑物的形状与玻璃接触面的大小对测量结果影响很大，多点多次测量的平均值才可能得到有代表性的结果。因此，这种测量方法只适合用于实验室测量，先用图 6.8 所示的方法准确测定 $C_{辐射}$，再通过比较精确的有限元模拟计算和测量相结合来确定 $C_{支撑物}$，由测量样品的 $C_{辐射}+C_{气}$ 求出 $C_{气}$，从而得到 $C_{真空}$ 和 U 值。这种测量方法无法用于产品测量。在进行产品测量时，只能用此热导测量仪进行下面介绍的相对比较测量。

③ 实际生产过程中真空玻璃热导的测量

实际生产中，不可能对每片真空玻璃进行如此复杂的测量和计算，我们的产品也不可能有图 6.8 所示的支撑物空白区，因此测量时不能排除支撑物的影响。只能通过测量局部热导 $C'_{真空}$ 用比对的方法来判定真空玻璃的性能。具体测量位置见图 6.10。

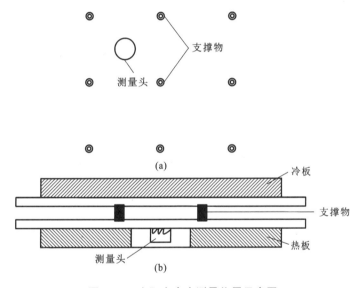

图 6.10　实际生产中测量位置示意图

(a) 俯视图；(b) 侧视图

所谓局部热导 $C'_{真空}$，包括了真空玻璃的辐射热导、残余气体热导和部分支撑物的热导，即：

$$C'_{真空} = C_{辐射} + C_{气} + C'_{支撑物} \tag{6.5}$$

在 $C_{气}$ 可忽略的条件下，有：

$$C'_{真空} = C_{辐射} + C'_{支撑物} \tag{6.6}$$

为了比较准确地测出 $C'_{真空}$ 的数值作为生产时的测试标准，可采用"动态抽真空法"用热导仪测出一个标准值。其装置如图 6.11 所示。

图 6.11 中用高真空系统将一片未封口的半成品真空玻璃抽真空，确保真空玻璃真空度 $P \ll 0.1\mathrm{Pa}$，$C_{气}$ 可忽略，同时用热导仪按图 6.10 所示的位置测试 $C'_{真空}$。

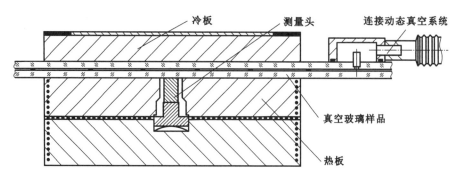

图 6.11　"动态抽真空系统"示意图

　　测出的数值即为生产线在线检测的标准值,并规定误差范围,对大量产品进行比对测定,在此范围内即为合格产品。

　　④ 热导仪测量头有效面积 S 的校准

　　测量头直径为 D,则与玻璃接触表面积为 $\frac{1}{4}\pi D^2$,如 $D=12$ mm,接触面积为 1.13 cm²,但由于测量头周围有空隙、测量头接触的玻璃板有厚度等因素,有效传热面积 S 应大于上述接触面积,对每一台仪器,应确定其 S 值,才能根据式(6.3)准确算出热导值。

　　校准并确定 S 值也是利用式(6.3),只要找到已知 C 值的标准板,利用图 6.11 的动态抽真空测量法精确测出 W 和 $(T_{热}-T_{冷})$,就可推算出 S 值。

　　标准板可用已被权威部门标定过 C 值的聚苯乙烯板,也可以用已知表面发射率的玻璃制成的真空玻璃,如普通玻璃表面发射率为 0.84,镀金玻璃表面发射率为 0.02,也可选表面辐射率经准确测定的 Low-E 玻璃。用这些不同玻璃制成带测试区的半成品真空玻璃,进行动态测试,即可用不同的 $C_{辐射}$ 值对 S 进行标定。悉尼大学真空玻璃研究小组就是用这种动态抽真空的特制标准板对热导测量仪进行校验,从理论到试验都证明是可行的。前面提到的热导仪的 S 为 1.83 cm²,就是这样标定的。S 确定后,可反过来对热导测量仪的准确度进行标定。

　　标定由热导仪生产方进行,使用者可直接由仪器读出所测热导值。

　　(4) 防护热板法热导测量仪已达到的精准度

　　用现有热导仪对经国家计量部门标定的聚苯乙烯泡沫标准板进行了多次测量,结果如表 6.7 所示,该标准板的标定值为 $C_{标准}=2.69$ W·m⁻²·K⁻¹。

表 6.7　聚苯乙烯标准板热导测量值

热导测量值 (W·m⁻²·K⁻¹)	2.68	2.68	2.70	2.69	2.70	平均值	2.69	方均根 误差	0.01

　　从数据可以算出测量精度为:$\frac{0.01}{2.69}=0.37\%$。

　　由于真空玻璃热阻更高,热导更小,所以又对不同的真空玻璃的局部热导 $C'_{真空}$ 进行了测量,数据如表 6.8 所示。

表 6.8 两种真空玻璃局部热导 $C'_{真空}$ 测量值($\mathbf{W} \cdot \mathbf{m}^{-2} \cdot \mathbf{K}^{-1}$)

样品种类	热导测量值	平均值	差值	方均根误差
N4＋V＋N4	4.1	4.06	＋0.04	0.035
	4.09		＋0.03	
	4.03		－0.03	
	4.02		－0.04	
L4＋V＋N4	1.2	1.18	＋0.02	0.02
	1.205		＋0.02	
	1.15		－0.03	
	1.17		－0.01	

注:数字—玻璃厚度(mm);N—普通玻璃;L—Low-E 玻璃;V—真空层。

从表 6.8 中可以看出:当测量无镀膜真空玻璃时,热导仪的重复测量精度为:$0.035/4.06 \times 100\% = 0.86\%$。当测量 Low-E 真空玻璃时,热导仪的重复测量精度为:$0.02/1.18 \times 100\% = 1.7\%$。

根据上面的计算结果,热导仪重复精度在不同热导测量段有所不同,但都可通过热导测量监测真空度是否达到要求,也都可达到国家行业标准规定的此类仪器精度在 ±5% 以内的要求。

2. 把防护热板法热导测量仪改成 U 值测量仪的方法

上述测量 U 值的方法是通过热导测量仪测量和有限元模拟结合测算出 $C_{辐射} + C_{气}$ 及 $C_{支撑物}$,然后换算出 U 值,显然这种方法间接而复杂,只适合实验室使用。

如图 6.10 所示,在生产中将测量头置于 4 个支撑物中心位置测出的局部热导 $C'_{真空}$ 和由式(6.1)表示的真空玻璃中心区域的平均热导 $C_{真空}$ 是不相等的,即:

$$C'_{真空} = C_{辐射} + C_{气} + C'_{支撑物} \neq C_{辐射} + C_{气} + C_{支撑物} = C_{真空}$$

如何才能用热导仪直接测出 U 值呢? 很容易想到的是:① 能不能直接测出 $C_{真空}$ 而算出 U 值呢? ② 能不能找出 $C'_{真空}$ 与 U 值的对应关系进而由热导测量仪测出 $C'_{真空}$ 后直接计算并显示出 U 值呢? 下面就这两种思路进行分析。

(1) 思路一:改变热导测量仪的测量头形状,测出 $C_{真空}$ 从而直接算出 U 值

把测量头制作成图 6.12 所示的形状,使测量头的形状和尺寸正好构成真空玻璃的一个可重复单元。这样从理论上测出的热导值应该等于 $C_{真空}$。图 6.12 中的这些单元以图 6.12(a)最佳,因为其面积比图 6.12(b)、图 6.12(c)大,热导大,测试误差小,图 6.12(d)只含一个支撑物,受支撑物形状影响大,特别是有些产品支撑物是点胶或丝网印刷的,形状离散性大。而且支撑物的影响因测试区域小而被放大了,必须修正。图 6.12(a)则相当于取 4 个支撑物的平均值,更为合理。但是,不同品种的真空玻璃(如钢化、半钢化真空玻璃和普通真空玻璃)支撑物的间距不同,不同厚度玻璃原片(如 3 mm、4 mm 和 5 mm)制作的真空玻璃支撑物间距也不同,使用不同材质、不同尺寸的支撑物设计的真空玻璃,支撑物间距也可能不同,因此无法设计一种测量头来测出各种真空玻璃的 C_v 值。所以,这种思路难以实现。

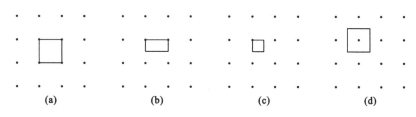

图 6.12 热导仪测量头形状示意图

（2）思路二：测出 $C'_{\text{真空}}$ 与 U 值的对应关系，将热导测量仪改为 U 值测量仪

为了实现这种思路，必须用新的测试原理及方法改进现有的热导仪的软硬件，使之成为 U 值测量仪。现对此方法作如下说明：

① 选定真空玻璃一个可重复单元并确定测试中心点

仍可选定测试的可重复单元为图 6.12(a) 所示 4 个支撑物构成的正方形区域，测试中心为正方形的几何中心，即对角线交点，这也就是图 6.10 所示测 $C'_{\text{真空}}$ 的位置。如果支撑物是正三角形布放，则测试可重复单元以三个支撑物为顶点的正三角形区域，测试中心为此正三角形的几何中心，即三个高的交点。

② 确定防护热板法热导测量仪的测量头接触面形状

从原理上说，方形和圆形测量头及其尺寸虽然测出的实测热导 $C'_{\text{真空}}$ 数值不同，可能大于或小于真值 $C_{\text{真空}}$，但因我们只关心其对不同真空玻璃的相对值，所以测量头形状及尺寸并不重要，圆形具有 $360°$ 对称性，更易于加工制作，因此为首选，这也正是目前热导测量仪的形状，不必改动。其直径应在小于支撑物间距范围内优化设计，截面面积大些可降低制作难度且提高测量精度。

③ 确定实测热导 $C'_{\text{真空}}$ 与 U 值的对应关系，由热导仪测出值 $C'_{\text{真空}}$ 直接导出 U 值

对于 $C_{\text{辐射}}$、$C_{\text{支撑物}}$、$C_{\text{气}}$ 各不相同的真空玻璃，$C_{\text{真空}}$ 与 U 值是一一对应关系，虽然 $C'_{\text{真空}} \neq C_{\text{真空}}$，但只要上述测试点和测试面积确定了，$C'_{\text{真空}}$ 和 $C_{\text{真空}}$ 应该是一一对应关系，因而 $C'_{\text{真空}}$ 和 U 值也应该是一一对应关系。

由此不难想到，如果做出一系列不同的真空玻璃样品，根据标准计算出它们的 U 值，再用热导仪测出它们对应的 $C'_{\text{真空}}$ 值。就可以得到 "$C'_{\text{真空}}$-U" 关系曲线，用此关系曲线标定热导仪，就可由测试每种真空玻璃的 $C'_{\text{真空}}$ 直接导出 U 值。

对于每一片真空玻璃，$C'_{\text{真空}}$ 值可以测出，但计算 U 值时，$C_{\text{辐射}}$ 和 $C_{\text{支撑物}}$ 可以准确算出，但由于不知道真空玻璃中压强 P 值，$C_{\text{气}}$ 无法得出。这成为标定 $C'_{\text{真空}}$-U 关系曲线的又一难题。为克服此难题，很自然地会想到可否先忽略 $C_{\text{气}}$，制作一些 $C_{\text{气}}$ 可忽略而 U 值仅由 $C_{\text{辐射}}$ 和 $C_{\text{支撑物}}$ 决定的样品，就可以做出 $C'_{\text{真空}}$-U 关系曲线，以此 "标定" 热导仪。

那么，对于真空度不良的真空玻璃，测试时 $C_{\text{气}}$ 不可忽略，而且气体热导可能比较大，用忽略 $C_{\text{气}}$ 得到的 $C'_{\text{真空}}$-U 函数关系能否得到正确的 U 值呢？答案是肯定的，因为根据式（6.5），$C'_{\text{真空}}$ 只是 $C_{\text{气}}$、$C_{\text{辐射}}$、$C_{\text{支撑物}}$ 的简单相加。增加 $C_{\text{气}}$ 和增加 $C_{\text{辐射}}$、$C_{\text{支撑物}}$ 对 U 值改变的作用是一样的。而且，对于合格或接近合格的真空玻璃，$C_{\text{气}}$、$C_{\text{辐射}}$ 和 $C_{\text{支撑物}}$ 一样，都是很小的变量，如果 $C_{\text{气}}$ 很大，就是超出仪器的测量范围的不合格品了。因此，用忽略 $C_{\text{气}}$ 得到的 $C'_{\text{真空}}$-U 关系曲线可以用于测量含 $C_{\text{气}}$ 的样品。

④ 制作 $C_气$ 可忽略不计而 U 值确定的真空玻璃样品,用以标定 U 值测量仪

可用以下两种方法制作真空度 $\leqslant 10^{-2}$ Pa,从而 $C_气$ 可忽略的样品。

a.仍可如图 6.11 所示,对未封口的真空玻璃样品在测量热导的同时抽真空,在确保真空度 $\leqslant 10^{-2}$ Pa 的条件下,进行动态抽真空热导测试。

b.制作专用的真空玻璃标准样品,在真空腔体内放置比常规产品多数倍的吸气剂,也可确保真空度 $\leqslant 10^{-2}$ Pa,样品的支撑物可如图 6.13 所示分 4 个区域布放,每个区域采取一种间距,如 20 mm、30 mm、40 mm、50 mm,这样当两片玻璃选定后,$C_辐射$ 是确定值,4 个区域的 $C_支撑物$ 是 4 个值,当 $C_气＝0$ 时,可以按标准算出每个区域的 U 值,每块样品有 4 个 U 值测试区。

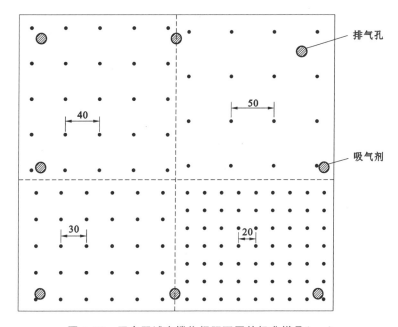

图 6.13 四个区域支撑物间距不同的标准样品(mm)

如果用不同 Low-E 玻璃组合制成 5 片标准样品,则可得到 20 个 U 值测试点。

⑤ 通过计算作出 $C_{真空}$-U 关系曲线,测出 $C'_{真空}$-U 关系曲线,标定热导测量仪

用热导测量仪测出 20 种样品的 $C'_{真空}$,得到表 6.9 中的数据和图 6.14 所示的 $C_{真空}$-U 和 $C'_{真空}$-U 曲线,用此曲线来标定热导测量仪。对于各种真空玻璃,不管用何种玻璃、何种材料和形状的支撑物,也不管支撑物间距多大,真空度如何,只要测出 $C'_{真空}$,热导测量仪的计算电路就可以根据 $C'_{真空}$-U 函数关系直接算出 U 值读数。

表 6.9 玻璃结构及 U 值

玻璃结构	Low-E 类型	支撑物间距 (mm)	局部热导 $C'_{真空}$ (W · m^{-2} · K^{-1})	U 值 (Windows 7 软件计算)
L＋V＋N	镀金板(辐射率 0.02)	40	0.409	0.387

续表 6.9

玻璃结构	Low-E 类型	支撑物间距 （mm）	局部热导 $C'_{真空}$ （W·m^{-2}·K^{-1}）	U 值 （Windows 7 软件计算）
L+V+N	S1.16 （辐射率0.07）	30	0.882	0.769
		35	0.734	0.653
		40	0.635	0.575
		45	0.571	0.52
L+V+L	S1.16 （辐射率0.07）	25	0.99	0.884
		30	0.745	0.655
		35	0.597	0.534
		40	0.5	0.452
		45	0.434	0.394
L+V+N	在线 EA （辐射率0.07）	25	1.529	1.226
		30	1.287	1.069
		35	1.142	0.969
		40	1.046	0.901
		45	0.98	0.853
L+V+L	在线 EA （辐射率0.07）	25	1.215	1.021
		30	0.972	0.848
		35	0.824	0.736
		40	0.728	0.661
		45	0.662	0.608

注：N—普通玻璃；L—Low-E 玻璃；V—真空层。

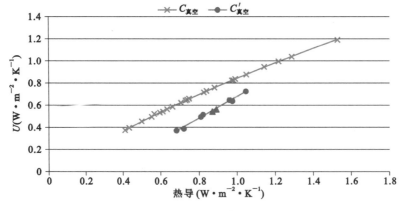

图 6.14　$C_{真空}$-U 和 $C'_{真空}$-U 曲线

（3）结果分析

将图 6.14 中两条曲线对应部分放大,如图 6.15 所示。

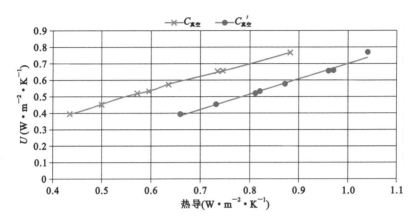

图 6.15 $C_{真空}$-U 和 $C'_{真空}$-U 曲线对应关系

由图 6.15 可见,$C_{真空}$-U 和 $C'_{真空}$-U 曲线几乎是两条平行直线,同一样品的 $C'_{真空}$ 和 $C_{真空}$ 具有相同 U 值的对应关系,证明了测量 $C'_{真空}$ 得出 U 值的可行性。

目前,这种防护热板法 U 值测量仪的研制还在进行中,有大量的软硬件工作需要做。这些工作完成后,对用户来说并不需要做上述的大量标准校正工作,使用仪器是非常方便的,只要满足仪器规定的环境要求,仪器操作十分简便,U 值可以自动显示和记录。仪器的校验也十分简便,只要定期由厂家进行维护和校验即可。

6.1.4 用热流计加均温板测量真空玻璃 U 值的方法

1.测试原理及方法

ISO 正在制定真空玻璃 U 值测量标准,其测试方法被翻译为过渡板法（buffer plate）或均温板法。从物理原理上看,翻译为后者更贴切。图 6.16 为其测量原理图,其基本原理与热流计法相同。采用均温板的目的是使测量单元能测出表面的平均温度,在恒定温差下,测出为保持测量单元温度所需的热功率,从而得出热阻值。

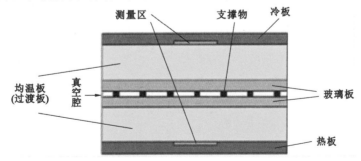

图 6.16 均温板法真空玻璃传热系数测试方法原理图

其测量仪器可采用从市场上购得的材料热阻（热导）测量仪,这类仪器一般用于测量均匀保温材料。测量真空玻璃这种非均匀传热体时,则使用两片过渡板来均温,使测量区测得真空玻璃上下表面各自的平均温度。通过测出温差和热流得到热阻,从而计算出 U 值,对比防护热板法,可简称为均温板法。

测量时分两步进行:

第一步,如图 6.17(a)所示,将真空玻璃置于两片均温板之间,在稳态时测出:

$$R_a = R_{真空} + 2R_b$$

式中　$R_{真空}$——真空玻璃中心区域热阻,其中,$R_{真空} = \dfrac{1}{C_{真空}}$;

　　　R_b——每片均温板的热阻。

第二步,如图 6.17(b)所示,在稳态时测出 $2R_b$。则由 $R_{真空} = R_a - 2R_b$ 得出 $R_{真空}$,由此可计算出 U 值。

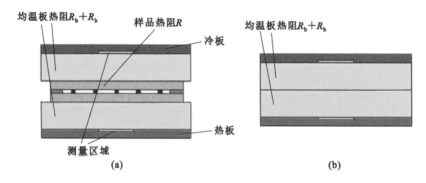

图 6.17　用均温板法测量真空玻璃热阻(热导)示意图

(a) 测量真空玻璃与两片均温板热阻之和;(b) 测量两块均温板热阻之和

2.测量误差

(1) 测量误差的来源

① 对于不同种类真空玻璃过渡板和测量板含盖支撑物数量不同,即使同一片真空玻璃选取不同区域,含盖支撑物数量也可能不同,这样从理论上就有误差。

例如,图 6.18(a)～图 6.18(c)三种情况下,测量区域是相同的,但支撑物通过测量区的热流肯定不同。图 6.18(a)最大,图 6.18(b)最小,图 6.18(c)介于图 6.18(a)、图 6.18(b)两者之间,对于各种支撑物材料、尺寸、间距不同的真空玻璃,引起的误差也不同。测试区域大小如何选择,又如何选择含有支撑物的数量,这是一个减小测量误差的难题。

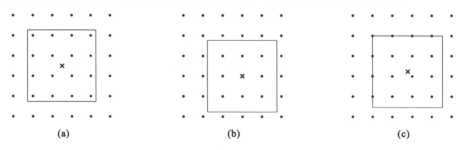

图 6.18　均温板含盖支撑物数量不同示意图

② 均温板的厚度不同(从而其热阻不同)会对热流产生较大影响,比如厚度大、热阻大,则真空玻璃和均温板边缘热流加大;厚度小、热阻小,通过支撑物的热流更多流向冷板,这些都影响测试的精准度,一般来说,测出的 U 值可能系统性偏大。

③ 测试区域与边缘的距离会直接影响测试区热流的大小,从而影响测试结果。因为真空玻璃边缘热导较大,测试区域离边缘越近,过渡板的热阻 R_b 越大,真空玻璃的厚度越大,这三个因素都会使更多漏热流向边缘,使测试误差增大。

(2) 减小误差的方案

悉尼大学等单位对测试区域的大小、均温板的热阻大小及测试区与真空玻璃边缘距离对测量误差的影响做了大量研究工作。

目前,初步的研究结果是:

① 均温板的热阻 R_b 应在 $0.03 \sim 0.1$ $W^{-1} \cdot m^2 \cdot K$ 范围,可选用热阻为 0.025 $W^{-1} \cdot m^2 \cdot K$ 的 6 mm 厚氯丁橡胶板或热阻为 0.107 $W^{-1} \cdot m^2 \cdot K$ 的 10 mm 厚发泡氯丁橡胶板。

② 主要根据对支撑物间距 25 mm 和 30 mm 的真空玻璃进行的模拟计算和测试结果,目前测试区域面积为 100 mm×100 mm。

③ 在满足以上两个条件的情况下,测试区距真空玻璃边缘的距离应≥90 mm。

以上结果还有待进一步研究。相比之下,防护热板法选用重复单元测试,避免了含盖支撑物数量的影响,同时不使用均温板,只要热保护板和冷板区域足够大,温度足够稳定,就可有效控制边缘漏热,确保测试精准度。

防护热板法热导仪的精准度主要取决于冷热板温度控制和热流计的精准度。

顺便指出,上述均温板法和防护热板法的 U 值标定方法是相同的,都是在 $C_气 = 0$ 的情况下,利用第 6.1.3 节中介绍的特殊制作的各种"标准板"及动态抽真空等方法,用国际通用的 Windows 7 软件计算出标准板的 U 值来标定仪器。

6.1.5 防护热板法和均温板法实测结果比对

为了验证防护热板法和均温板法测量真空玻璃 U 值的可行性,并对两种方法测量结果进行比对,以利于进一步改进设计。

防护热板法热导测量仪是北京新立基真空玻璃技术有限公司研制的,均温板法使用的日制 EKO HCD74/5314 型热流计是中国建材集团有限公司购置的。

共测试 6 片样品,其中 2 片是 $C_气$ 可忽略的标准样品,4 片是随机抽样的产品。6 片样品用的都是 $\varepsilon = 0.07$ 的同种 Low-E 玻璃,支撑物间距均为 40 mm,其中样品 3 用的是陶瓷支撑物,其余均用的是不锈钢环形支撑物。测试结果如表 6.10 所示。

表 6.10 防护热板法和均温板法 U 值测试结果对比($W \cdot m^{-2} \cdot K^{-1}$)

序号	结构 (mm×mm)	理论热导值	理论 U 值	均温板法测量	防护热板法测量	
					$C'_{真空}$	U 值
1	300×300, N5+V+L5	0.635	0.575	0.72	0.87	0.575

续表 6.10

序号	结构 (mm×mm)	理论热导值	理论 U 值	均温板法测量	防护热板法测量	
					$C'_{真空}$	U 值
2	300×300, N5＋V＋L5	0.635	0.575	0.72	0.89	0.608
3	300×300, N5＋V＋L5	0.6	0.49	0.66	0.85	0.551
4	300×300, N5＋V＋L5	0.635	0.575	0.74	0.90	0.613
5	300×300, N5＋V＋L5	0.635	0.575	0.73	0.88	0.591
6	300×300, N5＋V＋L5	0.635	0.575	0.725	0.87	0.575

注:数字—玻璃厚度(mm);N—普通玻璃;L—Low-E 玻璃;V—真空层。

目前,试验数据还不充分,两种测量方法都还需要进一步深入的研究。

6.1.6　测量 U 值时应注意的问题

计算传热系数时要注意因各国标准不同,计算结果也略有不同,第 1 章表 1.3 已列出各国对计算传热系数的边界条件规定。

另外,各国对于环境温度规定不同,因此在计算辐射热阻时采用的温度是不同的,因而算出的辐射热阻值不同,真空玻璃热阻也不同。

由于热导仪测试的平均温度是 20 ℃(293 K),测出的 $C_{辐射}$ 与标准规定的显然不同,严格地说,应计算出相应条件下真空玻璃的两内表面温度,再根据平均温度对 $C_{辐射}$ 测量值进行修正后再计算传热系数。粗略地计算,可直接用各国标准规定的室内外温度计算出平均温度,用此对测量值进行修正。如按中国标准平均温度为 0 ℃(273 K),则根据第 4 章公式(4.8)得到:

$$\frac{C^{标}_{辐射}}{C_{辐射}} = \frac{273^3}{293^3} = \left(\frac{273}{293}\right)^3 = 0.81$$

如测出 $C_{辐射}$＝0.6,则 $C^{侧}_{辐射}$＝0.486,应按此数计算出中国 U 值。美国 U 值和欧洲 U 值也可按此方法换算。正在研制的 U 值测量仪应可由用户设定条件后自动显示出不同标准的 U 值。

6.2　真空玻璃力学性能测试

真空玻璃作为保温材料,基本用于建筑门窗幕墙或家用电器领域,为满足安全与可靠性要求,需根据具体使用环境及条件,对真空玻璃进行抗弯曲强度、抗冲击强度、表面应力、钢化真空玻璃碎片数量等测试[5]。

6.2.1　弯曲强度测试

弯曲强度又叫抗弯强度,它反映的是试件在弯曲载荷作用下所能承受的最大弯拉应力。考虑到真空玻璃试件制作问题,一般把试件做成标准矩形梁(长、宽尺寸为 1100 mm×360 mm,厚度与真空玻璃制品相同)进行四点弯曲试验,四点弯曲法示意图见图 6.19。

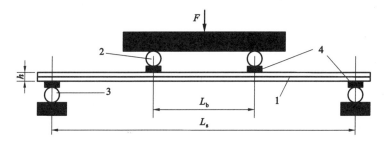

图 6.19　四点弯曲试验示意图

1—试样;2—上压辊;3—支撑辊;4—橡胶垫;L_b=(200±1)mm;L_s=(1000±2)mm

四点弯曲强度计算公式如下:

$$\sigma_{bB} = \frac{3F(L_s - L_b)}{2bh_{eq}^2} \tag{6.7}$$

式中　F——最大载荷(N);

　　　L_s——支撑辊棒中心线间的距离(mm);

　　　L_b——上压辊棒中心线间的距离(mm);

　　　b——真空玻璃试样宽度(mm);

　　　h_{eq}——真空玻璃试样的等效厚度(mm)。

值得注意的是,由于真空玻璃在厚度方向材料及结构性质不满足连续性要求,因此,公式(6.7)中的试样厚度应采用真空玻璃的等效厚度进行计算,具体取值可参考第 5 章第 5.9.1 节中的规定。

6.2.2　抗冲击强度测试

1. 钢球冲击性能

(1)检测目的

主要评价真空玻璃抵抗一定质量刚体冲击的能力。

(2)检测设备

① 使钢球从规定高度自由落下的装置或使钢球产生相当于自由落下的投球装置;

② 淬火钢球应符合《滚动轴承　第 1 部分:钢球》(GB/T 308.1—2013)规定,一种钢球质量为(1040±10)g,直径为 63.5 mm,另一种钢球质量为(2260±20)g,直径为 82.5 mm。

③ 试样支架

如图 6.20 所示,试样支架由两个经过机械加工的钢框架组成,周边宽度为 15 mm,在两个框架接触面上分别衬以厚度为 3 mm、宽度为 15 mm、邵氏硬度为 A50 的橡胶垫。下钢框安装在高度约为 150 mm 的钢腔上,试样放在上钢框下面。支撑钢箱被焊接在厚 12 mm 的钢板上,钢箱与地面之间衬以厚 3 mm、邵氏硬度为 A50 的橡胶垫片。

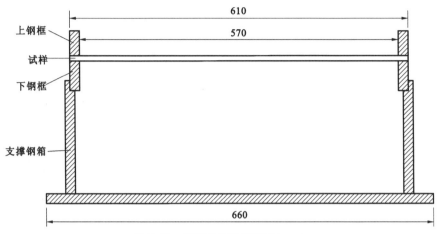

图 6.20　落球冲击试样支架(mm)

　　(3) 检测样品,试样 610^{-0}_{+5} mm×610^{-0}_{+5} mm,至少 6 块,试样与制品同材料、同规格,在相同工艺条件下制备。

　　(4) 检测方法

　　① 在试验前,试样应在规定的条件下至少保持 4 h。

　　② 将试样放在试样支架上,试样的冲击面与钢球的入射方向应垂直,允许偏差在 3° 以内。

　　③ 将质量为 1040 g 的钢球放置于距离试样表面 1200 mm 高度的位置,自由下落后冲击点应位于以试样几何中心为圆心、半径为 25 mm 的圆内。

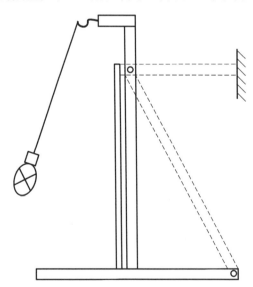

图 6.21　霰弹袋冲击试样框架结构示意图

　　④ 如果玻璃没有破坏,按下落高度 1200 mm、1500 mm、1900 mm、2400 mm、3000 mm、3800 mm、4800 mm 的顺序,依次提升高度冲击并观察每次冲击后玻璃的破碎状态。

　　若玻璃仍未破裂,则改为 2260 g 的钢球按上述程序重复进行试验。

　　2.霰弹袋冲击性能

　　(1) 检测目的

　　评价真空玻璃抵抗一定质量软体冲击的能力,模拟人体撞击。

　　(2) 检测设备

　　如图 6.21 所示,检测设备包括一个固定的试验框、一个试验过程中使试样保持在试验框内的夹紧框,和一个备有悬挂装置和释放装置的冲击体(霰弹袋)以及测力装置。试验框架应具有足够的刚度并被牢固固定。

试验框架主体部分采用高度大于 100 mm 的槽钢,用螺栓等将其牢固地固定在地面上,并在背面加支撑装置,以防止冲击时框架明显变形、发生位移或倾斜。夹紧框用于固定试样,其内部尺寸比试样尺寸小 19 mm 左右,与试样四周接触部位使用符合《硫化橡胶或热塑性橡胶压入硬度试验方法　第 1 部分:邵氏硬度计法(邵尔硬度)》(GB/T 531.1—2008)规定的邵氏硬度为 A50 的橡胶垫衬。试样安装后,橡胶条的压缩厚度为原厚度的10%～15%。

冲击体是带有金属杆的皮革袋,皮革袋的中心轴为一根长度为(330±13)mm 的金属螺杆,在皮革袋中装填铅霰弹,然后把袋的上下两端用螺母拧紧,再把皮革带的表面用 12 mm 宽、0.15 mm 厚的玻璃纤维增强聚酯尼龙带交叉倾斜地卷缠起来,把表面完全覆盖成袋体状,冲击体质量为(45±0.1)kg。

(3) 检测样品

平行试样 $1930^{\ \ 0}_{-5}$ mm×$864^{\ \ 0}_{-5}$ mm,至少 4 块,其厚度、种类、生产工艺与制品相同。

(4) 检测方法

① 用直径 3 mm 的挠性钢丝绳把冲击体吊起,使冲击体横截面最大直径部分的外周距离试样表面小于 13 mm,距离试样的中心在 50 mm 以内。

② 使冲击体最大直径的中心位置保持在 300 mm 的下落高度,自由摆动落下,冲击试样中心点附近 1 次。若试样没有破坏,升高至 750 mm,在同一试样的中心点附近再冲击1 次。

③ 试样仍未破坏时,再升高至 1200 mm 的高度,在同一试样的中心点附近冲击 1 次,直至破坏。

6.2.3　表面应力测试

(1) 检测目的

采用无损方法检测钢化或半钢化真空玻璃的表面应力,评价钢化真空玻璃的表面应力及其退火程度。

(2) 检测设备

检测设备是玻璃表面应力仪。目前,北京奥博泰科技有限公司代理了一款名为Glasstress 的便携式智能应力仪,其采用动态激光偏振散射法,通过偏振激光技术、高速图像采集技术和数字化偏光器技术对玻璃的应力状态进行测量。该仪器不仅能够测量玻璃的表面应力,还可以测量玻璃在厚度方向上的应力分布。

(3) 检测样品

以制品为试样。

(4) 检测方法

如图 6.22(a)所示,在距离长边 100 mm 的距离上,引平行于长边的两条平行线,并与对角线相交于 4 点,这 4 点以及制品的几何中心点即为测量点。若制品短边长度不足300 mm,则在距离短边 100 mm 的距离上引平行于短边的两条平行线与中心线相交于两点,这两点及制品的几何中心点即为测量点,见图 6.22(b)。

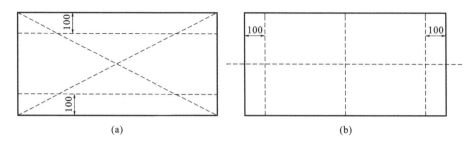

(a)   (b)

图 6.22   表面应力测量点示意图(mm)

6.2.4   真空玻璃应力光弹性检测

玻璃是一种典型的光弹性材料,根据光弹性原理,光弹性材料在外力作用下会产生临时双折射现象,而这种现象是可以通过光弹性仪检测得到的。光弹法是实验应力分析的一种基本方法,是基于平面应力-光弹性定律而被提出来的,已被广泛用于测试汽车玻璃的边缘应力、钢化玻璃的残余应力等,光弹性应力检测仪原理如图 6.23 所示。光源发出的光束经准光镜后变为平行光,通过起偏镜后,变成只在一个平面内振动的平面偏振光,此时平面偏振光通过模型会按照两个主应力方向进行分解,通过受力模型后出来的偏振光有了光程差,然后又一起通过第二个偏振片,也就是检偏镜,最后在屏幕上成像。通常,起偏镜的偏振轴 P 与检偏镜的偏振轴 A 是正交的,此时在屏幕上光场背景是暗的,称为暗场,若两偏镜的偏振轴相平行,此时背景是亮的,称为明场。各向同性透明的非晶体材料,例如聚碳酸酯、环氧树脂、玻璃、透明塑料等材料,在无应力状态下没有双折射性质。当这种材料产生应力后,它们的性质如同各向异性晶体一样,产生双折射现象。当应力解除后,这种双折射效应会消失,这就是暂时双折射现象。当将此种受力模型置于偏振光场中,就会观察到由这种暂时双折射效应所引起的干涉条纹。原因是,在通过受力模型后,这两支平面偏振光波产生了光程差 δ。平面应力光定律指出,此光程差 δ 由下式表示:

$$\delta = c t(\sigma_1 - \sigma_2) \tag{6.8}$$

式中 c ——材料的应力光学系数,与模型材料及光波波长有关;

t ——模型厚度(mm);

$\sigma_1 - \sigma_2$ ——该点的主应力差(MPa)。

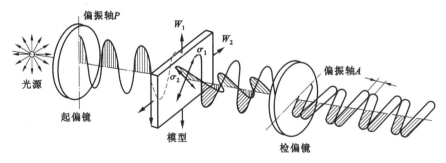

图 6.23   光弹性应力检测仪原理示意图

通过检偏镜后,模型上任一点的光强 I_1 由下式表示:

$$I_1 = I_0 \sin^2(2\theta) \cdot \sin^2 \frac{\pi\delta}{\lambda} \tag{6.9}$$

式中 I_0——起偏镜后光的强度(cd);

   λ——所用光源的波长(单色光,nm);

   θ——模型上任一点的主应力 σ_1 与检偏镜偏振轴之间的夹角(°)。

将式(6.8)代入式(6.9)可得:

$$I_1 = I_0 \sin^2(2\theta) \cdot \sin^2 \frac{ct(\sigma_1 - \sigma_2)\pi}{\lambda} \tag{6.10}$$

受力构件上任一点的应力差$(\sigma_1 - \sigma_2)$和 θ 均不相同,因此在屏幕上各点的亮度不一样,即在屏幕上形成明暗相间的条纹,通过读取条纹值就可以知道受力模型内部的应力大小。

真空玻璃是一种应力玻璃,大气压差作用及热封接作用会在真空玻璃内部形成不均匀的应力集中,而这种应力集中是可以通过光弹性仪观测到的。图 6.24(a)和图 6.24(b)分别为通过光弹性仪观测到的普通真空玻璃及钢化真空玻璃内部的支撑应力集中光斑及钢化应力斑。通过光弹性仪检测,可以定性地观测真空玻璃内部的应力分布状况及其不均匀性,有的企业采用这种方法以定性检测真空玻璃的支撑物布放质量、应力分布状态及其真空度失效等状况。

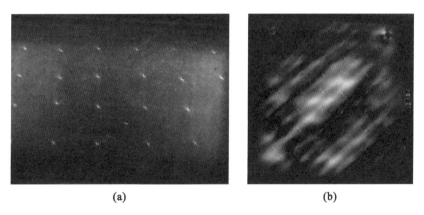

(a)   **(b)**

图 6.24 光弹性仪观测到的真空玻璃内部的应力光斑
(a)普通真空玻璃;(b)钢化真空玻璃

6.2.5 钢化真空玻璃碎片数量检测方法

碎片数量检测用于评价真空玻璃破碎后其是否相对安全,对人体会不会造成严重伤害。合格的钢化真空玻璃,其碎片应满足相关的要求。

(1)检测设备

① 尖端曲率半径为$(0.2+0.05)$mm 的小锤或冲击头;

② 50 mm 的计数框(不应变形);

③ 可保留碎片图案的任何装置。

（2）检测样品

检测样品为制品,4 块。

（3）检测方法

① 将钢化真空玻璃试样自由地平放在实验台上,并用透明胶带或其他方式约束玻璃周边,以防止玻璃碎片溅开;

② 在试样的最长边中心线上距离周边 20 mm 左右的位置,用小锤或冲击头进行冲击,使试样破碎;

③ 保留碎片图案;

④ 碎片计数时,应除去距离冲击点半径 80 mm 以及距玻璃边缘或钻孔25 mm范围内的部分。从图案中选择碎片最大部分,在这部分中用计数框计算框内的碎片数,每个碎片内不能有贯穿的裂纹存在,横跨计数框边缘的碎片按 1/2 块碎片计算。

（4）结果判定

4 块钢化真空玻璃的碎片大小、数量均满足要求时可判定为合格。

参 考 文 献

[1]　许威. 影响真空玻璃传热系数的主要因素分析[J]. 建筑节能,2014,42(286):27.

[2]　唐健正,李洋. 真空玻璃内部气压真空度的测量方法:2007'中国玻璃行业年会暨技术研讨会论文集[C]. 北京:中国建筑工业出版社,2007.

[3]　COLLINS R E, DAVIS C A, DEY C J, et al, Measurement of local heat flow in flat evacuated glazing[J]. International Journal of Heat and Mass Transfer, 1993, 36: 2553-2563.

[4]　林福亨,陶如玉. 真空玻璃热阻自动测试仪:CN02243245.0[P]. 2002-7-22.

[5]　刘正权,刘海波.门窗幕墙及其材料检测技术[M].北京:中国计量出版社,2008.

7 真空玻璃应用领域技术概述

真空玻璃已经在建筑、冷链、太阳能等领域中被广泛应用,在实际应用中又出现了许多新的技术问题需要研究和解决,本章对此作了初步归纳总结,目的是希望相关人士进一步深入研究真空玻璃的应用技术。

7.1 节能建筑中真空玻璃的选型

7.1.1 真空玻璃用 Low-E 玻璃

目前,真空玻璃用 Low-E 玻璃主要有两类:

(1)在线 Low-E 玻璃。该种玻璃耐加工性好,可单片使用,但辐射率高,一般不低于 0.15。

(2)离线 Low-E 玻璃。该种玻璃耐加工性差,要复合到中空玻璃或真空玻璃中使用,Low-E 膜必须被置入干燥的腔体内。其表面辐射率较低,单银 0.06~0.1;双银 0.03~0.06;三银 0.01~0.03。随着离线 Low-E 玻璃耐加工性的提高,离线 Low-E 玻璃成为真空玻璃的首选。

真空玻璃可用的几种 Low-E 玻璃参数见表 7.1。

表 7.1 真空玻璃可用的几种 Low-E 玻璃参数

Low-E 玻璃品种	可见光(%)		太阳辐射(%)		遮阳系数 SC	太阳辐射总透射比 g	表面辐射率 ε
	透射比 τ_{vis}	反射比 ρ_{vis}	透射比 τ_e	反射比 ρ_e			
在线高透型 1#	83	11	68	11	0.859	0.747	0.17
在线遮阳型 1#	59	10	44	9	0.68	0.592	0.17
离线高透型 1#	89.6	5.1	62.3	21.3	0.75	0.656	0.07
离线高透型 2#	81	4.6	59.3	20	0.78	0.66	0.11
离线遮阳型 1#	50.8	5.4	35.7	25.6	0.557	0.484	0.08
离线遮阳型 2#	50.1	7.3	32.1	27.8	0.508	0.442	0.095

注:表中数据由 Windows 7 软件计算,按照 JGJ 151—2008 标准选取边界条件,SC 取夏季边界条件。

7.1.2 真空玻璃热工参数

选取表 7.1 中几种 Low-E 玻璃与普通玻璃组成真空玻璃计算的产品热工参数

见表 7.2。

表 7.2　真空玻璃热工参数

玻璃结构 外-内	Low-E 类型	可见光(%)		太阳辐射(%)		Low-E 发射率 ε	传热系数 U 值 (W·m^{-2}·K^{-1})	遮阳 系数 SC	太阳 辐射 总透射 比 g	太阳红 外热能 总透射 比 g_{IR}	光热比 LSG
		透射 比 τ_{vis}	反射 比 ρ_{vis}	透射 比 τ_e	反射 比 ρ_e						
真空玻璃 TL5＋V＋T5	在线高 透型 1#	75.4	16.56	58.46	14.77	0.17	0.907	0.739	0.643	0.519	1.17
	在线遮 阳型 1#	53.55	13.81	38.18	10.78	0.17	0.907	0.502	0.437	0.314	1.22
	离线高 透型 1#	81.4	11.8	54.3	24.3	0.07	0.58	0.68	0.59	0.39	1.38
	离线遮 阳型 1#	46.2	31.3	31	33.4	0.08	0.62	0.40	0.35	0.24	1.32

注:① 表中数据由 Window 7 软件计算,按照 JGJ 151—2008 标准选取边界条件,U 值取冬季边界条件,SC 取夏季边界条件。
　　② 符号表示:T—半钢化或钢化玻璃;TL—半钢化或钢化镀膜玻璃;V—真空层。

7.1.3　真空玻璃在被动房中的应用

被动式低能耗建筑(简称被动房)是指通过采用先进节能设计理念和施工技术使建筑围护结构达到最优化,极大限度地提高建筑的保温、隔热和气密性能,并通过新风系统的高效热(冷)回收装置将室内废气中的热(冷)量回收利用,从而显著降低建筑的采暖和制冷需求,最大限度地减少对主动式机械采暖和制冷系统的依赖。

随着全球建筑节能热潮的掀起,一些新型的节能建筑设计,如主动房、产能房、零能耗建筑、被动房等不断涌现。这些建筑设计集成了各种节能原理和技术,力求最大限度地节约资源并充分利用太阳能、风能等可再生能源,创造节能、环保、舒适的居住环境。

不管是哪种绿色建筑,首要目标是低能耗,其围护结构必须具备优良的保温、隔热性能。门窗作为建筑物的开口部,只有保证合理的玻璃遮阳性能,降低玻璃 U 值,并选择优质框材,才能提高门窗性能、大幅度降低建筑能耗。

本节以节能建筑中的被动房为例,说明满足使用要求的真空玻璃性能指标。

1.我国现有标准对被动房的要求

(1) 河北省《被动式低能耗居住建筑节能设计标准》[DB13(J)/T 177—2015]

DB13(J)/T 177—2015 是我国第一部被动房标准。河北省位于寒冷地区,气候与德国类似。该标准对外窗的要求也与德国相差不大,即外门窗传热系数 $U_w \leqslant 1.0$ W·m^{-2}·K^{-1},型材传热系数 $U_f \leqslant 1.3$ W·m^{-2}·K^{-1},玻璃传热系数 $U_g \leqslant 0.8$ W·m^{-2}·K^{-1},玻璃太阳辐射总透射比 $g \geqslant 0.35$,玻璃光热比 LSG$\geqslant 1.25$。

(2)《被动式超低能耗绿色建筑技术导则(试行)(居住建筑)》

此导则由中国建筑科学研究院主编,规定了我国不同气候区被动房外窗保温和遮阳性能要求(表 7.3)。此导则还首次分冬季和夏季分别规定了外窗的太阳辐射总透射比限值。

表7.3 外窗传热系数(U_w)和太阳辐射总透射比(g)参考值

外窗	单位	严寒地区	寒冷地区	夏热冬冷	夏热冬暖	温和地区
传热系数 U_w 值	$W \cdot m^{-2} \cdot K^{-1}$	0.70~1.20	0.80~1.50	1.0~2.0	1.0~2.0	≤2.0
太阳能总透射比 g	—	冬季≥0.50 夏季≤0.30	冬季≥0.45 夏季≤0.30	冬季≥0.40 夏季≤0.15	冬季≥0.35 夏季≤0.15	冬季≥0.40 夏季≤0.30

(3)《被动房透明部分用玻璃》(JC/T 2360—2018)

该标准规定了我国不同气候区被动房透明部分用玻璃光热参数要求及试验方法,见表7.4。该标准规定被动房门窗可以使用真空复合中空玻璃。

表7.4 不同地区被动房透明部分用玻璃光热参数表

光热参数 气候区	玻璃传热系数 U 值 ($W \cdot m^{-2} \cdot K^{-1}$)	可见光透射比	太阳红外热能总透射比 g_{IR}	太阳辐射总透射比 g	光热比 LSG
严寒地区	≤0.7	≥0.6~0.65	≥0.20	≥0.45	≥1.30
寒冷地区	≤0.8	≥0.55~0.6	≥0.20	≥0.35	≥1.40
夏热冬冷地区	≤1.00	≥0.55	≤0.35	≤0.40	≥1.40
夏热冬暖地区	≤1.5~1.8	≥0.5	≤0.20	≤0.35	≥1.40
温和地区	≤2.0	≥0.5	≤0.30	≤0.40	≥1.25

由表7.4可见,被动房标准要求外窗玻璃兼具"保温"和"最大限度允许可见光进入"的特点,即要求窗玻璃传热系数低、可见光透过率高、玻璃的太阳辐射总透射比和光热比可调。

2. 符合被动房要求的真空玻璃

符合被动房要求的真空玻璃参数见表7.5。

表7.5 符合被动房要求的真空玻璃参数

玻璃结构 外-内	可见光(%)		Low-E 发射率 ε	传热系数 U 值 ($W \cdot m^{-2} \cdot K^{-1}$)	太阳辐射总透射比 g	太阳红外热能总透射比 g_{IR}	光热比 LSG	适用气候区
	透射比 τ_{vis}	反射比 ρ_{vis}						
中空复合真空玻璃 T5+12A+ TL5+V+T5	74	18	0.07	0.52	0.643	0.34	1.42	寒冷地区
	60.4	17	0.06	0.491	0.365	0.109	1.65	夏热冬冷地区

注:① 表中数据由 Windows 7 软件计算,按照 JGJ 151—2008 标准选取边界条件,U 值取冬季边界条件。
② 符号表示:T—半钢化或钢化玻璃;TL—半钢化或钢化镀膜玻璃;V—真空层;A—空气层。

3. 真空玻璃用于被动房玻璃的优势

(1) 真空玻璃保温效果好,传热系数 U 值更低

中空玻璃高端产品一般通过选用优质 Low-E 玻璃并增加 Low-E 层数、加厚中空层厚度和充氩气等方式降低 U 值。从表7.6可见,当 Low-E 玻璃辐射率为 0.02~0.11 时,真空

玻璃(采用 1 片 Low-E)传热系数 U 值始终低于三玻两腔中空玻璃顶级配置(充 16 mm 氩气,采用三片 Low-E 玻璃)U 值。

表 7.6　三玻两腔中空玻璃和真空玻璃 U 值随玻璃辐射率的变化对比

项目	玻璃结构(外-内)	Low-E 玻璃辐射率	0.02	0.03	0.07	0.08	0.11
U 值 $(\text{W} \cdot \text{m}^{-2} \cdot \text{K}^{-1})$	三玻两腔充氩气中空玻璃	5TL＋16Ar＋5TL＋16Ar＋5TL 3 片 Low-E (Low-E 膜位于第二、三、五面)	0.68	0.69	0.74	0.75	0.79
	中空复合真空玻璃	T5＋12A＋TL5＋V＋T5 1 片 Low-E (Low-E 膜位于第四面)	0.36	0.40	0.52	0.55	0.63

注:① 表中数据由 Windows 7 软件计算,按照 JGJ 151—2008 标准选取边界条件,U 值取冬季边界条件。

② 符号表示:T—半钢化或钢化玻璃;TL—半钢化或钢化镀膜玻璃;V—真空层;A—空气层;Ar—氩气层,氩气填充量按 90% 计算。

(2) 真空玻璃可见光透过率高

由表 7.7 可见,三玻两腔中空玻璃为满足低 U 值的要求,一般使用两片或三片 Low-E 玻璃,致使可见光透过率降低,影响室内采光,不但使人感觉压抑,而且也增加了照明能耗。

而真空玻璃往往只使用一片 Low-E 玻璃,U 值就可以达到被动房要求,同时可见光透过率也高,采光性好。另外,由于中空复合真空玻璃 U 值比窗框低,适当增大玻璃的面积,减小窗框在整窗面积中的比例,不但降低了整窗 U 值,还使居住环境更透亮。

表 7.7　三玻两腔中空玻璃和真空玻璃光学参数比较

玻璃结构 室外-室内	Low-E 玻璃辐射率	可见光透过率 τ_{vis}(%)	太阳辐射总透射比 g	传热系数 U 值 $(\text{W} \cdot \text{m}^{-2} \cdot \text{K}^{-1})$	光热比 LSG
三玻两腔中空玻璃 5TL＋16Ar＋5T＋16Ar＋5TL 两片 Low-E (Low-E 膜位于第二、五面)	0.03	45.3	0.31	0.70	1.46
	0.07	69.5	0.48	0.76	1.46
复合真空玻璃 T5＋12A＋TL5＋V＋T5 一片 Low-E (Low-E 膜位于第四面)	0.03	58.0	0.32	0.40	1.82
	0.07	71.9	0.50	0.52	1.45

注:① 表中数据由 Windows 7 软件计算,按照 JGJ 151—2008 标准选取边界条件,U 值取冬季边界条件,SC 取夏季边界条件。

② 符号表示:T—半钢化或钢化玻璃;TL—半钢化或钢化镀膜玻璃;V—真空层;A—空气层;Ar—氩气层,氩气填充量按 90% 计算。

(3) 真空玻璃的太阳辐射总透射比和玻璃光热比可调

由表 7.7 可见,真空玻璃的太阳辐射总透射比和玻璃光热比可以通过改变结构、选用不同种类或数量的 Low-E 玻璃来调节。我国幅员辽阔,气候条件多样,真空玻璃的光学及热工性能,如可见光透过率、玻璃光热比、太阳辐射总透射比等可根据地区、朝向等的需要进行调整。

玻璃光热比,是指材料的可见光透射比与太阳辐射总透射比的比值,该指标越高,表示在相同的太阳能得热下有更多的可见光进入室内。

7.2　真空玻璃整窗或幕墙传热系数的计算

本书第 3 章只是介绍了真空玻璃本身 U 值的计算方法,而实际应用中必须结合框材和玻璃边缘热导等多种因素,计算出整窗或幕墙的 U 值。本节将结合实例对此作进一步介绍。

7.2.1　真空玻璃整窗传热系数的计算公式

(1) 整窗传热系数(U 值)计算

依据 ISO(国际标准体系)标准体系,行业标准《建筑门窗玻璃幕墙热工计算规程》(JGJ/T 151—2008)规定,整樘窗传热系数应依据式(7.1)计算,真空玻璃整窗传热系数也依据式(7.1)进行计算:

$$U_{t} = \frac{\sum A_{g}U_{g} + \sum A_{f}U_{f} + \sum l_{\psi}\psi}{A_{t}} \tag{7.1}$$

式中　U_{t}——整樘窗的传热系数(W·m^{-2}·K^{-1});

A_{g}——窗玻璃面积(m^{2});

A_{f}——窗框面积(m^{2});

A_{t}——窗面积(m^{2});

l_{ψ}——玻璃区域的边缘长度(m);

U_{g}——窗玻璃的传热系数(W·m^{-2}·K^{-1});

U_{t}——窗框的传热系数(W·m^{-2}·K^{-1});

ψ——窗框和窗玻璃之间的线传热系数(W·m^{-1}·K^{-1})。

式(7.1)中,玻璃和框结合处的线传热系数对应的边缘长度 l_{ψ} 应为框与玻璃的接缝长度,并应取室内、室外值中的较大值(图 7.1)。

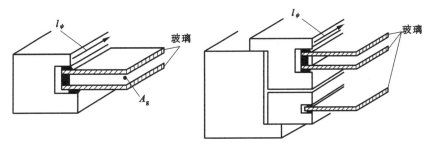

图 7.1　窗玻璃区域周长示意

(2) 真空玻璃整窗传热系数(U 值)计算

无论窗玻璃是真空玻璃、真空复合中空玻璃,还是真空复合夹胶玻璃,其整窗传热系数计算方法相同。

实例:一个真空玻璃断桥铝平开窗尺寸为 1470 mm×1470 mm,框窗比为 30%,铝型材传热系数 2.5 W・m^{-2}・K^{-1},玻璃传热系数 0.521 W・m^{-2}・K^{-1},框与玻璃系统接缝处的线传热系数取 0.08 W・m^{-1}・K^{-1}。

依据式(7.1)计算整窗传热系数(U 值)如下:

$$U_t = \frac{\sum A_g U_g + \sum A_f U_f + \sum l_\psi \psi}{A_t}$$

$$= 0.521 \times 0.7 + 2.5 \times 0.3 + 0.08 \times \frac{\sqrt{1.47 \times 1.47 \times 0.7 \times 4}}{1.47 \times 1.47}$$

$$= 1.3 (\text{W・m}^{-2}・\text{K}^{-1})$$

7.2.2 真空玻璃框与面板接缝的线传热系数

1. 真空玻璃框与面板接缝的线传热系数计算

(1)线传热系数的定义

表示门窗或幕墙玻璃边缘与框的组合传热效应所产生附加传热量的参数,简称"线传热系数",用 ψ 表示。

(2)框的传热系数计算

应采用二维稳态热传导计算软件进行框的传热计算。

计算框的传热系数 U_f 时应符合下列规定:

① 框的传热系数 U_f 应在计算窗的某一框截面的二维热传导的基础上获得;

② 在框的计算截面中,应用一块导热系数 $\lambda = 0.03$ W・m^{-1}・K^{-1} 的板材替代实际的玻璃(或其他镶嵌板),板材的厚度等于所替代面板的厚度,嵌入框的深度按照实际尺寸,可见部分的板材宽度 b_p 不应小于 200 mm(图 7.2);

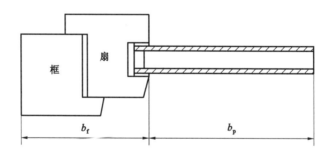

图 7.2 框传热系数计算模型示意图

③ 在设定的室内外边界条件下,用二维热传导计算软件计算流过图示截面的热流 q_w,并应按下式整理:

$$q_w = \frac{(U_f \cdot b_f + U_p \cdot b_p)(T_{n,in} - T_{n,out})}{b_f + b_p} \tag{7.2}$$

$$U_f = \frac{L_f^{2D} - U_p \cdot b_p}{b_f} \tag{7.3}$$

$$L_f^{2D} = \frac{q_w(b_f + b_p)}{T_{n,in} - T_{n,out}} \tag{7.4}$$

式中 U_f——框的传热系数($W \cdot m^{-2} \cdot K^{-1}$)；

$\quad\quad L_f^{2D}$——框截面整体的线传热系数($W \cdot m^{-1} \cdot K^{-1}$)；

$\quad\quad U_p$——板材的传热系数($W \cdot m^{-2} \cdot K^{-1}$)；

$\quad\quad b_f$——框的投影宽度(m)；

$\quad\quad b_p$——板材可见部分的宽度(m)；

$\quad\quad T_{n,in}$——室内环境温度(K)；

$\quad\quad T_{n,out}$——室外环境温度(K)。

（3）框与面板接缝的线传热系数 ψ 的计算[1]

计算框与玻璃系统接缝处的线传热系数 ψ 时,应符合下列规定：

① 用实际的玻璃系统替代导热系数 $\lambda = 0.03$ $W \cdot m^{-1} \cdot K^{-1}$ 的板材,其他尺寸不改变（图 7.2）。

② 用二维热传导计算软件计算在室内外标准条件下流过图示截面的热流 q_ψ,并应按下式整理：

$$q_\psi = \frac{(U_f \cdot b_f + U_g \cdot b_g + \psi)(T_{n,in} - T_{n,out})}{b_f + b_g} \tag{7.5}$$

$$\psi = L_\psi^{2D} - U_f \cdot b_f - U_g \cdot b_g \tag{7.6}$$

$$L_\psi^{2D} = \frac{q_\psi(b_f + b_g)}{T_{n,in} - T_{n,out}} \tag{7.7}$$

式中 ψ——框与玻璃接缝的线传热系数($W \cdot m^{-1} \cdot K^{-1}$)；

$\quad\quad L_\psi^{2D}$——框截面整体线传热系数($W \cdot m^{-1} \cdot K^{-1}$)；

$\quad\quad U_g$——玻璃的传热系数($W \cdot m^{-2} \cdot K^{-1}$)；

$\quad\quad b_g$——玻璃可见部分的宽度(m)；

$\quad\quad T_{n,in}$——室内环境温度(K)；

$\quad\quad T_{n,out}$——室外环境温度(K)。

（4）真空玻璃窗窗框与窗玻璃之间的线传热系数计算

以上介绍了计算窗框和窗玻璃之间的线传热系数（ψ）的原理。如今,国内外一般采用基于同一原理软件模拟的方式,国外可以使用美国劳伦斯伯克利国家实验室开发的 Therm 软件,国内可以使用广东建筑科学研究院开发的 MQMC 软件。软件计算依据式(7.1)～式(7.7)。

用 Therm 软件计算出的是面传热系数,用 MQMC 软件计算出的是线传热系数,在公式表述上会有些不同。

实例:某真空玻璃塑料窗,窗分隔尺寸见图 7.3,整窗尺寸为 1470 mm×1470 mm,内含一个固定扇 850 mm×1470 mm、一个开启扇 620 mm×1470 mm,框节点见图 7.4。玻璃结构为"暖边中空＋真空,5 mm 钢化白玻＋16 mm 空气层＋5 mm Low-E 玻璃＋真空层＋5 mm钢化白玻",计算框与玻璃间的线传热系数。

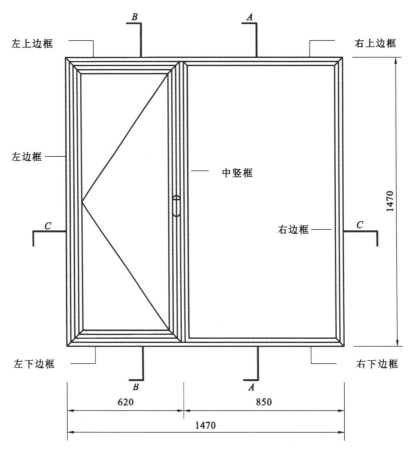

图 7.3　真空玻璃塑料窗分隔尺寸（mm）

　　使用 MQMC 软件模拟计算,将玻璃参数导入软件可得玻璃热工性能参数,见表 7.8。将处理好的框节点图导入软件,得到框与玻璃间的线传热系数,见表 7.9。

表 7.8　玻璃的光学热工性能

编号	结　　构	玻璃面板面积 $A(m^2)$	太阳辐射总透射比 g	传热系数 U 值 $(W \cdot m^{-2} \cdot K^{-1})$	遮阳系数 SC	可见光透过率 τ_{vis}
1-固定扇	T5+16A+TL5+V+T5	0.545	0.522	0.538	0.601	0.668
2-开启扇	T5+16A+TL5+V+T5	0.926	0.522	0.538	0.601	0.668

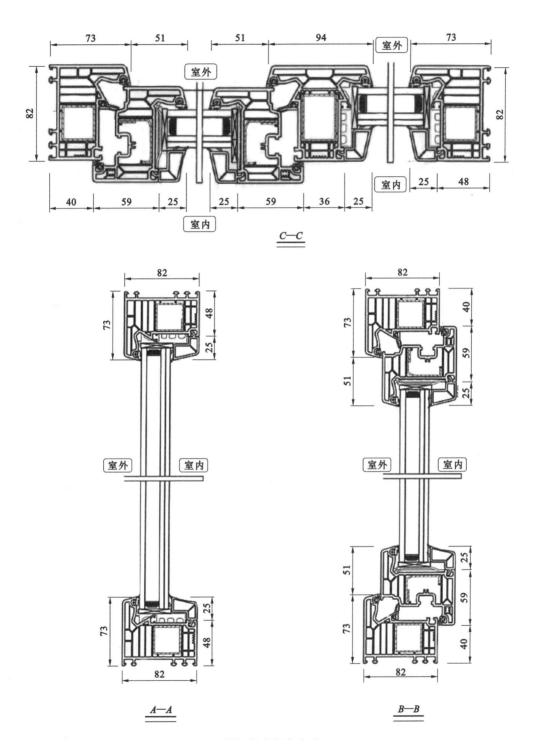

图 7.4　某塑料窗框节点图(mm)

表 7.9　框与玻璃间的线传热系数

编号	名称	A	g	U	l_1	l_2	ψ_1	ψ_2
1	左边框	0.173	0.030	1.062	1.211	0.000	0.063	0.063
2	左上边框	0.071	0.030	1.064	0.444	0.000	0.063	0.063
3	右上边框	0.057	0.032	1.117	0.666	0.000	0.078	0.078
4	右边框	0.107	0.034	1.182	1.316	0.000	0.076	0.076
5	右下边框	0.057	0.032	1.117	0.666	0.000	0.078	0.078
6	左下边框	0.071	0.030	1.064	0.444	0.000	0.063	0.063
7	中竖框	0.210	0.018	1.159	1.211	1.316	0.077	0.077

注:① 以上数据由 MQMC 软件计算。
　　② 符号表示:
　　　　A——框的面积(m^2);
　　　　g——框的太阳辐射总透射比;
　　　　U——框的传热系数($W \cdot m^{-2} \cdot K^{-1}$);
　　　　l_1,l_2——框的节点线传热长度(m);
　　　　ψ_1,ψ_2——框的线传热系数($W \cdot m^{-1} \cdot K^{-1}$)。

2.减小真空玻璃窗框与玻璃间线传热系数的方法

（1）增加真空玻璃边缘在框中的插入深度

真空玻璃四周是焊料密封,边缘是热桥部位,增大了边缘热传导和结露的可能。1995年悉尼大学曾研究过减小真空玻璃边缘传热的方法[2]。其测量装置如图 7.5 所示。

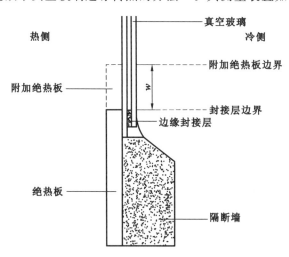

图 7.5　悉尼大学真空玻璃传热特性测量装置示意图

图 7.5 中的测量装置由热箱和冷箱组成,一片中心传热系数 U 值为 1.1 $W \cdot m^{-2} \cdot K^{-1}$ 的真空玻璃装在两箱之间的隔断墙体上,一片 18 mm 厚的聚苯乙烯泡沫层覆盖在热箱一侧隔断墙至真空玻璃 6 mm 宽封接层的封接边界,另有同种材料的附加绝热板,其高度 w 可根据测量需要安置。

测量条件根据美国 ASTM(1991)标准设置,热箱温度 21.1 ℃,为减小垂直方向温度梯度,设置自然空气对流,低风速小于 0.3 m/s,冷箱温度－17.8 ℃,设置平行于玻璃表面的空气流,风速 3.6 m/s。用红外扫描测温仪在热箱中测试真空玻璃表面温度,得到测量曲线如图 7.6 所示。

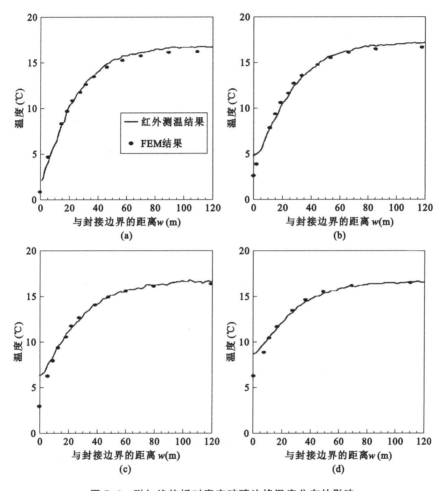

图 7.6 附加绝热板对真空玻璃边缘温度分布的影响

(a) $w=0$;(b) $w=6.3$ mm;(c) $w=12.7$ mm;(d) $w=25.4$ mm;

由图 7.6 的四组曲线可见,红外扫描测温仪实测曲线与有限元模拟(FEM)计算结果吻合。附加绝热板对改善真空玻璃边缘温度有明显的作用,在一般工程计算中,认为影响玻璃窗边缘热导的 63.5 mm"边缘效应区域"内,温度曲线随 w 的加大而明显提升,这只是在真空玻璃热箱一侧加附加绝热板的情况。

为了进一步研究在真空玻璃边缘两侧都加附加绝热板对边缘热导的影响,悉尼大学用图 7.7 所示的真空玻璃边缘区域模型进行有限元模拟(FEM)和用有限差分方程(FDM)分析计算,计算结果非常接近。图 7.8 是用图 7.7 所示的模型对一种真空玻璃进行计算所得到的边缘温度曲线[3]。

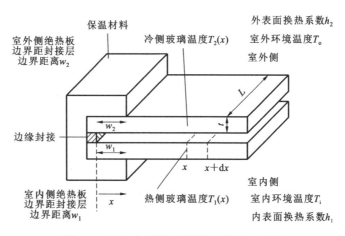

图7.7 真空玻璃边缘区域分析模型示意图

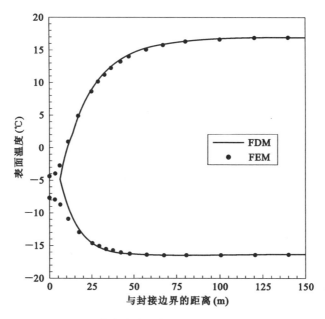

图7.8 真空玻璃两表面边缘区域温度曲线

分析表明,如图7.8所示,真空玻璃两个外表面的温度以各自的特征距离$\sqrt{\dfrac{K_{\text{glass}}t}{h}}$呈指数式地从边缘温度变到中心温度,这里$K_{\text{glass}}$是玻璃的导热系数,单位为 $\text{W} \cdot \text{m}^{-1} \cdot \text{K}^{-1}$,$t$是玻璃板厚度,单位为 m;$h$ 是玻璃板外表面的换热系数,单位为 $\text{W} \cdot \text{m}^{-2} \cdot \text{K}^{-1}$。

因此,可以认为,在图7.7所示的一条单位长度的边缘模型中,真空玻璃的边缘热流是由两板中心温度差($T_1 - T_2$)引起的,热流从 T_1 处经长度为 $L = \sqrt{\dfrac{K_{\text{glass}}t}{h_1}} + w_1 + w_2 +$

$\sqrt{\dfrac{K_{\text{glass}}t}{h_2}}$、厚度为 t、宽度为 1 的玻璃条流向 T_2 处。其中,L、t、l 的单位均为 m。此玻璃条热

阻为 $R = \dfrac{L}{K_{glass}t}$，因此，可以得到真空玻璃边缘单位长度热流量的计算公式(7.8)：

$$Q_{edge} = \frac{(T_1 - T_2)K_{glass}t}{\sqrt{\dfrac{K_{glass}t}{h_1}} + w_1 + w_2 + \sqrt{\dfrac{K_{glass}t}{h_2}}} \tag{7.8}$$

式中　Q_{edge}——通过真空玻璃单位长度边缘热流量(W)；

　　　T_1——室内环境温度(K)；

　　　T_2——室外环境温度(K)；

　　　t——每片玻璃厚度(m)；

　　　K_{glass}——玻璃导热系数($W \cdot m^{-1} \cdot K^{-1}$)；

　　　h_1——内表面换热系数($W \cdot m^{-2} \cdot K^{-1}$)；

　　　h_2——外表面换热系数($W \cdot m^{-2} \cdot K^{-1}$)；

　　　w_1——室内侧绝热板边界距封边材料边界距离(m)；

　　　w_2——室外侧绝热板边界距封边材料边界距离(m)。

在以上计算玻璃条长度 L 时，未计入玻璃边缘封接层，这是由于此处两片玻璃可以认为是等温的，热阻近似为零，其影响可以忽略不计。

参考文献[2]中同时给出计算例：对于两片 4 mm 厚玻璃制成的真空玻璃，当 $w_1 = w_2 = 0$，内外两侧换热系数 h 分别为 8.3 $W \cdot m^{-2} \cdot K^{-1}$ 和 30 $W \cdot m^{-2} \cdot K^{-1}$，边缘热导为 0.12 $W \cdot m^{-2} \cdot K^{-1}$，当 $w_1 = w_2 = 5$ mm 时，则边缘热导减小为 0.10 $W \cdot m^{-2} \cdot K^{-1}$，对于 1 m×1 m 尺寸的真空玻璃，则未加绝热板和加绝热板的边缘热导分别为 0.5 $W \cdot m^{-2} \cdot K^{-1}$ 和 0.4 $W \cdot m^{-2} \cdot K^{-1}$。

顺便指出，由公式(7.8)计算出的 Q_{edge}，实际就是中心温度差为$(T_1 - T_2)$时的边缘线传热系数(对试验所用框材而言)。

以上数据在 1995 年由美国劳伦斯伯克利国家实验室(LBNL)检测证实是正确的。因而证明增加真空玻璃在窗框中的插入深度是减小边缘热导的有效途径之一，为了与现有各种节能窗框型材配合，也可以为真空玻璃设计专用的保温附框或边条，以节省制造特殊窗框型材的成本。

由于整窗边缘的线传热系数与窗框的性能相关，悉尼大学的计算模型是简化的。真空玻璃用于不同节能窗框的线传热系数必须结合各种窗框分别计算和测试，这方面的工作尚待深化。

(2)"真空＋中空"复合真空玻璃使用"暖边"间隔条

在"真空＋中空"复合真空玻璃中，中空玻璃可以使用铝间隔条或"暖边"间隔条。

暖边间隔条定义[4]是：与传统金属间隔条相比，有效改善中空玻璃边部导热性的间隔条。

与普通的铝间隔条不同，暖边间隔条导热系数更低，传热更慢。

实例：以 7.2.2 节实例窗型(见第 215 页)为例，"真空＋中空"复合真空玻璃中，中空玻璃分别使用暖边间隔条或铝间隔条，用 MQMC 软件模拟计算窗框的线传热系数，计算结果如表 7.10 所示。可见使用暖边间隔条，线传热系数明显减小，因此，"真空＋中空"复合真空玻璃中,中空玻璃使用暖边间隔条,是减小窗框的线传热系数的有效途径。

表 7.10 中空玻璃使用暖边间隔条或铝间隔条,窗框的线传热系数值对比

编号	名称	暖边间隔条		铝间隔条	
		ψ_1	ψ_2	ψ_1	ψ_2
1	左边框	0.063	0.063	0.073	0.073
2	左上边框	0.063	0.063	0.073	0.073
3	右上边框	0.078	0.078	0.097	0.097
4	右边框	0.076	0.076	0.095	0.095
5	右下边框	0.078	0.078	0.097	0.097
6	左下边框	0.063	0.063	0.073	0.073
7	中竖框	0.077	0.077	0.097	0.097

注:① 以上数据用 MQMC 软件计算。
② 符号表示:ψ_1,ψ_2—框的线传热系数($W \cdot m^{-1} \cdot K^{-1}$)。

7.3 "中空＋真空"复合真空玻璃安装方向比较

对于"中空＋真空"复合真空玻璃,在安装时,存在真空玻璃朝向室内还是朝向室外安装的问题。两种安装方式如图 7.9 所示。

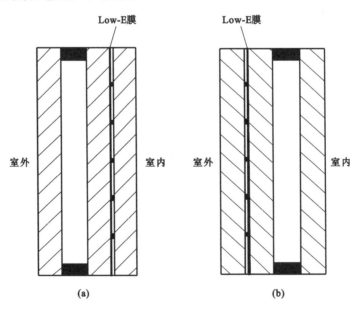

图 7.9 "中空＋真空"复合真空玻璃的两种安装方式
(a) 真空玻璃朝向室内;(b) 真空玻璃朝向室外

图 7.9 中的两种安装方式各有什么利弊呢？

首先应该指出，两种安装方式的光热参数显著不同，同一种"中空＋真空"玻璃按上述两种安装方式所形成的光热参数见表 7.11。

表 7.11　同一种"中空＋真空"复合真空玻璃参数

安装方式	玻璃结构 室外-室内	可见光（%）		传热系数 U 值 （W・m^{-2}・K^{-1}）	遮阳 系数 SC	太阳辐射 总透射比 g	Low-E 玻璃 辐射率
		透射 比 τ_{vis}	反射 比 ρ_{vis}				
真空玻璃 朝向室内	中空＋真空玻璃 T5＋12A＋TL5＋ V＋T5	42.48	34.46	0.55	0.378	0.329	0.08
真空玻璃 朝向室外	真空＋中空玻璃 T5＋V＋TL5＋ 12A＋T5	42.48	14.15	0.55	0.653	0.568	0.08

注：① 表中数据由 Windows 7 软件计算，按照 JGJ 151—2008 标准选取边界条件，U 值取冬季边界条件，SC 取夏季边界条件。
　　② 符号表示：T—半钢化或钢化玻璃；TL—半钢化或钢化镀膜玻璃；V—真空层；A—空气层。

从表 7.11 中的数据可以看出，结构相同的复合真空玻璃，真空玻璃朝向不同方向安装时，传热系数相同，但遮阳系数和太阳辐射总透射比不同，真空玻璃朝向室外安装时比朝向室内安装时大很多，导致更多太阳能进入室内，对夏季需要空调制冷的地区，会增加空调能耗，不利于节能；对冬季需要供暖的地区，则可降低能耗，有利于节能。因此，从节能角度看，两种安装方式并无对错之分，对一个地区而言，要结合当地气候条件及建筑朝向情况具体分析。

但从安全角度看，图 7.9(b)所示的安装方式与图 7.9(a)相比有两个弊端：

其一，正如本书中第 1 章及第 5 章所述，即使图 7.9 中使用的真空玻璃为"钢化真空玻璃"，其表面应力也是"类钢化"状态，抗冲击强度不及钢化玻璃，一旦受到冲击破碎，尽管颗粒度不大，从高处下落也可能伤人，所以从安全性考虑，不应把真空玻璃置于室外侧。

其二，本书第 5.5.3 节指出，为了降低温差导致真空玻璃破裂的概率，除应提高真空玻璃基片强度外，更应注意在同样的使用环境下，尽可能降低真空玻璃两侧的温差，以减小真空玻璃的翘曲变形。事实上，与图 7.9(a)相比，图 7.9(b)中的真空玻璃两侧的温差要高得多，这是因为在"中空＋真空"的复合结构中，真空玻璃热阻远高于中空的，所以在无阳光照射时室内外温差主要分配在真空玻璃两侧，在有阳光照射时，Low-E 玻璃吸收部分太阳能使本身温度升高，真空玻璃另一侧在室外，散热快，使真空玻璃两侧温差较大，过大的温差使真空玻璃翘曲变形加大，在固定窗框的约束下，易使角部或边部拉应力超标而破裂。研究表明上述分析是正确的[5]。

对表 7.11 所示的"中空＋真空"复合真空玻璃，按图 7.9 所示的两种安装方式进行实测，重点测量两种安装方式中真空玻璃两侧温度随时间的变化，与夏季相比，冬季真空玻璃两侧温差更大，某冬季测试结果如图 7.10 曲线所示。

由图 7.10 的曲线可见，当真空玻璃如图 7.9(b)所示安装在室外侧时，冬季白天阳光照射时，Low-E 玻璃表面中心最高温度可达到 85.7 ℃，而白玻为 21 ℃，真空玻璃两侧表面中

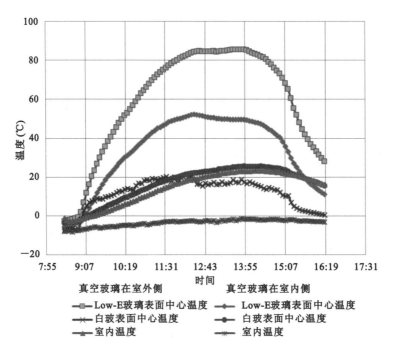

图 7.10 "中空＋真空"复合真空玻璃中真空玻璃两侧表面温度曲线

心温差高达 64.7 ℃;而当真空玻璃如图 7.9(a)所示安装在室内侧时,Low-E 玻璃表面中心最高温度为 52.3 ℃,而白玻为 25.7 ℃,真空玻璃两侧表面温差仅为 26.6 ℃,与前者相比成倍降低,破损概率也大大降低。

因此,目前已大量应用于被动房的"中空＋真空"复合真空玻璃应优选图 7.9(a)所示的安装方式。将真空玻璃置于室内侧,其光热参数可根据需要通过选择不同光热特性的Low-E 玻璃加以调整。

7.4 采光顶复合真空玻璃选型

玻璃采光顶是现代建筑不可缺少的具有装饰和采光功能的一种屋盖,它最早是以房屋采光为目的,后来对其装饰性、艺术性的要求愈来愈高,使用面积也越来越大,在建筑上的应用越来越广泛,逐渐成为一种新的建筑形式。

真空玻璃具有隔热保温、防结露、隔声效果好等优势,而且真空玻璃如本书第 1 章第 1.2.5 节所述应用于采光顶水平或倾斜放置时 U 值基本不变,不像中空玻璃 U 值会增大,所以真空玻璃是应用于采光顶的首选产品。

7.4.1 采光顶对玻璃的要求

玻璃采光顶技术难度大。在光热指标方面,要求 U 值尽可能低,可见光透过率高等。

在力学指标方面,要求强度高,荷载除自重、风荷载外,还要考虑施工人员踩踏、雪荷载、冰荷载,并要防止冰雹的袭击。在压力方面,既要考虑正压力,又要考虑负压力。在结构方面,不但要考虑防漏水,更要考虑因玻璃破碎造成的不安全因素。因此,研究玻璃采光顶的设计制作方法、各项性能指标具有重要意义[6]。

《建筑玻璃采光顶技术要求》(JG/T 231—2007)[7]中规定:玻璃采光顶应采用安全玻璃,且宜为夹层玻璃、含夹层玻璃的中空玻璃或含夹层玻璃的真空玻璃,夹层玻璃应位于下侧。玻璃原片种类可根据设计要求选用,且单片玻璃厚度不宜小于 6 mm,夹层玻璃和真空玻璃的单片厚度不宜小于 5 mm。夹层玻璃和中空玻璃的单片玻璃厚度相差不宜大于 3 mm。玻璃面板面积不宜大于 2.5 m²,长边边长不宜大于 2 m。

7.4.2   复合真空玻璃结构选择及安装注意事项

1.结构选择

根据目前采光顶标准和真空玻璃的特点,可用于采光顶的有"中空＋真空＋夹胶""真空＋夹胶""夹胶＋真空＋夹胶"三种结构。为了增加强度,提高安全性,真空玻璃宜采用钢化真空玻璃。

"真空＋夹胶""夹胶＋真空＋夹胶"具有厚度薄、强度高、安全性强的特点。但目前还缺少实用的经验和足够的试验检测,本书仅对已有一定应用实例的"中空＋真空＋夹胶"结构做一些探讨。

2."中空＋真空＋夹胶"结构温度测试

研究"中空＋真空＋夹胶"结构在采光顶中的使用情况,测试真空玻璃两侧温差。此结构中真空玻璃使用一片遮阳型 Low-E 玻璃且 Low-E 膜位于第 4 面,中空外片玻璃分别使用白玻、Low-E 玻璃或有颜色的玻璃(以下简称色玻)时,分别测试样品室外中空玻璃表面温度(测试点 1)、中空腔内真空玻璃表面温度(测试点 2)、室内夹胶玻璃表面温度(测试点 3),见图 7.11。则真空玻璃两表面温差可表示为测试点 2 与测试点 3 的温度差。

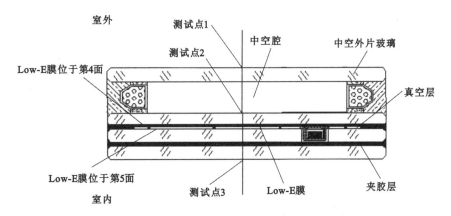

图 7.11   采光顶"中空＋真空＋夹胶"结构测试点分布示意图

测试地点选在北京,测试时间选在夏季温度高、太阳辐照强的某天。玻璃表面最高温度出现在 13:00 左右,此时玻璃表面最高温度见表 7.12 和表 7.13。

(1) 中空外片使用白玻或 Low-E 玻璃,真空玻璃两表面温差测试

中空外片使用普通白玻或 Low-E 玻璃,玻璃表面最高温度对比结果见表 7.12。

表 7.12　中空外片使用普通白玻或 Low-E 玻璃,玻璃表面最高温度对比

采光顶用复合真空玻璃结构 上-下	室外侧中空 玻璃表面 最高温度(℃)	中空腔内 真空玻璃表面 最高温度(℃)	室内侧夹胶层 玻璃表面最高 温度(℃)	真空玻璃 两表面温差 (℃)
T6(普通白玻) +12A+TL6+V+T5+1.0P+T5	50	78	35	43
TL6(Low-E 玻璃) +12A+TL6+V+T5+1.0P+T5	60	76	35	41

注:T—钢化或半钢化玻璃;TL—钢化或半钢化 Low-E 玻璃;A—空气层;V—真空层;P—夹胶层。

测试当天,室外空气最高温度达到 43.5 ℃,太阳最高辐照强度为 1148 W/m²。根据表 7.12 可知,中空外片使用 Low-E 玻璃后,中空腔内真空玻璃表面最高温度比使用白玻降低 78－76=2(℃)。真空玻璃另一侧温度认为与室内侧夹胶层玻璃表面温度相同,均为 35 ℃。因此,中空外片使用 Low-E 玻璃后,真空玻璃两表面温差比使用白玻降低 43－41=2(℃)。

(2) 中空外片分别使用色玻或 Low-E 玻璃,真空玻璃两表面温差测试

中空外片使用色玻或 Low-E 玻璃,玻璃表面最高温度对比见表 7.13。

表 7.13　中空外片使用色玻或 Low-E 玻璃,玻璃表面最高温度

采光顶用复合真空玻璃结构 上-下	室外侧中空 玻璃表面 最高温度(℃)	中空腔内 真空玻璃表面 最高温度(℃)	室内侧夹胶层 玻璃表面 最高温度(℃)	真空玻璃 两表面温差 (℃)
T6(色玻) +12A+TL6+V+T5+1.0P+T5	70	84	35	49
TL6(Low-E 玻璃) +12A+TL6+V+T5+1.0P+T5	62	81	38	43

注:T—钢化或半钢化玻璃;TL—钢化或半钢化 Low-E 玻璃;A—空气层;V—真空层;P—夹胶层。

测试当天室外空气最高温度达到 43.2 ℃,太阳最高辐照强度为 1132 W/m²。根据表 7.13 可知,中空外片使用 Low-E 玻璃后,中空腔内真空玻璃表面最高温度比使用色玻降低 84－81=3(℃)。中空外片使用 Low-E 玻璃后,真空玻璃两表面温差比使用色玻降低 49－43=6(℃)。

真空玻璃两侧温差越大,真空玻璃变形越大,真空玻璃破碎风险越大。从上述数据分析可知,对于"中空＋真空＋夹胶"结构,中空外片使用 Low-E 玻璃时,真空玻璃两表面温差最小,但作用有限。

3. 更换真空玻璃内 Low-E 玻璃位置对真空玻璃两侧温差的影响

以上试验中真空玻璃使用一片 Low-E 玻璃且 Low-E 膜位于第 4 面,如果 Low-E 膜位于第 5 面,真空玻璃两侧温差会如何呢?

表 7.14　Low-E 膜位于不同位置,采光顶玻璃光热参数对比

Low-E 膜位置	玻璃结构　　上-下	可见光(%)		传热系数 U 值 $(W \cdot m^{-2} \cdot K^{-1})$	遮阳系数 SC	太阳辐射总透射比 g	Low-E 玻璃辐射率
		透射比 τ_{vis}	反射比 ρ_{vis}				
第 4 面	中空＋真空＋夹胶 T6＋12A＋TL6＋V＋ T5＋1.0P＋T5	36.87	35.07	0.547	0.223	0.194	0.08
第 5 面	中空＋真空＋夹胶 T6＋12A＋T6＋V＋ TL5＋1.0P＋T5	36.86	20.47	0.547	0.421	0.366	0.08

注:① 表中数据由 Windows 7 软件计算,按照 JGJ 151—2008 标准选取边界条件,U 值取冬季边界条件,SC 取夏季边界条件。
　　② 符号表示:T—半钢化或钢化玻璃;TL—半钢化或钢化镀膜玻璃;V—真空层;A—空气层;P—夹胶层。

　　由表 7.14 可见,与 Low-E 膜位于第 4 面相比,Low-E 膜位于第 5 面时,玻璃传热系数和可见光透射比基本不变。但遮阳系数和太阳辐射总透射比增加,即进入室内的太阳能增加了,真空玻璃下片为 Low-E 玻璃,较白玻吸热多、温度高。真空玻璃上片玻璃为白玻,位于中空腔内,温度也高。因此,Low-E 膜位于第 5 面时,真空玻璃本体温度升高了,但两侧温差减小了,同时也减小了真空玻璃破损概率。

　　与 Low-E 膜位于第 4 面相比,Low-E 膜位于第 5 面时,有更多的太阳能进入室内,冬季减少了采暖能耗,夏季增加了制冷能耗。因此,从节能角度讲,"中空＋真空＋夹胶"应用于采光顶时,北方 Low-E 玻璃宜用于第 5 面,南方宜用于第 4 面。

　　4. 采光顶玻璃安装过程中应注意以下事项[8]:

　　真空玻璃应用于采光顶时,应尽可能减小安装时引入的附加应力[9]。

　　① 防止对玻璃表面及边部进行撞击,尤其是点接触式撞击。

　　② 安装人员应具备专业资格,应严格遵守玻璃相关应用技术规程对安装施工的要求,如《建筑玻璃应用技术规程》(JGJ 113—2015)、《玻璃幕墙工程技术规范》(JGJ 102—2013)等。

　　③ 尽最大可能一次完成安装,以保证玻璃和框保持相对静止,避免在风压作用下及开关窗过程中,玻璃和框之间产生相对振动。

　　④ 尽量保证四边受力均匀,避免因安装不当造成的翘曲应力。

7.5　真空玻璃在冷链行业的应用

7.5.1　冷柜门对玻璃的要求

　　节能减排、绿色环保在家电业和制冷业早已是大势所趋、势在必行。而低温冷柜的玻璃门,一方面由于其传热系数偏高、保温隔热效果不佳,一直是能源散失和能源消耗的重点部位;另一方面冷柜玻璃门因其通透美观、展示功能良好,有大量的市场需求。这一矛盾长期

存在,一直没有寻求到理想的解决方案。真空玻璃的出现将有望解决这一矛盾。

超市低温冷柜作为展示柜,通常使用电加热中空或双 Low-E 双中空玻璃门,该玻璃门传热系数在 $1.2\sim1.8$ W・m^{-2}・K^{-1} 之间,周围不透明的保温材料一般为硬质聚氨酯泡沫,导热系数为 $0.022\sim0.033$ W・m^{-1}・K^{-1},保温层厚度在 $50\sim70$ mm 之间,为达到很好的保温效果,厚度甚至达到 100 mm 以上,从而计算出保温层传热系数约为 0.22 W・m^{-2}・K^{-1}。因此,透明玻璃门成为保冷的薄弱环节,室外热量源源不断地从柜外传向柜内,使压缩机制冷负荷增加,能耗升高,表面也容易出现结露现象。而真空玻璃是一种新型节能产品,其传热系数可以和不透明保温材料相媲美,使用真空玻璃作为冷柜门,可以达到很好的节能和防结露效果。

7.5.2　真空玻璃用于冷柜的优势

1.节能优势

由于冷柜品种规格繁多、市场竞争激烈、质量良莠不齐,目前大多数国产冷柜的能耗等级还处于高能耗等级,在这种情况下,低温冷柜的节能减排显得尤为重要和紧迫。

目前,可用于冷柜的几种不同配置的玻璃传热系数见表 7.15。

表 7.15　不同配置的玻璃传热系数

序号	产品类型	玻璃结构 室外→室内	传热系数 U 值 (W・m^{-2}・K^{-1})
1	Low-E 中空玻璃	TL4＋12A＋T4	1.74
2	双 Low-E 双中空玻璃	TL4＋9A＋T4＋9A＋TL4	1.17
3	真空玻璃	TL4＋V＋T4	0.58
4	中空＋真空	T4＋9A＋TL4＋V＋T4	0.52

注:① 表中数据由 Windows 7 软件计算,按照 JGJ 151—2008 标准选取边界条件,U 值取冬季边界条件。
② 符号表示:T—钢化或半钢化玻璃;TL—钢化或半钢化 Low-E 玻璃;A—空气层;V—真空层。

(1)真空玻璃节能计算举例

由传热系数的定义可知,玻璃门两侧的温差越大,通过玻璃散失的能量越多,因而低温和超低温冷柜由于柜体内侧温度过低,玻璃门两侧温差过大,其能量散失较一般柜体内温度较高的冷藏柜要大得多。玻璃门传热系数越低,通过其散失的能量越少;反之亦然。

实例:以面积 1 m^2 玻璃门为例,玻璃分别使用表 7.15 中序号 1 和序号 4 的产品类型,柜内温度 -20 ℃,柜外温度 20 ℃,Low-E 中空玻璃门能量散失为:$E=K・\Delta T・A$。假定冷柜的制冷系数为 $n=3.4$,则散失的能量将导致冷柜直接耗电:69.6/3.4=20.5(W)。这就是说,低温冷柜采用了"Low-E 中空玻璃"作为玻璃门的同时,相当于在冷柜上增加了一个 24 h 不间断消耗电能的 20 W 的长明灯,能耗相当严重。同样,采用表 7.15 中序号 4 的"中空＋真空"产品类型作为低温冷柜的玻璃门时,其电耗为 $0.52\times40\times1/3.4=6.12$(W),可见使用真空玻璃能耗明显降低。

(2)真空玻璃节能原因分析

在冷柜上使用真空玻璃代替电加热玻璃门后,节能原因分析如下:

① 省去了电热膜本身长期消耗的电能,每 24 h 节约 1~2 kW·h;

② 避免了由于电热膜本身发热而产生的热量传入柜内;

③ 真空玻璃传热系数 U 值很低,也就是说,热阻很高,有效地阻止了柜外的热量进入柜内,起到了很好的"保冷"作用,节能率达 17% 以上;

④ 由于真空玻璃"保冷"效果良好,能够减少压缩机启动时间,压缩机工作时间系数减少了 10%,延长了产品使用寿命。

2. 防结露优势

目前,市场上大量应用的冷柜玻璃门为单中空或者双中空的结构,存在的问题是能耗高,易结露。为了防止中空玻璃结露,一般在玻璃表层贴一层电热膜,无形之中增加了电耗。由于真空玻璃传热系数 U 值远小于普通中空玻璃,所以能够很好地阻止外界环境中的热量传递至冷柜内部,即真空玻璃具有"保冷"效果,使玻璃门外表面温度高于露点温度,有效防止了玻璃表面结露。

(1) 结露计算

① 露点计算

室内外空气都是含有一定水分的湿空气,该湿空气可以视为干空气和水蒸气的混合物,在温度和压强一定的条件下,一定容积的干空气所能容纳的水蒸气含量有一定限度,当水蒸气含量尚未达到这一限度时,该湿空气称为"未饱和"的,达到此限度就称为"饱和"的。

当湿空气未饱和,但温度下降到某一特定值时,由于饱和蒸气压下降,水蒸气达到饱和,再往下降温,空气中容纳不下的水蒸气就凝结成露水,这一特定温度称为"露点温度",简称"露点"。显然,"露点"与空气的压强和水蒸气含量有关。

② 玻璃表面结露时柜内临界温度计算

在一定的温度、湿度条件下,当玻璃表面温度低于露点温度时,玻璃表面就会结露。

在没有阳光照射的条件下,温度将从室内到室外随热阻分布而变化,如图 7.12 所示。

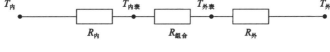

图 7.12 温度分布

图中 $T_内$——室内空气温度(℃);

$T_外$——室外空气温度(℃);

$T_{内表}$——组合真空玻璃的内表面温度(℃);

$T_{外表}$——组合真空玻璃的外表面温度(℃);

$R_内$——内表面换热阻($m^2 \cdot K \cdot W^{-1}$);

$R_外$——外表面换热阻($m^2 \cdot K \cdot W^{-1}$);

$R_{组合}$——组合真空玻璃热阻($m^2 \cdot K \cdot W^{-1}$)。

在稳态传热情况下,通过图 7.12 所示的各热阻的热流量相同,即:

$$\frac{T_内 - T_{内表}}{R_内} = \frac{T_{内表} - T_{外表}}{R_{组合}} = \frac{T_{外表} - T_外}{R_外} = \frac{T_内 - T_外}{R_传}$$

$$R_传 = R_内 + R_{组合} + R_外$$

由此可计算各表面温度和柜内临界温度。

(2) 计算实例

柜外温度 26 ℃,相对湿度 65%,使用传热系数 U 值为 $0.52\ \text{W} \cdot \text{m}^{-2} \cdot \text{K}^{-1}$ 的复合真空玻璃,计算柜外结露时的柜内临界温度。

解:由于一般冷柜放在室内,所以低温相当于冬季的室外温度 $T_外$,柜外温度相当于室内温度 $T_内$。

通过查表可知柜外露点为 18.9 ℃,所以 $T_{内表} = 18.9(℃)$。

$T_内 = 26(℃)$,$R_内 = 1/7.6 = 0.1316(\text{m}^2 \cdot \text{K} \cdot \text{W}^{-1})$,$R_传 = 1/0.52 = 1.923(\text{m}^2 \cdot \text{K} \cdot \text{W}^{-1})$

将上述数据代入 $\dfrac{T_内 - T_{内表}}{R_内} = \dfrac{T_内 - T_外}{R_传}$ 中,可得 $T_外 = -77.7(℃)$。

即在上述条件下,柜外结露时柜内临界温度为 −77.7(℃)。

根据以上计算公式,冷柜配置不同传热系数的真空玻璃后,玻璃门外侧结露时柜内临界温度如表 7.16 所示。柜内温度设定为 −20 ℃。

表 7.16　配置不同传热系数的真空玻璃后,玻璃门外侧结露时柜内临界温度

传热系数 （$\text{W} \cdot \text{m}^{-2} \cdot \text{K}^{-1}$）	环境 温度（℃）	相对 湿度（%）	露点 （℃）	玻璃外表面 温度（℃）	是否结露	结露时柜内 临界温度（℃）
0.3	20	65	13.2	18.42	不结露	−152.2
		70	14.3	18.42	不结露	−124.3
	25	65	17.9	23.22	不结露	−154.8
		70	19.1	23.22	不结露	−124.4
	30	65	22.6	28.03	不结露	−157.4
		70	23.9	28.03	不结露	−124.5
0.6	20	65	13.2	16.83	不结露	−65.9
		70	14.3	16.83	不结露	−52.0
	25	65	17.9	21.44	不结露	−64.7
		70	19.1	21.44	不结露	−49.5
	30	65	22.6	26.04	不结露	−63.5
		70	23.9	26.04	不结露	−47.1
0.9	20	65	13.2	15.26	不结露	−37.4
		70	14.3	15.26	不结露	−28.1
	25	65	17.9	19.67	不结露	−34.9
		70	19.1	19.67	不结露	−24.8
	30	65	22.6	24.08	不结露	−32.5
		70	23.9	24.08	不结露	−21.5

从表 7.16 中数据可知,即使使用传热系数为 $0.9\ \text{W}\cdot\text{m}^{-2}\cdot\text{K}^{-1}$ 的真空玻璃,在环境温度为 30 ℃时,不结露湿度也能达到 70%,说明真空玻璃具有很好的防结露功能。

低温冷柜使用真空玻璃门后,可有效防止结露,增强冷柜透明展示的效果。实际上,内外温差越大,相对湿度越高,对玻璃的保温性能要求越高。而真空玻璃很好地满足了此要求,可广泛应用在冷柜、冷链行业。

7.5.3　冷柜门安全要求

《家用和类似用途电器的安全制冷器具、冰激凌机和制冰机的特殊要求》(GB 4706.13—2014)中规定:对于易触及玻璃面板,击碎时碎片状态满足钢化玻璃要求(50 mm×50 mm 范围内碎片数不少于 40 个)。因此,只有钢化真空玻璃可以满足标准的要求。

7.6　太阳能真空玻璃

7.6.1　光伏真空玻璃

太阳能作为一种绿色可再生能源,已经在世界范围内受到广泛的关注。光伏建筑一体化(Building Integrated Photovoltaic,BIPV),就是将光伏发电产品集成到建筑上作为建筑物的一部分,同时发挥其发电功能。光伏发电组件与建筑结合不占用额外的地面和建筑空间,是光伏发电系统在城市中广泛应用的最佳安装方式。但是常规光伏组件结构一般为普通夹层结构,保温、隔热性能较差,直接作为建筑材料用在建筑上时,将不可避免地影响建筑物室内保温效果,产生电能的同时又增加了采暖制冷期的能耗。光伏真空玻璃作为一种新型光伏建筑材料,既能大幅提高建筑物的保温、隔热功效,又能提供清洁环保的电能,是一种既节能又能发电的低碳建筑材料。

1. 常用太阳能光伏电池类型

目前,常用的太阳能电池为晶体硅电池和非晶硅薄膜电池。晶体硅电池转换效率高,为 16%～18%,性能稳定,在现阶段的大规模应用和工业生产中占主导地位。非晶硅薄膜电池材料是硅和氢的一种合金,是一种资源丰富和安全的材料,转换效率一般为 9%～12%。其主要优点是外观及弱光性好,但也存在缺点,即非晶硅电池不稳定,其光电转换效率会随着光照时间的延长而衰减。

2. 光伏建筑一体化组件(BIPV)的结构

典型的光伏建筑一体化组件结构是钢化夹层结构(双玻夹层结构)和中空结构。将组件作为建材使用时,钢化夹层结构隔热、保温性能差的缺点就突显出来了。为了增强组件保温、隔热效果,通常再将钢化夹层结构合成为中空结构。中空结构的保温效果稍好一些,但由于中空结构中填充的是气体,白天有光照时,电池片工作产生电流,由于本身存在内阻,会有发热和升温现象。温度升高使中空玻璃空腔内的气体过度膨胀;当夜晚没有光照时,随着电池片温度降低,腔体内的气体会降温收缩。这样,中空玻璃始终处于高低温交变的条件下,使密封材料寿命大大缩短,造成中空玻璃密封失效,缩短了组件使用寿命。

3.光伏真空玻璃在建筑中的应用方式

从目前来看,光伏与建筑的结合有两种方式:一种是光伏系统附着在建筑上;另外一种是光伏系统作为建筑物的一部分被集成到建筑上[10]。

① 光伏系统附着在建筑上,是把封装好的光伏组件(平板或曲面板)安装在居民住宅或建筑物的屋顶上,再与逆变器、蓄电池、控制器、负载等装置相连。光伏系统还可以通过一定的装置与公共电网连接。

② 光伏系统与建筑集成,是建筑与光伏组件的进一步结合,也就是将光伏组件与建筑材料集成化。一般的建筑物外围护表面采用涂料、装饰瓷砖或幕墙玻璃,目的是保护和装饰建筑物。如果用光伏器件代替部分建材,即用光伏组件来做建筑物的屋顶、外墙和窗户,这样既可用作建材,也可用来发电。

光伏系统附着在建筑上,严格来说还不属于真正意义的建筑一体化。要真正实现光伏建筑一体化,就要使光伏组件作为建筑结构的功能部分,取代部分传统建筑结构,如屋顶板、瓦、窗户、建筑立面等,使其成为建筑的有机组成部分[11,12]。将太阳能光伏发电作为建筑的一种体系进入建筑领域,做到与建筑同步设计、同步施工、同步验收。

针对普通光伏组件结构在建筑上利用的弊端,可以将光伏组件与真空玻璃以夹胶形式结合,集成的产品作为建筑的一部分,既能利用太阳能发电,又能达到保温、隔热的效果,具有发电、节能、降噪三重功效,叫称为"光伏真空玻璃"。两种光伏真空玻璃结构图见图7.13。

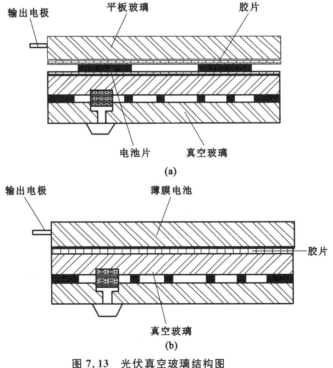

图 7.13 光伏真空玻璃结构图

(a) 晶体硅电池＋真空玻璃;(b) 薄膜电池＋真空玻璃

4. 光伏真空玻璃的优势

（1）光伏真空玻璃优良的保温、隔热性能

由于真空玻璃保温性能优越，光伏真空玻璃的传热系数 U 值可降到 0.6 W·m^{-2}·K^{-1} 以下，基本达到了建筑低能耗的目的。各种玻璃的 U 值和厚度见表 7.17。

表 7.17　各种玻璃 U 值和厚度

玻璃品种	U 值（理论值 W·m^{-2}·K^{-1}）	厚度（mm）
双玻组件	$5.0 \sim 5.2$	$10 \sim 16$
普通光伏中空玻璃	~ 2.7	$20 \sim 30$
光伏 Low-E 中空玻璃	$1.7 \sim 2.0$	$20 \sim 30$
光伏 Low-E 真空玻璃	$0.6 \sim 0.9$	$15 \sim 18$

注：表中数据由 Windows 7 软件计算，按照 JGJ 151—2008 标准选取边界条件，U 值取冬季边界条件。

从表 7.17 的数据可以看出，光伏 Low-E 真空玻璃 U 值约为双玻组件的 $1/10$、普通光伏中空玻璃的 $1/5$，可见光伏 Low-E 真空玻璃的传热能力最小。

太阳能电池在发电的同时，太阳辐照的能量除一部分转化为电能外，其他大部分转化为热量。双玻组件隔热性能差，夏季室外温度较高时，产生的热量一部分会传递到室内，造成室内温度升高幅度大，增加了夏季空调制冷负荷。双玻组件在产生电能的同时不节能。而光伏 Low-E 真空玻璃的 U 值为 $0.6 \sim 0.9$ W·m^{-2}·K^{-1}，阻隔热量传递能力远远大于双玻组件和普通光伏中空玻璃系列。因此，使用光伏 Low-E 真空玻璃组件大大减少了向室内传递的热量，减少了空调制冷电耗。在冬季亦如此，冬季室内外温差大，光照强度小，光伏真空玻璃可有效阻止室内热量向室外流失，节省了大量的制热采暖能耗。

（2）光伏真空玻璃寿命更长

光伏组件与真空玻璃以夹胶形式结合后，能够有效延长组件使用寿命。

光伏中空结构是将双玻组件作为一块玻璃，与另一块玻璃组合而成，周边用丁基胶、硅硐胶密封，中间充入干燥气体，框内充以干燥剂，以保证玻璃之间空气的干燥度。中空玻璃在使用过程中，要经历热胀冷缩和老化，密封胶容易开裂，导致中空玻璃失效。厂家宣传的中空玻璃使用寿命为 $10 \sim 15$ 年，但在实际使用中，有的中空玻璃两三年后内部就产生结露现象[13]，造成中空玻璃失效。而正如书中第 2 章所述，真空玻璃寿命较长。因此，光伏真空玻璃也是长寿命真空器件，其使用寿命在 20 年以上。

（3）光伏真空玻璃隔声、防结露等性能

光伏真空玻璃除了上述优势外，还具有下列特点：

① 由于间隔是真空，隔声性能好，计权隔声量在 35 dB 以上，最高可达 42 dB。防止了噪声的干扰，能保持环境的安静。

② 由于热阻高，防结露、结霜性能更好，保证了良好的视觉效果，增强了居住舒适性。

③ 真空玻璃间隔只有 $0.1 \sim 0.2$ mm，厚度比光伏中空结构大大减小，减少了框材用料，减轻了建筑物的整体质量。

（4）光伏真空玻璃存在的问题

虽然真空玻璃与光伏组件结合具有众多优势,但在使用时也存在以下问题:

① 晶体硅电池和薄膜电池基本不透光,如果想实现透光,晶硅电池片单位面积用量减少,相应发电量也减少;薄膜电池被激光刻蚀一部分,单位面积发电量也减少。

② 与真空玻璃结合后,由于真空玻璃保温性能好,导致电池板温度比常规结构的要高,相应地,电池板发电效率下降。

③ 应用于幕墙时,真空玻璃不属于安全玻璃,需要与安全玻璃复合使用,如四片结构"中空＋真空＋夹胶",存在厚重的问题。

7.6.2　光热真空玻璃

在近 20 余年的研究中,我国在太阳能低温热利用方面取得了巨大成就,如生活洗浴、游泳池加热、海水淡化、采暖、干燥、养殖等。平板型集热器是太阳能低温利用中的基本元件。但是,目前国内平板集热器在使用中一直存在较高集热温度下效率较低的问题,主要是因为平板型集热器盖板保温性能差,热量损失大。使用真空玻璃可使保温性能大大提高,可有效解决平板集热器效率低的问题。

1.平板型太阳能集热器的基本组成

① 盖板:由一层或多层透明材料构成,透明材料可以是玻璃,也可以是其他材料。它让太阳辐射透过,阻止吸收表面的红外辐射和减少对流热损失,从而保证吸热板顶部有较好的绝热性能。

② 吸热板:由金属或非金属制成各种形状不同的截面。表面涂以太阳能吸收率高的涂层,以便尽可能多地接收太阳辐射。

③ 与吸热板相连接的通过循环流体的管路:流体循环系统将吸热板所吸收的热量进行传递,许多集热器的结构将它与吸热板制成一个整体。

④ 吸热板背面和侧面的隔热层。

⑤ 外壳:用来支撑及固定透明盖板——吸热板,防止外力破坏,并起防潮作用,保证集热器经久耐用。

其基本结构如图 7.14 所示。

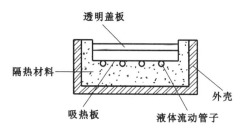

图 7.14　平板型太阳能集热器基本结构

2.透明盖板的作用及性能

（1）透明盖板的作用

透明盖板一般覆盖在集热器的前面。它的作用是:

① 只让太阳光通过,阻止吸热板的热量向外辐射;

② 盖板把吸热板和环境分开,因而大大减少了吸热板与环境的对流换热;

③ 防止尘埃和雨水对吸热板的破坏。

（2）透明盖板应具有的性能

根据透明盖板在集热器中的作用，要求其具备以下性能：

① 太阳能透过率是影响平板型集热器热效率的关键因素之一，越大越好。例如：透光盖板的透光率 $\tau = 0.85$，吸热板的吸热涂层的太阳能吸收率 $\alpha_s = 0.90$，则 $\tau \times \alpha_s = 0.85 \times 0.90 = 0.765$。即使集热器热效率在没有热损失的情况下，最大可能达到 76.5%，随着 τ 的减小，热效率会急剧下降。一般要求可见光透光率在 0.90 以上。

② 不透过或尽量少透过红外线，以减少集热器正面的辐射热损失。

③ 需要具有一定的坚固性，能承受小石子、冰雹等物的冲击，还能承受大风和积雪的压力。

④ 老化慢、寿命长。在紫外线、雨水、空气中有害气体的作用下不碎裂，透光率下降得很小。

⑤ 膨胀率要小，不能因为膨胀而受到破坏，也不能因为收缩而与外壳脱离。

3. 集热器热量损失

由于集热器吸热面的温度高于周围环境温度，因此在它所吸收的热量中必然有一部分散失到周围环境中去。这部分热损失包括通过透明盖板顶部的热损失、通过集热器的背面与边缘的隔热层的热损失。设计集热器时应尽可能地减少这些热损失，顶部热损失是由于吸热面与透明盖板之间和透明盖板表面与周围环境的辐射、对流换热所造成的，显然与吸热面温度、吸热面性质、盖板和吸热面之间的间隙、盖层材料的性质、周围环境的气候条件及集热器的倾斜角度有关。

4. 光热真空玻璃优势

为了减少顶部热量损失，有效的方法是减小顶部盖板的传热系数。目前，常用盖板为 3.2 mm 厚钢化玻璃，传热系数约为 $6 \text{ W} \cdot \text{m}^{-2} \cdot \text{K}^{-1}$，真空玻璃传热系数一般为 $0.6 \text{ W} \cdot \text{m}^{-2} \cdot \text{K}^{-1}$，是其原来的 1/10，传热系数大大减小，提高了太阳能集热器的温升速率和运行温度，从而提高了其集热品质。

由于真空玻璃具有很好的保温性能，对于防止集热器夜间散热也是有益的。

5. 光热真空玻璃存在的问题

真空玻璃用于太阳能热利用时存在的问题有：

① 虽然真空玻璃保温性能提高了，但是可见光透过率降低了，总效率能提高多少需具体试验验证。

② 无法通过国标《平板集热器》（GB/T 6424—2007）中规定平板集热器耐撞击测试。

GBT 6424—2007 中规定平板集热器应通过耐撞击测试。

测试条件如下：使用直径为 30 mm 的钢球（质量为 210 g），在 0.5 m 的高度、静止状态、不施加外力的情况下自由落到透明盖板的中央部分，落点要落入距中心 0.1 m 的范围之内。对一个试件只做一次试验，检查透明盖板有无损坏。

③ 真空玻璃用于集热器盖板时，应确保管子中充满液体，如果管子里没有液体，空晒时吸热板温度可达 180～200 ℃，真空玻璃有可能因为温差过大而破碎。

7.7 LED智能真空玻璃

1.LED智能玻璃

LED智能玻璃是应用透明导电技术,将LED结构层胶合在两层玻璃之间的高端定制光电玻璃。可根据应用需求,将LED设计成星星状、矩阵、文字、图案、花纹等各种不同排列方式。LED智能玻璃属于亮幕的一种,和传统的格栅屏和灯条屏结构类似,具有轻透的特点。目前,市场上的广告显示屏需要单独装在建筑物外面,而LED智能玻璃能与建筑体完美结合,还能保持玻璃的透光度,通过电脑控制就能呈现不同的光电显示效果。

(a)   (b)   (c)

图7.15 LED智能玻璃效果图

(a)屏幕不亮时透视效果;(b)屏幕播放广告时效果(一);(c)屏幕播放广告时效果(二)

（1）特点

① 高透明效果,具有极高的透视率,通透率达到70%～95%,保证了楼层之间、玻璃立面、窗户等采光结构的采光要求及视角范围,还保证了玻璃幕墙原有的采光透视功能。

② 不占用空间,质量小。主板厚度仅10 mm,显示屏屏体一般质量仅12 kg/m^2,无须改变建筑结构,直接粘贴在玻璃幕墙上。

③ 无须钢架结构,节省了大量安装和维护成本。

④ 独特的显示效果,因为显示背景是通透的,可以给人以广告画面悬浮在玻璃幕墙上的感觉,具有很好的广告效果和艺术效果。

⑤ 维护方便、快捷。室内维护,既快捷又安全,节省人力、物力。

（2）应用

LED智能玻璃保留了传统LED显示屏具有的容易控制、低压直流驱动、组合后色彩表现丰富、使用寿命长等优点,加之其在玻璃幕墙上应用的独特优势,被广泛应用于城市亮化工程、大屏幕显示系统中。同时,可以作为室内显示幕墙,被广泛应用于大型广场亮化、舞台布景、酒吧、城市地标建筑、市政建筑、机场、汽车4S店、酒店、银行、品牌连锁店等。

2.LED智能真空玻璃简介

LED智能真空玻璃是将发光二极管与真空玻璃结合的产品。将真空玻璃整体作为一片玻璃,与另一片钢化外片复合 LED,合成夹胶结构。LED 智能真空玻璃具有显示和保温的双重功效,将 LED 智能真空玻璃用在建筑上,完美实现了视频播放和玻璃幕墙相结合,实现了真正的建筑一体化,在达到高透光的同时实现了传媒价值,是媒体建筑和楼体亮化的发展趋势。

7.8　遮阳系数可调的复合真空玻璃

我国幅员辽阔,《民用建筑热工设计规范》(GB 50176—2016)将我国分为 5 个气候区:严寒地区、寒冷地区、夏热冬冷地区、夏热冬暖地区、温和地区。根据不同气候分区,制定了不同外窗的性能指标。总体为:北方强调保温,南方强调遮阳。北方一般使用保温性能好、遮阳系数大的玻璃,冬季时更多阳光进入室内有利于节约供暖能耗,但是夏季同样有较多太阳光进入室内,不利于节约空调能耗。南方则相反,一般使用遮阳系数小的玻璃,夏季有利于节约空调能耗,但冬天室内阴冷难忍。研究表明:在我国任何一气候区,节能效果最好的玻璃都是兼顾保温和遮阳性能的玻璃,即 U 值低和遮阳系数可调[14]。

目前,无论是中空还是真空,遮阳系数都是不可调的。而调光玻璃和百叶可以根据实际情况调节遮阳系数大小,在不同气候区实现既能节约能耗,又能保持室内舒适度的目的。

7.8.1　调光真空玻璃

1.调光玻璃

根据不同的控制手段及原理,调光玻璃可通过电控、温控、光控、压控等各种方式实现玻璃在透明与不透明状态的切换。由于各种条件限制,目前市面上实现量产的有电控型调光玻璃和温控型调光玻璃。

(1)电控型调光玻璃

在电控型调光玻璃中,导电层可以在玻璃基体表面,也可以与调光材料复合在一起形成调光膜。根据不同的原理,可以将电控型调光玻璃分为很多种类。以电控液晶调光玻璃为例,当电源断开时,电控液晶调光玻璃里面的液晶高分子会呈现不规则的散布状态,此时电控液晶调光玻璃呈现出透光但不透明的外观;当电源接通后,电控液晶调光玻璃里面的液晶高分子整齐排列,光线可以自由地穿透玻璃,此时电控液晶调光玻璃呈现出透明状态。此外,很多电控型调光玻璃实际为夹层玻璃,即两层玻璃基片之间夹了一层调光膜(例如液晶调光膜),调光膜被胶片(例如 EVA 胶片或 PVB 胶片)覆盖在中央。

(2)温控型调光玻璃

温控型调光玻璃,具有普通夹层玻璃所具有的功能,同时具有动态光热变色特性。夏季室外温度较高时,玻璃吸收光热表面温度升高,颜色自动加深(遮阳系数下降),阻挡热量进入;冬季室外温度较低时,玻璃表面温度降低,颜色自动变浅(遮阳系数升高),进入室内的光热增加,室内传递出的热量减少,起到了节能的效果(夏季阻挡红外线、紫外线;冬季获得免费的太阳能,夏、冬季可节省空调能耗约 30% 以上),增强了室内光线的舒适感,将遮阳和采光进行了智能融合,节能环保,安全健康,见图 7.16。

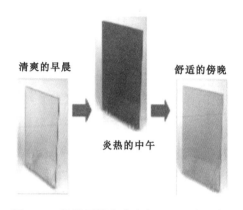

图 7.16　温控型调光玻璃在不同温度下的状态

2.调光真空玻璃

目前,在调光玻璃的使用过程中,尤其是在用于建筑围护结构或者透明低温冷柜时,调光玻璃的保温、隔热性能较差,因此,需要将真空玻璃与调光玻璃结合在一起。

真空玻璃与调光玻璃的复合方法有两种:一是将真空玻璃作为一片玻璃,与钢化玻璃合成夹胶结构,采用夹胶工艺,将调光膜内置在真空玻璃与钢化玻璃之间;二是将真空玻璃和调光玻璃各作为一片玻璃,合成中空玻璃。

7.8.2　中空内置百叶复合真空玻璃

中空内置百叶复合真空玻璃是指将百叶窗帘作为遮阳装置安装在真空玻璃与单片玻璃组合而成的中空腔体内,如图 7.17 所示。此种玻璃不仅传热系数低,而且可以通过控制中

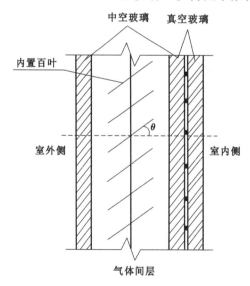

图 7.17　中空内置百叶复合真空玻璃结构示意图

空玻璃内的百叶升降、调整角度等操作,实现玻璃采光和遮阳性能可调。内置遮阳百叶中空玻璃门窗的制作工艺与普通中空玻璃门窗的相似,区别在于遮阳百叶及传动装置需要安装在中空玻璃内部,因此中空玻璃的空气层宽度需要根据帘片的宽度而增加,最小宽度为19 mm(手动控制)、21 mm(电动控制)。门窗型材也需相应调整到能够安装这一厚度的中空玻璃。百叶呈不同角度时复合真空玻璃参数见表 7.18。

表 7.18 百叶呈不同角度时复合真空玻璃参数

玻璃结构	可见光(%)		遮阳系数 SC	太阳辐射总透射比 g	传热系数 U 值 (W·m⁻²·K⁻¹)
	透射比 τ_{vis}	反射比 ρ_{vis}			
T5+27A 百叶+TL5+V+T5 (与水平呈 0°)	73.82	17.63	0.609	0.53	0.498
T5+27A 百叶+TL5+V+T5 (与水平呈 45°)	14.8	40.29	0.172	0.15	0.492
T5+27A 百叶+TL5+V+T5 (与水平呈 90°)	0.00	65.67	0.04	0.035	0.473

注:① 表中数据由 Windows 7 软件计算,按照 JGJ 151—2008 标准选取边界条件,U 值取冬季边界条件,SC 取夏季边界条件。
② 符号表示:T—钢化或半钢化玻璃;TL—钢化或半钢化镀膜玻璃;A—空气层;V—真空层。

从表 7.18 中可以看出,中空内置百叶复合真空玻璃使用一片 Low-E 玻璃,传热系数可达到 0.473～0.498 W·m⁻²·K⁻¹。随着百叶角度变化,玻璃遮阳系数在 0.04～0.609 之间可调。此种玻璃结构可满足不同气候区的需求。

中空腔体内置百叶后可能会导致中空腔体积热,玻璃温度升高,增大玻璃破损概率,因此,需要对中空内置百叶和未放置百叶复合真空玻璃进行温度测试。

(1)试验设计

在以北京地区为例的寒冷气候区进行试验,对中空内置百叶复合真空玻璃进行温度和挠度的测试。复合真空玻璃安装在南向位置,共 3 樘窗,两个内置百叶,一个未内置百叶,测试装置如图 7.18 所示。窗框型材为铝包木,玻璃尺寸为 945 mm×1150 mm。

用 Pt100 热电偶分别测试室内、外侧玻璃中心温度和腔体内真空玻璃中心温度,测温点如图 7.19 所示。用无纸记录仪每隔 5 min 自动记录百叶垂直拉下($\theta=90°$)时的温度,电动控制百叶的升降和翻转;每天 9:00、13:00、16:00 测试玻璃室内、外侧对角线交点部位挠度(以下简称挠度)。

用空调控制室内温度,夏季 26 ℃,冬季 20 ℃。

(2)试验结果分析

① 温度测试结果对比与分析

将百叶调整到与水平方向呈 90°夹角放置,夏季和冬季均选取晴朗天气做温度和挠度对比试验,测试结果如表 7.19 和表 7.20 所示。

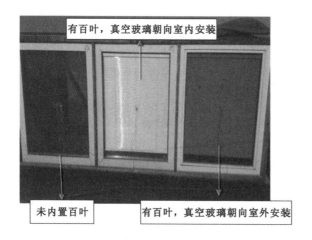

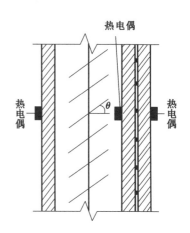

图 7.18　测试装置　　　　　　　　　　　图 7.19　测试点位置

表 7.19　夏季不同位置玻璃表面最高温度对比

项　　目	有百叶,真空玻璃朝向室外	有百叶,真空玻璃朝向室内	无百叶,真空玻璃朝向室内
中空腔体内真空玻璃表面最高温度(℃)	78	65.7	69
室外玻璃表面最高温度(℃)	51.1	56.3	54.8
室内玻璃表面最高温度(℃)	43.8	32.6	34.6
真空玻璃两侧温差(℃)	26.9	33.1	34.4

表 7.20　冬季不同位置玻璃表面最高温度对比

项　　目	有百叶,真空玻璃朝向室外	有百叶,真空玻璃朝向室内	无百叶,真空玻璃朝向室内
中空腔体内真空玻璃表面最高温度(℃)	98	60	60.1
室外玻璃表面最高温度(℃)	26	36.1	33.7
室内玻璃表面最高温度(℃)	49.4	27.8	30.8
真空玻璃两侧温差(℃)	72	32.2	29.3

　　从表 7.19 可知,夏季,有百叶复合真空玻璃,真空玻璃朝向室外安装时,中空腔体内真空玻璃表面中心最高温度达到 78 ℃,由于室外真空玻璃一侧温度也较高,因此真空玻璃两侧温差并不大,为 26.9 ℃。同一时间,相同结构真空玻璃朝向室内安装时,中空腔体内真空玻璃表面中心最高温度为 65.7 ℃,降低了 12.3 ℃,真空玻璃两侧温差为 33.1 ℃。无百叶复合真空玻璃,真空玻璃朝向室内安装,中空腔体内真空玻璃表面中心最高温度为 69 ℃,真空玻璃两侧温差为 34.4 ℃。

　　真空玻璃朝向室内安装时,由于百叶的遮挡,有百叶与无百叶结构相比,真空玻璃两侧温度反而降低,中空腔体内真空玻璃表面温度降低了 3.3 ℃,室内玻璃表面中心温度降低了 2 ℃。

真空玻璃朝向室外安装时,遮阳系数增加,进入室内的太阳辐射增加,因此,室内玻璃表面中心温度比朝向室内安装高 11.2 ℃。

由表 7.20 可知,冬季,有百叶复合真空玻璃,真空玻璃朝向室外安装时,中空腔体内真空玻璃表面中心最高温度达到 98 ℃,由于冬季室外温度较低,处于室外侧真空玻璃温度也较低,所以真空玻璃两侧温差较大,为 72 ℃。同一时间,相同结构真空玻璃朝向室内安装时,中空腔体内真空玻璃表面中心温度为 60 ℃,降低了 38 ℃,真空玻璃两侧温差为 32.2 ℃。无百叶复合真空玻璃,真空玻璃朝向室内安装,中空腔体内真空玻璃表面中心最高温度为 60.1 ℃,真空玻璃两侧温差为 29.3 ℃。

由于百叶的遮挡,有百叶相比于无百叶结构,中空腔体内真空玻璃表面温度降低了 0.1 ℃,室内玻璃表面中心温度降低了 3 ℃。

真空玻璃朝向室外安装,遮阳系数增加,进入室内的太阳辐射增加,因此,室内玻璃表面中心温度比朝向室内安装高 21.6 ℃。

② 挠度测试结果对比与分析

中空内置百叶复合真空玻璃结构,真空玻璃一侧位于中空腔体内,温度较高。另一侧位于室内或室外,温度较低。真空玻璃两侧出现温差,产生温差变形,导致真空玻璃承受的应力过大,如图 7.20 所示。

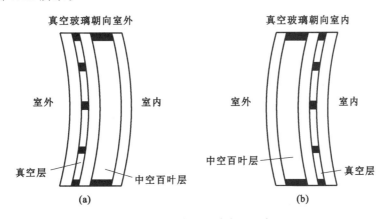

图 7.20 复合真空玻璃变形示意图

(a) 真空玻璃朝向室外;(b) 真空玻璃朝向室内

真空玻璃无论是朝向室内或室外安装,都会朝向中空腔一侧凸起,中空玻璃向同侧凸起,如图 7.20 所示。这是因为在太阳辐照的作用下,真空玻璃两侧温度升高,处于中空腔内的 Low-E 玻璃吸热较多,同时散热较慢,导致温度升高更多,而处于室内或室外侧的玻璃散热较快,温度升高较小,因此,真空玻璃两侧产生一定的温差,在两侧温差作用下,处于中空腔体内玻璃温度高的一侧玻璃膨胀,玻璃温度低的一侧收缩,由于真空玻璃四周是硬性连接,因此真空玻璃向高温一侧凸起,而中空腔内气体受热膨胀,中空外片也随之作同向凸起变形。

夏季和冬季,真空玻璃挠度测试结果见表 7.21 和表 7.22。

表 7.21　夏季内置百叶复合真空玻璃内外挠度

时间	有百叶,真空玻璃朝向室外,玻璃挠度(mm)		有百叶,真空玻璃朝向室内,玻璃挠度(mm)		无百叶,真空玻璃朝向室内,玻璃挠度(mm)	
	中空内表面	真空外表面	真空内表面	中空外表面	真空内表面	中空外表面
9:00	+2	−3	0	0	+1	+1
13:00	+7.5	−6	−4	+2	−3	+7
16:00	+2	−3	−2	+1	+1	+3

注:"+"表示玻璃向外凸,"−"表示玻璃向内凹陷。

表 7.22　冬季内置百叶复合真空玻璃内外挠度

时间	有百叶,真空玻璃朝向室外,玻璃挠度(mm)		有百叶,真空玻璃朝向室内,玻璃挠度(mm)		无百叶,真空玻璃朝向室内,玻璃挠度(mm)	
	中空内表面	真空外表面	真空内表面	中空外表面	真空内表面	中空外表面
9:00	−1	−2	1	1	0	−3
13:00	13	−9	−3	2	−2	8
16:00	6	−4	1	0	−2	−1

注:"+"表示玻璃向外凸,"−"表示玻璃向内凹陷。

从表 7.21 和表 7.22 中的测试数据可知,玻璃发生变形的方式与分析的结果一致。玻璃最大挠度发生在中午 13:00 左右,因为此时真空玻璃两侧温差最大。

夏季,真空玻璃朝向室外安装时,真空玻璃挠度最大,为−6 mm。冬季,真空玻璃朝向室外安装时,真空玻璃挠度最大,为−9 mm。可见,真空玻璃朝向室外安装,增加了真空玻璃的破损概率。因此,建议真空玻璃朝向室内安装。

(3)结论

以在北京地区所做的试验为例,分析了中空内置百叶复合真空玻璃的温度和挠度可知,真空玻璃朝向室内安装时,有无百叶真空玻璃,温差和挠度都基本相同。

相比真空玻璃朝向室内安装,真空玻璃朝向室外安装时,其两侧的温差和变形更大,易造成真空玻璃破损。因此,"中空＋真空"复合真空玻璃可以内置百叶,但真空玻璃应朝向室内安装。

7.9　建筑门窗的节能计算和检测

7.9.1　建筑门窗的节能计算

随着建筑节能工作的深入,门窗节能日益受到重视,其评价方法也不断完善,先后出现了四种评价方法:

一是,以美国能源部伯克利实验室开发的 Windows 7 软件为代表的瞬时得热型评价方法,公式简单明了,可反映门窗瞬时的热工物理特性,但由于不同朝向窗在不同时刻的热工环境不同,因而不能反映长期的窗户热工性能。另外,对于南北方的巨大差异没有考虑,对门窗朝向也没有加以区分。

二是,以英国和加拿大为代表的冬季采暖期型评价方法,对采暖季门窗性能进行评价,适合于采暖能耗高而空调能耗可以忽略的地区,但不适合于我国大部分地区,不能对夏热冬冷地区和夏季炎热地区的夏季能耗进行评定。

三是,以美国采暖空调协会为代表的综合评价型工具软件,考虑了包括门窗在内的围护结构的冬季采暖、夏季空调能耗和天然采光,但是仅基于美国的房型和 Energy Plus 建筑能耗评价软件,而且涉及中国气象数据的只有几个大城市,不适合我国广泛采用。

四是,以澳大利亚为代表的参数计算型评价方法,对外窗热工性能评价方法按照房屋类型进行了评价,方法直观、参数表较完整、计算容易、方便理解,是一种实用的评价方法,但参数表没有中国的数据,不能直接套用。

根据门窗热工环境特点和规律,在分析国外评价方法原理的基础上,王新春等提出新的计算方法[15]。此方法把冬季或夏季门窗的逐时得热进行累积,此方法对建筑能耗进行计算,进而得到了长期的热工性能评价公式;根据门窗热工环境特点和规律,把冬季或夏季门窗的逐时得热进行累积,进而得到了采暖季和空调季的热工性能评价公式。

按照评价公式,对哈尔滨、北京、上海和广州统一的公共建筑和住宅建筑模型,分别选用真空玻璃替代单片玻璃、普通中空玻璃和 Low-E 中空玻璃,计算得到各地东、西、南、北四个朝向窗户的冬季和夏季累积得热值,采暖季、空调季的节能率,全年节约的能耗总量,全年节省的能源成本以及减排的污染物和温室气体。本书仅引用真空玻璃替代普通中空玻璃和 Low-E 中空玻璃的对比数据。计算表明,真空玻璃在北方采暖区和夏热冬冷地区的节能效果显著,可以满足节能 80% 的节能标准要求。

夏热冬冷地区真空玻璃节约的一次能源总量高于其他气候区,具有较大的投资回报率。

1. 建筑门窗节能计算理论依据和方法

(1) 冬、夏季各朝向门窗的热工环境特点

在我国绝大部分地区,为了使建筑的舒适性好,人们总盼望在夏季门窗得热越少越好,而在冬季门窗得热越多越好。那么,门窗设计和选型应根据各地区和同地区不同朝向门窗的热工环境特点和规律,不断寻找节能效益和经济效益更佳的解决方案。

门窗的热工环境有如下两大特点:第一,同一地区、不同朝向和季节门窗的热工环境存在差异,夏季西向窗太阳能辐射最强,冬季南向窗太阳能辐射最强。第二,各地地理和气候存在差异,各地在相同季节同一朝向的太阳能总辐射强度各有特点。

如图 7.21 所示,在冬季,南京、上海和杭州的太阳能辐射强度明显高于其他城市,而重庆和成都则明显低于其他城市;重庆和成都在冬季浓雾的笼罩下,各朝向的太阳能辐射强度变化不大;在冬季,南京、上海和杭州的太阳能总辐射强度在各朝向存在很大差异,而合肥、武汉、南昌和长沙的变化幅度居中。

如图 7.22 所示,在夏季,各城市的太阳能总辐射强度排名顺序在冬季有很大变化,其中上海的排名下降最多,仅高于成都。成都的太阳能总辐射强度在各朝向的变化幅度最低,其他城市则较大。

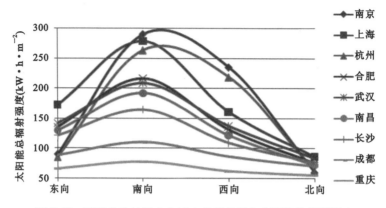

图 7.21 夏热冬冷地区 9 个城市冬季各朝向太阳能总辐射强度

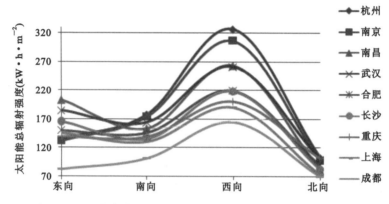

图 7.22 夏热冬冷地区 9 个城市夏季各朝向太阳能总辐射强度

季节和朝向直接影响门窗的得热,太阳能辐射强度随地点、季节和朝向存在逐时变化的规律。

(2) 冬、夏季累积评价法

本书第 4 章式(4.2)给出了门窗相对得热 RHG 的计算公式

$$\text{RHG} = U_w(T_o - T_i) + \text{SC} \times \text{SHGF} \tag{7.9}$$

式中 U_w——整窗传热系数$(W \cdot m^{-2} \cdot K^{-1})$;

SC——遮阳系数;

T_o——室外空气温度$(℃)$;

T_i——室内空气温度$(℃)$;

SHGF——太阳辐射得热因子$(W \cdot m^{-2})$。

由第 4 章第 4.4.1 节中 SC 定义可知:

$$\text{SC} = \frac{g}{\tau_s}$$

将此代入式(7.9),则可得到:

$$\text{RHG} = U_w(T_o - T_i) + g \times E(t) \tag{7.10}$$

式中，g 为太阳辐射总透射比，也称 g 值。$E(t) = \dfrac{\text{SHGF}}{\tau_s}$，为时间 t 的函数，表示此时此刻照射到单位面积门窗上的太阳辐射，单位为 $\text{W} \cdot \text{m}^{-2}$。

式(7.10)中第一项为因温差造成的单位面积热功损失。第二项为因太阳辐射造成的单位面积得热。因此，式(7.10)只能用以测算瞬时热功得失，不能评价热工环境千变万化的整窗能耗性能。可采用对冬季或夏季门窗的逐时得热进行累积，在式(7.10)的基础上得出对门窗长期热工性能进行测算评价的公式：

$$\text{RHC} = U_w \sum (T_o - T_i)t + g \sum E(t) = a \cdot U_w + b \cdot g \qquad (7.11)$$

式中　t——同一温差的持续时间(h)；

$a = \sum (T_o - T_i)t$ ——温差时数($\text{℃} \cdot \text{h}$)；

b——累积太阳辐射强度($\text{kW} \cdot \text{h} \cdot \text{m}^{-2}$)；

RHC——相对能耗量，表示单位面积门窗在一段时期的得(失)热总量($\text{kW} \cdot \text{h} \cdot \text{m}^{-2}$)。

对于任何一樘门窗，式(7.11)中的 U_w 和 g 是固定值，a 和 b 则随地区和朝向而改变。对于同一地区，则需分别测试冬、夏两季东南西北四个朝向的 RHC 值，再测算出冬、夏两季的总 RHC 值，这样才能对一个建筑整体 RHC 值进行评估。一般情况下，为了节能，冬季总是希望 RHC 值越高越好，夏季则希望 RHC 值越低越好。由此可根据式(7.11)对整窗的 U_w 和 g 进行优化选择。

假设春季和秋季不需要采暖和空调，同时，夏季室外温度低于 26 ℃时不开空调，冬季室外温度高于 18 ℃时不采暖。把《中国建筑热环境分析专用气象数据集》中各个城市的逐时气象数据代入式(7.11)，导入 SQL Server 2008 数据库平台进行数据分析，获得冬季室外气温低于 18 ℃情况下室内外温差时数总和 a，夏季室外气温高于 26 ℃情况下室内外温差时数总和 a，建筑东、南、西、北四个朝向在冬季、夏季太阳能总辐射强度 b。

由于太阳辐射强度的变化，夜晚和白天门窗的相对得热存在差异。白天，既有太阳能辐射又有传导；夜晚，只有传导，没有太阳能辐射。

(3) 相对节能率计算方法

不同节能措施的相对得热不同，则可以计算节能措施的相对节能率 S。

$$S = \frac{\text{措施 A 的相对能耗量}(A) - \text{措施 B 的相对能耗量}(B)}{\text{措施 A 的相对能耗量}(A)} \times 100\%$$

在夏季，太阳辐射强度高，造成不同节能措施下相对得热 RHG 和相对耗能 RHC 均为正数，在采取相对于措施 A 更加节能的措施 B 之后，RHC 下降，这样，计算得到的节能率为正数。假设，夏季室外温度高于空调温度时，使用真空玻璃代替 Low-E 中空玻璃后，室内的得热量由 120 kW·h 降低到 100 kW·h，则相对节能率为 16.7%。

在冬季，三种情况下节能率是正值，只有一种情况下节能率为负值。

节能率为正值的第一种情况，因为冬季室内外温差大，太阳辐射强度低，多数情况下节能措施 A 的 RHC 是正值，如果节能措施 B 的 RHC 仍是正值，计算得到的节能率均为正数。假设冬季窗使用真空玻璃代替 Low-E 中空玻璃后，室内的得热量由 −120 kW·h 提高到 −60 kW·h，即相对耗能由 120 kW·h 变为 60 kW·h，则相对节能率为 50%。

第二种情况，个别地区的南向窗不论采取节能措施 A 还是措施 B，冬季 RHG 均为正值,则 RHC 均为负值,需要对节能率取绝对值,节能率可能大于 100%。假设冬季某些地区的某个朝向的窗使用真空玻璃代替 Low-E 中空玻璃后,室内的得热量由 120 kW·h 提高到 240 kW·h,即相对耗能由 -120 kW·h 变为 -240 kW·h,则取绝对值后相对节能率为 100%。

　　第三种情况,如果节能措施 A 的 RHC 为正值,而节能措施 B 的 RHC 为负值时,即发生能量方向改变,计算得到的节能率一定大于 100%。假设冬季某些地区的某个朝向的窗使用真空玻璃代替 Low-E 中空玻璃后,室内的得热量由 -120 kW·h 提高到 60 kW·h,即相对耗能由 120 kW·h 变为 -60 kW·h,通过门窗的室内相对得热方向发生改变,则相对节能率为 150%。

　　节能率为负值的情况只有一种。如果节能措施 A 的 RHC 比节能措施 B 的 RHC 小,例如南方地区冬季白天普通白玻的室内得热大于 Low-E 玻璃和真空玻璃,则采用 Low-E 玻璃后变得不节能,此时,节能率为负值。

　　以上情况总结如表 7.23 所示。

表 7.23　节能率 S 的计算公式

编号	节能率 S 计算公式	条　件	常见情景
1	$S=100\% \times \mathrm{abs}\left(\dfrac{A-B}{A}\right)$	$A>B>0$	夏季
		$A>B,A>0,B<0$	某些地区冬季南向
		$0>A>B$	冬季最常见情况
2	$S=-100\% \times \mathrm{abs}\left(\dfrac{A-B}{A}\right)$	$0<A<B$	夏季
		$A<B<0$	冬季常见情况
		$A<B,A<0,B>0$	某些地区冬季南向
3	S 取 200% 或 -200%	当 $|A| \ll |B|$ 时,按照上述条件判断节能率的正负号	类似被零除的情景,非常少见

注:abs 表示取绝对值。

　　通过窗的夏季室内得热需要制冷空调来平衡,采用节能措施后夏季得热会减少,进而可以计算出相对节能率。通过窗的冬季室内得热可以减少采暖负荷,采取节能措施后冬季得热会增加,进而可以计算出相对节能率。有的节能措施使用后,窗的室内得热会发生方向性改变,从负得热转为正得热,本书中称为"能量转向"。

　　通过计算有太阳辐射情况下的相对得热,相对于 Low E 中空玻璃,可以计算出真空玻璃在夏季和冬季白天的相对节能率。

$$白天的相对节能率 = \frac{(b \times g + a \times U)_{初始}(b \times g + a \times U)_{代替}}{(b \times g + a \times U)_{初始}}$$

夜晚没有太阳辐射,冬季和夏季的相对节能率 $=\dfrac{\Delta U}{U_{初始}}$。

　　全年总的相对节能率需综合考虑白天与夜晚的情况进行计算。

　　(4)温室气体和大气污染物排放量计算方法

　　计算采暖能耗和空调能耗的温室气体和污染物排放需要根据能源结构、一次能源情况

（含硫量、含氮量、含碳量、灰分等）、能源转换方式（例如燃料燃烧发电）、脱硫和脱氮除尘效率等参数确定。在这些参数缺少的情况下，只能进行简单的估算。

各地采暖和空调的能源结构不同，建筑能耗主要是采暖用能和空调用能。北方采暖地区采暖主要用燃煤锅炉和天然气锅炉，夏热冬冷地区采暖主要用空调或者电暖气，空调用能主要是用电。

现统一假设，不论是采暖还是发电都只是用煤，煤中的硫含量为 1%，采暖锅炉的 SO_2 去除率为 10%，燃煤电厂的去除率为 80%；NO_x 和 CO 的排放系数采用《环境统计报表指南》中的数据，见表 7.24。CO_2 排放系数按照国家发改委公布的标准煤碳含量为 67% 计算。

表 7.24   煤燃烧的排放系数（kg/t）

	NO_x		SO_2		CO		CO_2	粉尘
	电厂	取暖锅炉	电厂	取暖锅炉	电厂	取暖锅炉		
原煤	9.08	3.62	3.2	14.4	0.23	22.7	—	—
标煤	12.712	5.068	4.48	20.16	0.322	31.78	2456.667	9.6

由于缺少实际参数，简单估算法的普适性差，因此，在实际项目中一定要根据当地的实际情况作调整。

7.9.2 建筑门窗节能计算条件参数

（1）典型城市空调和采暖期参数

本次计算的四个典型城市的采暖和空调期起止时间见表 7.25。时刻是指从 1 月 1 日零时至 12 月 31 日 23 时，以小时为单位的升序排序，取值从 0 至 8759，全年共 8760 h。

表 7.25   典型城市采暖和空调期起止时间

气候区	城市	采暖期起止日期/时刻区间	空调期/时刻区间
严寒地区	哈尔滨	10 月 20 日—4 月 20 日 0—2616，7008—8759	
寒冷地区	北京	11 月 15 日—3 月 15 日 0—1752，7632—8759	6 月 15 日—9 月 15 日 3960—6168
夏热冬冷地区	上海	11 月 16 日—3 月 24 日 7656—8759，0—1991	5 月 1 日—10 月 1 日 2880—6575
夏热冬暖地区	广州	—	5 月 1 日—10 月 15 日 2880—6888

（2）计算模型

① 公共建筑：天恒大厦

天恒大厦总占地面积 $3693\ m^2$，总建筑使用空调面积为 $45244\ m^2$。地下 4 层，主要功能为汽车库及机电设备用房；地上 23 层，主要功能为商务办公区。大厦外窗窗墙比约 42%，包括普通外窗和玻璃幕墙两类。建筑的各朝向窗墙比及窗户的面积如表 7.26 所示，其中东面、南面为窗户，西面、北面为幕墙。

表 7.26　公共建筑窗户面积取值表

朝向	东向	西向	南向	北向
窗墙比	0.2	0.7	0.24	0.63
窗户面积(m²)	1080.58	3568.56	964.80	2367.20

② 住宅:普通住宅结构

该住宅为两单元 4 户结构,总建筑使用空调面积为 3678 m²,地上 10 层,是具有典型代表性的居住建筑结构。建筑各朝向的窗墙比及窗户面积取值见表 7.27,窗墙比按照相对应地区的节能设计标准取值。

表 7.27　不同气候分区住宅窗户面积取值表

	地区	东向	西向	南向	北向
墙体面积(m²)	—	678	678	1109	1109
窗墙比	严寒地区 (哈尔滨)	0.30	0.30	0.45	0.25
窗户面积(m²)		203.4	203.4	499.1	277.3
窗墙比	寒冷地区 (北京)	0.35	0.35	0.50	0.30
窗户面积(m²)		237.3	237.3	554.5	332.7
窗墙比	夏热冬冷地区 (上海)	0.35	0.35	0.45	0.4
窗户面积(m²)		237.3	237.3	499.1	443.6
窗墙比	夏热冬暖地区 (广州)	0.30	0.30	0.50	0.45
窗户面积(m²)		203.4	203.4	554.5	499.1

(3) 玻璃窗参数

玻璃窗参数取值针对哈尔滨、北京、上海、广州四地区分别取值,分别对 Low-E 中空玻璃和真空玻璃进行模拟计算,这两种玻璃的传热系数取值见表 7.28,整窗参数见表 7.28～表 7.31。

表 7.28　不同玻璃类型传热系数($W \cdot m^{-2} \cdot K^{-1}$)

玻璃类型	Low-E 中空玻璃	真空玻璃
U 值	1.8	0.6

哈尔滨地区建筑各朝向不同类型玻璃窗 U 值及 g 值如表 7.29 所示。

表 7.29   哈尔滨地区建筑各朝向不同类型玻璃窗 *U* 值及 *g* 值

玻璃类型	项目参数	居住建筑				公共建筑			
		东	西	南	北	东	西	南	北
Low-E 中空玻璃	玻璃 SC 值	0.65	0.65	0.65	0.65	0.65	0.65	0.65	0.65
	窗/幕墙 *U* 值	2.1	2.1	2.1	2.1	2.1	1.9	2.1	1.9
	窗/幕墙 SC 值	0.49	0.49	0.49	0.49	0.49	0.49	0.49	0.49
	窗/幕墙 *g* 值	0.43	0.43	0.43	0.43	0.43	0.43	0.43	0.43
真空玻璃	玻璃 SC 值	0.65	0.65	0.65	0.65	0.65	0.65	0.65	0.65
	窗/幕墙 *U* 值	1.2	1.2	1.2	1.2	1.2	1.0	1.2	1.0
	窗/幕墙 SC 值	0.49	0.49	0.49	0.49	0.49	0.49	0.49	0.49
	窗/幕墙 *g* 值	0.43	0.43	0.43	0.43	0.43	0.43	0.43	0.43

注：① 窗户型材选为断桥铝合金，占整窗面积 25%，传热系数为 $2.8\ \mathrm{W \cdot m^{-2} \cdot K^{-1}}$；

② 幕墙的框为断桥铝合金，传热系数取为 $2.8\ \mathrm{W \cdot m^{-2} \cdot K^{-1}}$，按照面积为 1.5 m×1.5 m 的单元计算；

③ 公共建筑选取天恒大厦，体形系数≤0.3，窗墙比按照实际情况取值，含 Low-E 玻璃的窗户遮阳系数按照《公共建筑节能设计标准》(GB 50189—2015)取值，对遮阳系数没有要求的按照高透型玻璃选取；

④ 居住建筑为地上 10 层，窗墙比和含 Low-E 玻璃的窗户遮阳系数取标准《严寒和寒冷地区居住建筑节能设计标准》(JGJ 26—2010)中的限值，对遮阳系数没有要求的按照高透型玻璃选取。

北京地区建筑各朝向不同类型玻璃窗 *U* 值及 *g* 值如表 7.30 所示。

表 7.30   北京地区建筑各朝向不同类型玻璃窗 *U* 值及 *g* 值

玻璃类型	项目参数	居住建筑				公共建筑			
		东	西	南	北	东	西	南	北
Low-E 中空玻璃	玻璃 SC 值	—	—	0.65	0.65	0.65	—	0.65	0.65
	窗/幕墙 *U* 值	2.1	2.1	2.1	2.1	2.1	1.9	2.1	1.9
	窗/幕墙 SC 值	0.45	0.45	0.49	0.49	0.49	0.5	0.49	0.49
	窗/幕墙 *g* 值	0.39	0.39	0.43	0.43	0.43	0.44	0.43	0.43
真空玻璃	玻璃 SC 值	—	—	0.65	0.65	0.65	—	0.65	0.65
	窗/幕墙 *U* 值	1.2	1.2	1.2	1.2	1.2	1.0	1.2	1.0
	窗/幕墙 SC 值	0.45	0.45	0.49	0.49	0.49	0.5	0.49	0.49
	窗/幕墙 *g* 值	0.39	0.39	0.43	0.43	0.43	0.44	0.43	0.43

注：同表 7.29 的注释。

上海地区建筑各朝向不同类型玻璃窗 *U* 值及 *g* 值如表 7.31 所示。

表 7.31 上海地区建筑各朝向不同类型玻璃窗 U 值及 g 值

玻璃类型	项目参数	居住建筑				公共建筑			
		东	西	南	北	东	西	南	北
Low-E 中空玻璃	玻璃 SC 值	—	—	—	0.65	0.65	—	—	—
	窗/幕墙 U 值	2.1	2.1	2.1	2.1	2.1	1.9	2.1	1.9
	窗/幕墙 SC 值	0.40	0.40	0.40	0.49	0.49	0.35	0.5	0.45
	窗/幕墙 g 值	0.35	0.35	0.35	0.43	0.43	0.30	0.44	0.39
真空玻璃	玻璃 SC 值	—	—	—	0.65	0.65	—	—	—
	窗/幕墙 U 值	1.2	1.2	1.2	1.2	1.2	1.0	1.2	1.0
	窗/幕墙 SC 值	0.40	0.40	0.40	0.49	0.49	0.35	0.5	0.45
	窗/幕墙 g 值	0.35	0.35	0.35	0.43	0.43	0.30	0.44	0.39

注:同表 7.29 的注释。

广州地区建筑各朝向不同类型玻璃窗 U 值及 g 值如表 7.32 所示。

表 7.32 广州地区建筑各朝向不同类型玻璃窗 U 值及 g 值

玻璃类型	项目参数	居住建筑				公共建筑			
		东	西	南	北	东	西	南	北
Low-E 中空玻璃	玻璃 SC 值	0.65	0.65	—	—	0.65	—	—	—
	窗/幕墙 U 值	2.1	2.1	2.1	2.1	2.1	1.9	2.1	1.9
	窗/幕墙 SC 值	0.49	0.49	0.4	0.4	0.49	0.35	0.5	0.45
	窗/幕墙 g 值	0.43	0.43	0.35	0.35	0.43	0.30	0.44	0.39
真空玻璃	玻璃 SC 值	0.65	0.65	—	—	0.65	—	—	—
	窗/幕墙 U 值	1.2	1.2	1.2	1.2	1.2	1.0	1.2	1.0
	窗/幕墙 SC 值	0.49	0.49	0.4	0.4	0.49	0.35	0.5	0.45
	窗/幕墙 g 值	0.43	0.43	0.35	0.35	0.43	0.30	0.44	0.39

注:同表 7.29 的注释。

（4）建筑气象参数

建筑气象参数依据《中国建筑热环境分析专用气象数据集》,该书(数据集)由中国建筑出版社出版,由中国气象局气象信息中心资料室和清华大学建筑学院建筑技术科学系合著,是在 1971—2003 年的实测数据基础上生成了包括全国 270 个台站的建筑热环境分析专用气象数据集。

（5）其他计算条件参数的选取

① 采暖地区按照 55.56 元/GJ 计算。公共建筑电价取值为 1.0 元 · kW^{-1} · h^{-1},居住建筑电价取 0.5 元 · kW^{-1} · h^{-1}。

② 夏热冬冷地区采暖按照电采暖计算。

③ 电力折标煤按照 2010 年全国电网标煤耗 325 g·kW^{-1}·h^{-1}计算。

$$用电量折算标煤(吨)=\frac{用电量\times 0.325}{1000}$$

④ 冬季采暖折标煤

当使用电采暖时

$$采暖用能折标煤(吨)=采暖用能\times 0.325/1000$$

否则

$$采暖用能折标煤(吨)=采暖用能\times 3600/4.18/7000/1000$$
$$=采暖用能\times 0.1229/1000$$

7.9.3 四个城市建筑门窗热工参数计算

按照逐时累积的方法,计算得到 4 个城市建筑热工参数,包括采暖期和空调期的温差时数累积值和 4 个朝向的太阳辐射强度累积值(表 7.33)。

表 7.33　各气候区四个城市采暖期和空调期的温差时数累积值和 4 个朝向的太阳辐射强度累积值(一)

城市	夏季,辐射强度(kW·h·m^{-2})				温差(k℃·h)
	东	南	西	北	
哈尔滨	24.9387	68.9968	110.964	12.8785	0.8644
北京	94.52939	132.4545	186.3853	59.05506	3.4643
上海	146.0121	131.0384	190.3556	73.60181	3.7415
广州	242.0081	205.565	256.4237	166.3818	8.0656

城市	冬季,辐射强度(kW·h·m^{-2})				温差(k℃·h)
	东	南	西	北	
哈尔滨	259.2492	494.7284	268.675	101.5844	−117.857
北京	185.6382	426.4219	186.3773	56.26116	−51.6052
上海	172.2831	277.6994	160.7384	87.02721	−33.3721
广州	28.6624	42.2076	28.0398	17.5535	−1.4877

表 7.34　各气候区四个城市采暖期和空调期的温差时数累积值和 4 个朝向的太阳辐射强度累积值(二)

城市	冬夏季,辐射强度(kW·h·m^{-2})				温差(k℃·h)
	东	南	西	北	
哈尔滨	−234.31	−425.73	−157.71	−88.706	118.721
北京	−91.1088	−293.967	0.00795	2.7939	55.0695
上海	−26.271	−146.661	29.61725	−13.4254	37.1136
广州	213.346	163.357	228.384	148.828	9.5533

7.9.4　公共建筑节能计算结果

（1）夏季相对能耗和冬季相对节能的计算结果

Low-E 中空玻璃和真空玻璃空调期相对能耗和冬季相对节能的计算结果见表 7.35 和表 7.36。

表 7.35　Low-E 中空玻璃空调期与采暖期相对得热（kW·h）

季节	夏季空调期				冬季采暖期			
朝向	东向	南向	西向	北向	东向	南向	西向	北向
哈尔滨	13549.3	30375.6	176749	17406	−146983	−33543	−386825	−426681
北京	51784.3	61969.6	318617	77333.4	−30847	72350.8	−57254	−174836
上海	76334.7	63207.9	231827	86549.2	4322.68	50272.2	−54190	−69753
广州	130752	103606	334962	193700	9942.05	14903.4	19931.5	9514.36

表 7.36　真空玻璃空调期和采暖期相对得热（kW·h）

季节	夏季空调期				冬季采暖期			
朝向	东向	南向	西向	北向	东向	南向	西向	北向
哈尔滨	12708.6	29625.1	173356	15155.2	−32365	68794.9	−8303.2	−175589
北京	48415.2	58961.4	305018	68312.6	19340.4	117161	108487	−64892
上海	72696	59959.1	217140	76806.7	36777.8	79249.8	52991	1345.78
广州	122908	96602.8	303302	172698	11388.9	16195.2	24709.6	12683.9

（2）真空玻璃节能和节约能源开支的计算结果

Low-E 中空玻璃被真空玻璃取代后的节能量和节约的一次能源消耗及节约的能源费用计算结果见表 7.37。

表 7.37　真空玻璃相对于 Low-E 中空玻璃的节能量和节约能源开支总量

城市	总计节约空调耗电量（kW·h）	总计采暖用能量（kW·h）	总计节约空调电费（万元）	总计采暖用气费（万元）	总计采暖用电费（万元）	总能耗标煤（t）	总节约费—电费＋气费（万元）	总节约电费（万元）
哈尔滨	7235.18	846569.90	0.72	16.93	84.6570	106.51	17.66	85.4
北京	28996.81	370681.50	2.90	7.41	37.0681	55.03	10.31	40.0
上海	31317.02	239712.70	3.13	23.97	23.9713	88.08	27.10	27.1
广州	67510.51	10686.20	6.75	1.07	1.0686	23.26	7.82	7.8

（3）相对节能率计算结果

由于白天和夜晚的传热方式不同，相对节能率也有所不同。真空玻璃相对于 Low-E 中空玻璃在白天和全天的相对节能率如表 7.38 所示,在夜间的夏季和冬季相对节能率为 46.2%。

表 7.38 真空玻璃相对于 Low-E 中空玻璃的相对节能率(%)

城市	白天节能率		全天节能率		
	夏季	冬季	夏季	冬季	冬夏季综合
哈尔滨	2.9	243.8	3.0	85.2	69.3
北京	5.1	41.3	5.7	194.5	57.1
上海	5.4	39.6	6.8	345.7	51.4
广州	7.1	12.7	8.8	19.7	11.0

真空玻璃窗相对于 Low-E 中空玻璃窗夏季节能率在 2.9%~7.1%之间,并不高。原因分析:二者的遮阳系数相同,得到的太阳辐射传热相同,夏季辐射传热为主要的传热方式,温差传热相对于辐射传热就小得多,真空玻璃传热系数的优势就不容易显现。

冬季真空玻璃的节能效果非常可观。在上海,真空玻璃西向和北向发生热量转向,得热均为正值,相对节能率远高于其他地区。原因分析:冬季室内外温差大,真空玻璃传热系数的优势明显。

7.9.5 住宅建筑节能计算结果

(1)夏季相对能耗和冬季相对节能的计算结果

Low-E 中空玻璃和真空玻璃空调期相对能耗和冬季相对节能的计算结果见表 7.39~表 7.40。

表 7.39 Low-E 中空玻璃空调期和采暖期相对得热(kW·h)

季节	夏季空调期				冬季采暖期			
朝向	东向	南向	西向	北向	东向	南向	西向	北向
哈尔滨	2550.409	15713.6	10074.31	2038.988	−27667	−17352	−22048.2	−49982.5
北京	11372.05	35609.38	21187.22	10868.88	−6774.08	41574.73	−3807.21	−24572.4
上海	16763.43	32698.06	15415.92	16218.84	949.2787	26006.27	−3603.51	−13071.3
广州	24611.66	59545.73	19092.11	40839.69	1871.415	8565.463	1136.053	2006.006

表 7.40 真空玻璃空调期和采暖期相对得热(kW·h)

季节	夏季空调期				冬季采暖期			
朝向	东向	南向	西向	北向	东向	南向	西向	北向
哈尔滨	2392.172	15325.32	9880.912	1775.32	−6092.08	35588.23	−473.264	−20568.9
北京	10632.18	33880.83	20282.94	9601.049	4247.24	67323.66	7214.113	−9120.27
上海	15964.36	31017.41	14439.28	14393.14	8076.558	40996.68	3523.766	252.1919
广州	23135.17	55520.59	17287.52	36411.6	2143.753	9307.9	1408.391	2674.266

（2）真空玻璃节能和节约能源开支的计算结果

Low-E中空玻璃被真空玻璃取代后的节能量和节约的一次能源消耗及节约的能源费用计算结果见表7.41。

表7.41　真空玻璃相对于Low-E中空玻璃的节能量和节约能源开支总量

城市	总计节约空调耗电量（kW·h）	总计采暖用能量（kW·h）	总计节约空调电费（万元）	总计采暖用气费（万元）	总计采暖用电费（万元）	总能耗标煤（t）	总节约费—电费＋气费（万元）	总节约电费（万元）
哈尔滨	1003.59	125504.00	0.05	2.51	6.27525	15.77	2.56	6.3
北京	4640.53	63243.70	0.23	1.26	3.162185	9.29	1.50	3.4
上海	5282.06	42568.40	0.26	2.13	2.12842	15.55	4.79	2.4
广州	11734.30	1599.37	0.57	0.0799	0.0799	4.05	0.65	0.65

（3）相对节能率计算结果

由于白天和夜晚的传热方式不同，相对节能率也有所不同。真空玻璃相对于其他三种玻璃在白天和全天的相对节能率见表7.42，在夜间的夏季和冬季相对节能率为47.4%。

表7.42　真空玻璃相对于Low-E中空玻璃的相对节能率（%）

城市	白天节能率		全天节能率		
	夏季	冬季	夏季	冬季	冬夏季综合
哈尔滨	3.1	86.5	3.3	107.2	85.8
北京	5.2	23.5	5.9	984.9	93.5
上海	5.1	25.4	6.5	414.1	67.6
广州	6.5	8.9	8.1	14.4	10.5

真空玻璃窗相对于Low-E中空玻璃窗夏季节能率在3.1%～6.5%之间，并不高。原因分析：二者的遮阳系数相同，得到的太阳辐射传热相同，夏季辐射传热为主要的传热方式，温差传热相对于辐射传热就小得多，真空玻璃传热系数的优势就不容易显现。

冬季真空玻璃的节能效果非常可观。在上海，真空玻璃西向和北向发生热量转向，得热均为正值，相对节能率远高于其他地区。原因分析：冬季室内外温差大，真空玻璃传热系数的优势明显。

7.9.6　温室气体和污染物排放计算结果

根据相对节能量的计算结果，按照简单估算法计算得到真空玻璃相对于单片白玻普通中空玻璃和Low-E中空玻璃的温室气体减排量和主要大气污染物减排量，结果见表7.43和表7.44。

表 7.43　公共建筑真空玻璃相对于 Low-E 中空玻璃:温室气体和污染物减排量(t)

城市	节能量(t 标煤)	NO_x	SO_2	CO	粉尘	CO_2
哈尔滨	106.5	0.6	2.1	3.3	1.0	261.7
北京	55.0	0.4	1.0	1.5	0.5	135.2
上海	88.1	1.1	0.4	0.0	0.8	216.4
广州	23.3	0.3	0.1	0.0	0.2	57.1

表 7.44　住宅建筑真空玻璃相对于 Low-E 中空玻璃:温室气体和污染物减排量(t)

城市	节能量(t 标煤)	NO_x	SO_2	CO	粉尘	CO_2
哈尔滨	15.8	0.1	0.3	0.5	0.2	38.7
北京	9.3	0.1	0.2	0.2	0.1	22.8
上海	15.6	0.2	0.1	0.0	0.1	38.2
广州	4.1	0.1	0.0	0.0	0.0	9.9

7.9.7　建筑门窗节能检测方法

(1) 建筑外门窗气密、水密、抗风压性能分级及检测方法

按照标准《建筑外门窗气密、水密、抗风压性能分级及检测方法》(GB/T 7106—2008)进行检测。

(2) 建筑外门窗保温性能分级及检测方法

按照标准《建筑外门窗保温性能分级及检测方法》(GB/T 8484—2008)进行检测。

以上建筑门窗的节能计算及检测方法尚待进一步发展完善。

参 考 文 献

[1]　中华人民共和国住房和城乡建设部. 建筑门窗玻璃幕墙热工计算规程:(JGJ/T 151—2008) [S]. 北京:中国建筑工业出版社,2009.

[2]　SIMKO T M, COLLINS R E, BECK F A, et al. Edge conduction in vacuum glazing[J]. Office of Scientific & Technical Information Technical Reports, 1995: 601-611.

[3]　COLLINS R E, SIMKO T M. Current status of the science and technology of vacuum glazing [J]. Solar Energy, 1998, 62(3): 189-213.

[4]　中国建筑玻璃与工业玻璃协会. 暖边间隔条:(HBZ/T 003—2016) [S].

[5]　许威,侯玉芝."内置百叶复合真空玻璃"应用方法初探[J].建筑玻璃与工业玻璃,2017(8):13-16.

[6]　张芹.建筑幕墙与采光顶设计施工手册[M].北京:中国建筑工业出版社,2012.

[7]　中华人民共和国建设部.建筑玻璃采光顶:JG/T 231—2007[S].北京:中国建筑工业出版社,2008.

[8]　中华人民共和国住房和城乡建设部.采光顶与金属屋面技术规程:JGJ 255-2012[S].北京:中国建筑工业出版社,2012.

［9］ 刘甜甜,侯玉芝,许威.真空玻璃应用于采光顶的结构研究[J].建筑节能,2016,44(4):65-68.

［10］ 光伏建筑一体化(BIPV)行业研究报告,2008-9-10.

［11］ 龙文志.太阳能光伏建筑一体化[J].建筑节能,2009,40(9):36-44.

［12］ 孙颖.太阳能光伏建筑一体化及其应用研究[J].建筑节能,2009,37(12):48-50.

［13］ 马军.中空玻璃失效原因分析及对策[J].玻璃,2004,31(6):49-52.

［14］ 唐健正,许威.提倡更新我国不同气候区建筑外窗选择玻璃的理念和标准[J].建设科技,2016(8):56.

［15］ 王新春,刘德勤.夏热冬冷地区门窗热工性能的冬夏季累积评价法及其应用[J].建筑节能,2010(10):29-33.

附　　录

附录 A　传热学名词解释

A.1　热阻 R

热量传递的规律可与电学中电量传递的规律"欧姆定律"类比。

欧姆定律为：

$$I = \frac{\Delta U}{R}$$

式中　I——电流，代表电路传递的电量；

　　　ΔU——电路两端的电压差，是电量传递的动力；

　　　R——电阻，代表电量传递的阻力。

在平面导热过程中，类似的公式为：

$$\Phi = \frac{\Delta T}{R}$$

式中　Φ——传递的热流量；

　　　ΔT——两端的温度差，是热量传递的动力；

　　　R——热阻，代表热量传递的阻力。

热阻概念的建立为传热过程的分析和计算带来很大方便，比如可以类比使用串并联电路中电阻的计算公式来计算传热过程的合成热阻，从而方便地算出传热系数等参数。热阻的单位为 $W^{-1} \cdot m^2 \cdot K$。

A.2　热导 C

热导是热阻的倒数，即 $C = 1/R$，单位为 $W \cdot m^{-2} \cdot K^{-1}$。

A.3　热导率（导热系数）λ

热导率指在稳态条件下，1 m 厚的物体，两侧表面温差为 1 K 时，单位时间内通过 1 m^2 面积传递的热量。我国法定单位为 $W \cdot m^{-1} \cdot K^{-1}$。

A.4　传热系数（简称 K 值或 U 值，本书简称 U 值）

传热系数指在稳态条件下，围护结构两侧空气温差为 1 K 时，单位时间内通过 1 m^2 面积传递的热量。我国法定单位为 $W \cdot m^{-2} \cdot K^{-1}$。

A.5 传热阻 $R_{传}$

传热阻是传热系数的倒数，单位为 $W^{-1} \cdot m^2 \cdot K$。

附录B 传热系数的三种单位及其换算关系

表 B.1 换算关系

我国法定计量单位	工程单位	英制单位
$W \cdot m^{-2} \cdot K^{-1}$	kcal/($m^2 \cdot h \cdot ℃$)	Btu/($ft^2 \cdot h \cdot ℉$)
1	0.859845	0.176
1.163	1	0.205
5.68	4.884	1

表 B.2 换算中涉及的单位

符号	量的名称	汉文	英文	与基本单位的关系
K	热力学温度	开[尔文]	kelvin	基本单位
m	长度	米	metre	基本单位
W	功率	瓦[特]	watt	$1\ W = 1\ J/s$
kcal	热量	千卡[路里]	kilo-calorie	$1\ cal = 4.184\ J$
h	时间	[小]时	hour	$1\ h = 3600\ s$
℃	摄氏温度	摄氏度	degree Celsius	$1\ ℃ = 1\ K$ $(℃) + 273.15 = K$
℉	华氏温度	华氏度	degree Fahrenhait	$1\ ℉ = 1.8\ K$ $[(℉) + 459.67] \times 5/9 = K$ $(℉) = 9/5(℃) + 32$
ft	英制长度	英尺	foot feet(pl)	$1\ ft = 0.3048m$
Btu	热量	英制热量单位	british thermal unit	$1\ Btu = 1055.056\ J$

附录C 美国 R 值与 U 值对应关系

传热系数单位有公制（$W \cdot m^{-2} \cdot K^{-1}$）和英制[Btu/($ft^2 \cdot h \cdot ℉$)]两种，换算关系是

1 Btu/(ft^2 · h · ℉)=5.678 W · m^{-2} · K^{-1}，我国和欧洲主要国家采用公制，美国等北美国家主要采用英制，美国所说的 R_{10}，即代表 U＝1/10＝0.1 Btu/(ft^2 · h · ℉)＝0.1×5.678 W · m^{-2} · K^{-1}＝0.5678 W · m^{-2} · K^{-1}，其他情况以此类推，表 C.1 为 R_1～R_{20} 与 U 值对应关系。

表 C.1　美国 R_1～R_{20} 与 U 值对应关系

美国 R 值	R_1	R_2	R_3	R_4	R_5	R_6	R_7	R_8	R_9	R_{10}
对应 U 值 (W · m^{-2} · K^{-1})	5.678	2.839	1.893	1.420	1.136	0.946	0.811	0.710	0.631	0.568
美国 R 值	R_{11}	R_{12}	R_{13}	R_{14}	R_{15}	R_{16}	R_{17}	R_{18}	R_{19}	R_{20}
对应 U 值 (W · m^{-2} · K^{-1})	0.516	0.473	0.437	0.406	0.379	0.355	0.334	0.315	0.299	0.284

附录 D　标准大气压下不同温度时的饱和水蒸气分压强 p_s

表 D.1　温度 0～−40 ℃（与冰面接触）　　　　（单位：Pa）

t(℃)	0.0	0.1	0.2	0.3	0.4	0.5	0.6	0.7	0.8	0.9
0	610.6	605.3	601.3	595.9	590.6	586.6	581.3	576.0	572.0	566.6
−1	562.6	557.3	553.3	548.0	544.0	540.0	534.6	530.6	526.6	521.3
−2	517.3	513.3	509.3	504.0	500.0	496.0	492.0	488.0	484.0	480.0
−3	476.0	472.0	468.0	464.0	460.0	456.0	452.0	448.0	445.3	441.3
−4	437.3	433.3	429.3	426.6	422.6	418.6	416.0	412.0	408.0	405.3
−5	401.3	398.6	394.6	392.0	388.0	385.3	381.3	378.6	374.6	372.0
−6	368.0	365.3	362.6	358.6	356.0	353.3	349.0	346.6	344.0	341.3
−7	337.3	334.6	332.0	329.3	326.6	324.0	321.3	318.6	314.7	312.0
−8	309.3	306.6	304.0	301.3	298.6	296.0	293.3	292.0	289.3	286.6
−9	284.0	281.3	278.6	276.0	273.3	272.0	269.3	266.6	264.0	262.6
−10	260.0	257.3	254.6	253.3	250.6	248.0	246.6	244.0	241.3	240.0
−11	237.3	236.0	233.3	232.0	229.3	226.6	225.3	222.6	221.3	218.6
−12	217.3	216.0	213.3	212.0	209.3	208.0	205.3	204.0	202.6	200.0
−13	198.6	197.3	194.7	193.3	192.0	189.3	188.0	186.7	184.0	182.7
−14	181.3	108.0	177.3	176.0	174.7	173.3	172.0	196.3	168.0	166.7
−15	165.3	164.0	162.7	161.3	160.0	157.3	156.0	154.7	153.3	152.0

续表 D.1

t(℃)	0.0	0.1	0.2	0.3	0.4	0.5	0.6	0.7	0.8	0.9
−16	150.7	149.3	148.0	146.7	145.3	144.0	142.7	141.3	140.0	138.7
−17	137.3	136.0	134.7	133.3	132.0	130.7	129.3	128.0	126.7	126.0
−18	125.3	124.0	122.7	121.3	120.0	118.7	117.3	116.6	116.0	114.7
−19	113.3	112.0	111.3	110.7	109.3	108.0	106.7	106.0	105.3	104.0
−20	102.7	102.0	101.3	100.0	99.3	98.7	97.3	96.0	95.3	94.7
−21	93.3	93.3	92.0	90.7	90.7	89.3	88.0	88.0	86.7	85.3
−22	85.3	84.0	84.0	82.7	81.3	81.3	80.0	80.0	78.7	77.3
−23	77.3	76.0	76.0	74.7	74.7	73.3	73.3	72.0	70.7	70.7
−24	70.7	69.3	68.0	68.0	66.7	66.7	65.3	65.3	64.0	64.0
−25	62.7	62.7	61.3	61.3	61.3	60.0	60.0	58.7	58.7	57.3
−26	57.3	57.3	56.0	56.0	54.7	53.3	53.3	53.3	53.3	52.0
−27	52.0	50.7	50.7	50.7	49.3	49.3	48.0	48.0	48.0	46.7
−28	46.7	46.7	45.3	45.3	45.3	44.0	44.0	44.0	42.7	42.7
−29	42.7	41.3	41.3	41.3	40.0	40.0	40.0	38.7	38.7	38.7
−30	37.3	37.3	37.3	37.3	36.0	36.0	36.0	34.7	34.7	34.7
−31	34.7	33.3	33.3	33.3	33.3	32.0	32.0	32.0	32.0	30.7
−32	30.7	30.7	30.7	29.3	29.3	29.3	29.3	28.0	28.0	28.0
−33	28.0	28.0	26.7	26.7	26.7	26.7	25.3	25.3	25.3	25.3
−34	25.3	24.0	24.0	24.0	24.0	24.0	22.7	22.7	22.7	22.7
−35	22.7	22.7	21.3	21.3	21.3	21.3	21.3	20.0	20.0	20.2
−36	20.0	20.0	20.0	18.7	18.7	18.7	18.7	18.7	18.7	18.7
−37	17.3	17.3	17.3	17.3	17.3	17.3	17.3	16.0	16.0	16.0
−38	16.0	16.0	16.0	16.0	14.7	14.7	14.7	14.7	14.7	14.7
−39	14.7	14.7	13.3	13.3	13.3	13.3	13.3	13.3	13.3	13.3
−40	13.3	12.0	12.0	12.0	12.0	12.0	12.0	12.0	12.0	12.0

表 D.2　温度 0～40 ℃（与水面接触） （单位：Pa）

t(℃)	0.0	0.1	0.2	0.3	0.4	0.5	0.6	0.7	0.8	0.9
0	610.6	615.9	619.9	623.9	629.3	633.3	638.6	642.6	647.9	651.9
1	657.3	611.3	666.6	670.6	675.9	681.3	685.3	690.6	695.9	699.9
2	705.3	710.6	715.9	721.3	726.6	730.6	735.9	741.3	746.6	751.9

t(℃)	0.0	0.1	0.2	0.3	0.4	0.5	0.6	0.7	0.8	0.9
3	757.3	762.6	767.9	773.3	779.9	785.3	790.6	791.9	801.3	807.9
4	813.3	818.6	823.9	830.6	835.9	842.6	847.9	853.3	859.9	866.6
5	871.9	878.6	883.9	890.6	897.3	902.6	909.3	915.9	921.3	927.9
6	934.6	941.3	947.9	954.6	961.3	967.9	974.6	981.2	987.9	994.6
7	1001.2	1007.9	1014.6	1022.6	1029.2	1035.9	1043.9	1050.6	1057.2	1065.2
8	1071.9	1079.9	1086.6	1094.6	1101.2	1109.2	1117.2	1123.9	1131.9	1139.9
9	1147.9	1155.9	1162.6	1170.6	1178.6	1186.6	1194.6	1202.6	1210.6	1218.6
10	1227.9	1235.9	1243.9	1251.9	1259.9	1269.2	1277.2	1286.6	1294.6	1303.9
11	1311.9	1321.2	1329.2	1338.6	1347.9	1355.9	1365.2	1374.5	1383.9	1393.2
12	1401.2	1410.5	1419.9	1429.2	1438.5	1449.2	1458.5	1467.9	1477.2	1486.5
13	1497.2	1506.5	1517.2	1526.5	1537.2	1546.5	1557.2	1566.5	1577.2	1587.9
14	1597.2	1607.9	1618.5	1629.2	1639.9	1650.5	1661.2	1671.9	1682.5	1693.2
15	1703.9	1715.9	1726.5	1737.2	1749.2	1759.9	1771.8	1782.5	1794.5	1805.2
16	1817.2	1829.2	1841.2	1851.8	1863.8	1875.8	1887.8	1899.8	1911.8	1925.2
17	1937.2	1949.2	1961.2	1974.5	1986.5	1998.5	2011.8	2023.8	2037.2	2050.5
18	2062.5	2075.8	2089.2	2102.5	2115.8	2129.2	2142.5	2155.8	2169.1	2182.5
19	2195.8	2210.5	2223.8	2238.5	2251.8	2266.5	2279.8	2294.5	2309.1	2322.5
20	2337.1	2351.8	2366.5	2381.1	2395.8	2410.5	2425.1	2441.1	2455.8	2470.5
21	2486.5	2501.1	2517.1	2531.8	2547.8	2563.8	2579.8	2594.4	2610.4	2626.4
22	2642.4	2659.8	2675.8	2691.8	2707.8	2725.1	2741.1	2758.4	2774.4	2791.8
23	2809.1	2825.1	2842.4	2859.8	2877.1	2894.4	2911.8	2930.4	2947.7	2965.1
24	2983.7	3001.1	3019.7	3037.1	3055.7	3074.4	3091.7	3110.4	3129.1	3147.7
25	3167.7	3186.4	3205.1	3223.7	3243.7	3262.4	3285.4	3301.1	3321.1	3341.0
26	3361.0	3381.0	3401.0	3421.0	3441.0	3461.0	3482.4	3502.4	3523.7	3543.7
27	3565.0	3586.4	3607.7	3627.7	3649.0	3670.4	3693.0	3714.4	3735.7	3757.0
28	3779.7	3802.3	3823.7	3846.3	3869.0	3891.7	3914.3	3937.0	3959.7	3982.3
29	4005.0	4029.0	4051.7	4075.7	4099.7	4122.3	4146.3	4170.3	4194.3	4218.3
30	4243.6	4237.6	4291.6	4317.0	4341.0	4366.3	4391.7	4417.0	4442.3	4467.6
31	4493.0	4518.3	4543.7	4570.3	4595.6	4622.3	4684.9	4675.6	4702.3	4728.9
32	4755.6	4782.3	4808.9	4836.9	4863.6	4891.6	4918.2	4946.2	4974.2	5002.2
33	5030.2	5059.6	5087.6	5115.6	5144.9	5174.2	5202.2	5231.6	5260.9	5290.2

续表 D.2

$t(℃)$	0.0	0.1	0.2	0.3	0.4	0.5	0.6	0.7	0.8	0.9
34	5319.5	5350.2	5379.5	5410.2	5439.5	5470.2	5500.9	5531.5	5562.2	5292.9
35	5623.5	5655.5	5686.2	5718.2	5748.8	5780.8	5812.8	5844.8	5876.8	5910.2
36	5942.2	5975.5	6007.5	6040.8	6074.2	6107.5	6140.8	6174.1	6208.8	6242.1
37	6276.8	6310.1	6344.8	6379.5	6414.1	6448.8	6484.8	6519.4	6555.4	6590.1
38	6626.1	6662.1	6698.1	6734.1	6771.4	6807.4	6844.8	6882.1	6918.1	6955.4
39	6999.1	7031.4	7068.7	7107.4	7144.7	7183.4	7222.1	7260.7	7299.4	7338.0
40	7378.0	7416.7	7456.7	7496.7	7536.7	7576.7	7616.2	7658.0	7698.0	7739.3

附录 E　中空玻璃及真空玻璃传热系数数据表

表 E.1　中空玻璃传热系数(U 值)

玻璃1	间隔	玻璃2	U 值	玻璃1	间隔	玻璃2	U 值	玻璃1	间隔	玻璃2	U 值	玻璃1	间隔	玻璃2	U 值	玻璃1	间隔	玻璃2	U 值
4	6A	4	3.04	4	9A	4	2.78	4	12A	4	2.63	4	16A	4	2.50				
5	6A	5	3.02	5	9A	5	2.77	5	12A	5	2.62	5	16A	5	2.49				
6	6A	6	3.00	6	9A	6	2.75	6	12A	6	2.60	6	16A	6	2.48				
6	6A	L0.2	2.47	6	9A	L0.2	2.07	6	12A	L0.2	1.82	6	16A	L0.2	1.60				
6	6A	L0.17	2.43	6	9A	L0.17	2.02	6	12A	L0.17	1.76	6	16A	L0.17	1.54				
6	6A	L0.15	2.40	6	9A	L0.15	1.99	6	12A	L0.15	1.72	6	16A	L0.15	1.50				
6	6A	L0.1	2.34	6	9A	L0.1	1.90	6	12A	L0.1	1.62	6	16A	L0.1	1.38				
6	6A	L0.08	2.31	6	9A	L0.08	1.86	6	12A	L0.08	1.58	6	16A	L0.08	1.34				
6	6A	L0.07	2.30	6	9A	L0.07	1.85	6	12A	L0.07	1.56	6	16A	L0.07	1.31				
6	6A	L0.06	2.29	6	9A	L0.06	1.83	6	12A	L0.06	1.54	6	16A	L0.06	1.28				
6	6A	L0.05	2.27	6	9A	L0.05	1.81	6	12A	L0.05	1.52	6	16A	L0.05	1.26				
6	6A	L0.04	2.26	6	9A	L0.04	1.79	6	12A	L0.04	1.49	6	16A	L0.04	1.23				
6	6A	L0.03	2.57	6	9A	L0.03	2.21	6	12A	L0.03	1.98	6	16A	L0.03	1.79				
6	6A	L0.02	2.23	6	9A	L0.02	1.75	6	12A	L0.02	1.45	6	16A	L0.02	1.18				
L0.2	6A	L0.2	2.36	L0.2	9A	L0.2	1.92	L0.2	12A	L0.2	1.65	L0.2	16A	L0.2	1.41				
L0.17	6A	L0.17	2.33	L0.17	9A	L0.17	1.89	L0.17	12A	L0.17	1.61	L0.17	16A	L0.17	1.37				
L0.15	6A	L0.15	2.32	L0.15	9A	L0.15	1.87	L0.15	12A	L0.15	1.59	L0.15	16A	L0.15	1.34				

续表 E.1

玻璃1	间隔	玻璃2	U 值	玻璃1	间隔	玻璃2	U 值	玻璃1	间隔	玻璃2	U 值	玻璃1	间隔	玻璃2	U 值
L0.1	6A	L0.1	2.28	L0.1	9A	L0.1	1.81	L0.1	12A	L0.1	1.52	L0.1	16A	L0.1	1.27
L0.08	6A	L0.08	2.26	L0.08	9A	L0.08	1.79	L0.08	12A	L0.08	1.50	L0.08	16A	L0.08	1.24
L0.07	6A	L0.07	2.25	L0.07	9A	L0.07	1.78	L0.07	12A	L0.07	1.48	L0.07	16A	L0.07	1.22
L0.06	6A	L0.06	2.25	L0.06	9A	L0.06	1.77	L0.06	12A	L0.06	1.47	L0.06	16A	L0.06	1.21
L0.05	6A	L0.05	2.24	L0.05	9A	L0.05	1.76	L0.05	12A	L0.05	1.46	L0.05	16A	L0.05	1.20
L0.04	6A	L0.04	2.23	L0.04	9A	L0.04	1.75	L0.04	12A	L0.04	1.45	L0.04	16A	L0.04	1.18
L0.03	6A	L0.03	2.44	L0.03	9A	L0.03	2.04	L0.03	12A	L0.03	1.78	L0.03	16A	L0.03	1.57
L0.02	6A	L0.02	2.21	L0.02	9A	L0.02	1.73	L0.02	12A	L0.02	1.42	L0.02	16A	L0.02	1.15
4	6Ar	4	2.87	4	9Ar	4	2.64	4	12Ar	4	2.52	4	16Ar	4	2.41
5	6Ar	5	2.85	5	9Ar	5	2.63	5	12Ar	5	2.50	5	16Ar	5	2.40
6	6Ar	6	2.84	6	9Ar	6	2.62	6	12Ar	6	2.49	6	16Ar	6	2.39
6	6Ar	L0.2	2.20	6	9Ar	L0.2	1.84	6	12Ar	L0.2	1.62	6	16Ar	L0.2	1.44
6	6Ar	L0.17	2.16	6	9Ar	L0.17	1.79	6	12Ar	L0.17	1.56	6	16Ar	L0.17	1.37
6	6Ar	L0.15	2.13	6	9Ar	L0.15	1.75	6	12Ar	L0.15	1.52	6	16Ar	L0.15	1.32
6	6Ar	L0.1	2.05	6	9Ar	L0.1	1.65	6	12Ar	L0.1	1.41	6	16Ar	L0.1	1.20
6	6Ar	L0.08	2.02	6	9Ar	L0.08	1.61	6	12Ar	L0.08	1.36	6	16Ar	L0.08	1.15
6	6Ar	L0.07	2.00	6	9Ar	L0.07	1.59	6	12Ar	L0.07	1.33	6	16Ar	L0.07	1.12
6	6Ar	L0.06	1.99	6	9Ar	L0.06	1.56	6	12Ar	L0.06	1.31	6	16Ar	L0.06	1.09
6	6Ar	L0.05	1.97	6	9Ar	L0.05	1.54	6	12Ar	L0.05	1.28	6	16Ar	L0.05	1.06
6	6Ar	L0.04	1.95	6	9Ar	L0.04	1.52	6	12Ar	L0.04	1.26	6	16Ar	L0.04	1.03
6	6Ar	L0.03	2.34	6	9Ar	L0.03	2.01	6	12Ar	L0.03	1.81	6	16Ar	L0.03	1.65
6	6Ar	L0.02	1.92	6	9Ar	L0.02	1.47	6	12Ar	L0.02	1.20	6	16Ar	L0.02	0.97
L0.2	6Ar	L0.2	2.08	L0.2	9Ar	L0.2	1.68	L0.2	12Ar	L0.2	1.44	L0.2	16Ar	L0.2	1.23
L0.17	6Ar	L0.17	2.05	L0.17	9Ar	L0.17	1.64	L0.17	12Ar	L0.17	1.39	L0.17	16Ar	L0.17	1.19
L0.15	6Ar	L0.15	2.02	L0.15	9Ar	L0.15	1.61	L0.15	12Ar	L0.15	1.36	L0.15	16Ar	L0.15	1.15
L0.1	6Ar	L0.1	1.98	L0.1	9Ar	L0.1	1.55	L0.1	12Ar	L0.1	1.29	L0.1	16Ar	L0.1	1.07
L0.08	6Ar	L0.08	1.96	L0.08	9Ar	L0.08	1.53	L0.08	12Ar	L0.08	1.26	L0.08	16Ar	L0.08	1.04
L0.07	6Ar	L0.07	1.95	L0.07	9Ar	L0.07	1.51	L0.07	12Ar	L0.07	1.25	L0.07	16Ar	L0.07	1.02
L0.06	6Ar	L0.06	1.94	L0.06	9Ar	L0.06	1.50	L0.06	12Ar	L0.06	1.23	L0.06	16Ar	L0.06	1.01
L0.05	6Ar	L0.05	1.93	L0.05	9Ar	L0.05	1.49	L0.05	12Ar	L0.05	1.22	L0.05	16Ar	L0.05	0.99

续表 E.1

玻璃1	间隔	玻璃2	U值	玻璃1	间隔	玻璃2	U值	玻璃1	间隔	玻璃2	U值	玻璃1	间隔	玻璃2	U值
L0.04	6Ar	L0.04	1.92	L0.04	9Ar	L0.04	1.47	L0.04	12Ar	L0.04	1.20	L0.04	16Ar	L0.04	0.97
L0.03	6Ar	L0.03	2.18	L0.03	9Ar	L0.03	1.81	L0.03	12Ar	L0.03	1.59	L0.03	16Ar	L0.03	1.40
L0.02	6Ar	L0.02	1.90	L0.02	9Ar	L0.02	1.45	L0.02	12Ar	L0.02	1.18	L0.02	16Ar	L0.02	0.94

注:① 4、5、6 分别代表厚度为 4 mm、5 mm、6 mm 的普通浮法玻璃;

② L0.2、L0.17、L0.15、L0.1、L0.08、L0.07、L0.06、L0.05、L0.04、L0.03、L0.02 分别代表辐射率为 0.2、0.17、0.15、0.1、0.08、0.07、0.06、0.05、0.04、0.03、0.02 的低辐射玻璃;

③ A 表示空气,Ar 表示氩气,6、9、12、16 表示中空玻璃间隔分别为 6 mm、9 mm、12 mm、16 mm;

④ 传热系数计算边界条件按 JGJ 151—2008 规定,两侧温度为 −20 ℃和 20 ℃。

表 E.2　真空玻璃 U 值(一)

辐射率	0.02	0.03	0.04	0.05	0.06	0.07	0.08	0.09	0.10	0.11
	U值	U值	U值	U值	U值	U值	U值	U值	U值	U值
0.02	0.34	0.35	0.36	0.36	0.36	0.37	0.37	0.37	0.37	0.37
0.03	0.35	0.36	0.37	0.38	0.38	0.38	0.39	0.39	0.40	0.40
0.04	0.36	0.37	0.38	0.39	0.40	0.40	0.41	0.41	0.42	0.42
0.05	0.36	0.38	0.39	0.40	0.41	0.42	0.43	0.43	0.44	0.44
0.06	0.36	0.38	0.40	0.41	0.42	0.43	0.44	0.45	0.46	0.46
0.07	0.37	0.38	0.40	0.42	0.43	0.44	0.46	0.46	0.47	0.48
0.08	0.37	0.39	0.41	0.43	0.44	0.46	0.47	0.47	0.49	0.49
0.09	0.37	0.39	0.41	0.43	0.45	0.46	0.47	0.49	0.50	0.50
0.10	0.37	0.40	0.42	0.44	0.46	0.47	0.49	0.50	0.51	0.52
0.11	0.37	0.40	0.42	0.44	0.46	0.48	0.49	0.50	0.52	0.53
0.12	0.37	0.40	0.42	0.45	0.47	0.48	0.50	0.51	0.53	0.54
0.13	0.37	0.40	0.43	0.45	0.47	0.49	0.50	0.52	0.53	0.55
0.14	0.37	0.40	0.43	0.45	0.47	0.49	0.51	0.53	0.54	0.56
0.15	0.37	0.40	0.43	0.46	0.48	0.50	0.52	0.53	0.55	0.56
0.16	0.37	0.40	0.43	0.46	0.48	0.50	0.52	0.54	0.56	0.57
0.17	0.37	0.40	0.43	0.46	0.48	0.50	0.53	0.55	0.56	0.58
0.18	0.37	0.40	0.44	0.46	0.49	0.51	0.53	0.55	0.57	0.58
0.19	0.37	0.41	0.44	0.46	0.49	0.51	0.53	0.55	0.57	0.59
0.20	0.38	0.41	0.44	0.47	0.49	0.52	0.54	0.56	0.57	0.59
0.21	0.38	0.41	0.44	0.47	0.49	0.52	0.54	0.56	0.58	0.60

辐射率	0.02	0.03	0.04	0.05	0.06	0.07	0.08	0.09	0.10	0.11
	U 值	U 值	U 值	U 值	U 值	U 值	U 值	U 值	U 值	U 值
0.22	0.38	0.41	0.44	0.47	0.49	0.52	0.54	0.56	0.59	0.60
0.23	0.38	0.41	0.44	0.47	0.50	0.52	0.55	0.57	0.59	0.61
0.24	0.38	0.41	0.44	0.47	0.50	0.52	0.55	0.57	0.59	0.61
0.25	0.38	0.41	0.44	0.47	0.5	0.53	0.55	0.57	0.60	0.62
0.80	0.38	0.42	0.46	0.49	0.53	0.57	0.60	0.64	0.67	0.70
0.81	0.38	0.42	0.46	0.49	0.53	0.57	0.60	0.64	0.67	0.70
0.82	0.38	0.42	0.46	0.49	0.53	0.57	0.60	0.64	0.67	0.70
0.83	0.38	0.42	0.46	0.49	0.53	0.57	0.60	0.64	0.67	0.71
0.84	0.38	0.42	0.46	0.50	0.53	0.57	0.60	0.64	0.67	0.71

表 E. 3　真空玻璃 U 值(二)

辐射率	0.12	0.13	0.14	0.15	0.16	0.17	0.18	0.19	0.20	0.21
	U 值	U 值	U 值	U 值	U 值	U 值	U 值	U 值	U 值	U 值
0.02	0.37	0.37	0.37	0.37	0.37	0.37	0.37	0.37	0.38	0.38
0.03	0.40	0.40	0.40	0.40	0.40	0.40	0.40	0.41	0.41	0.41
0.04	0.42	0.43	0.43	0.43	0.43	0.43	0.44	0.44	0.44	0.44
0.05	0.45	0.45	0.45	0.46	0.46	0.46	0.46	0.46	0.47	0.47
0.06	0.47	0.47	0.47	0.48	0.48	0.48	0.49	0.49	0.49	0.49
0.07	0.48	0.49	0.49	0.50	0.50	0.50	0.51	0.51	0.52	0.52
0.08	0.50	0.50	0.51	0.52	0.52	0.53	0.53	0.53	0.54	0.54
0.09	0.51	0.52	0.53	0.53	0.54	0.55	0.55	0.55	0.56	0.56
0.10	0.53	0.53	0.54	0.55	0.56	0.56	0.57	0.57	0.57	0.58
0.11	0.54	0.55	0.56	0.56	0.57	0.58	0.58	0.59	0.59	0.60
0.12	0.55	0.56	0.57	0.57	0.59	0.59	0.60	0.60	0.61	0.62
0.13	0.56	0.57	0.58	0.59	0.60	0.61	0.61	0.62	0.63	0.63
0.14	0.57	0.58	0.59	0.60	0.61	0.62	0.63	0.64	0.64	0.65
0.15	0.57	0.59	0.60	0.61	0.62	0.63	0.64	0.65	0.66	0.66
0.16	0.59	0.60	0.61	0.62	0.63	0.64	0.65	0.66	0.67	0.68
0.17	0.59	0.61	0.62	0.63	0.64	0.65	0.66	0.67	0.68	0.69
0.18	0.60	0.61	0.63	0.64	0.65	0.66	0.67	0.69	0.70	0.70

续表 E.3

辐射率	0.12	0.13	0.14	0.15	0.16	0.17	0.18	0.19	0.20	0.21
	U 值	U 值	U 值	U 值	U 值	U 值	U 值	U 值	U 值	U 值
0.19	0.60	0.62	0.64	0.65	0.66	0.67	0.69	0.70	0.71	0.72
0.20	0.61	0.63	0.64	0.66	0.67	0.68	0.70	0.71	0.72	0.73
0.21	0.62	0.63	0.65	0.66	0.68	0.69	0.70	0.72	0.73	0.74
0.22	0.62	0.64	0.66	0.67	0.69	0.70	0.71	0.73	0.74	0.75
0.23	0.63	0.65	0.66	0.68	0.69	0.71	0.72	0.73	0.75	0.76
0.24	0.63	0.65	0.67	0.69	0.70	0.72	0.73	0.74	0.75	0.77
0.25	0.64	0.66	0.67	0.69	0.71	0.72	0.74	0.75	0.76	0.78
0.80	0.74	0.77	0.80	0.83	0.86	0.89	0.92	0.94	0.97	1.0
0.81	0.74	0.77	0.80	0.83	0.86	0.89	0.92	0.95	0.98	1.0
0.82	0.74	0.77	0.80	0.83	0.86	0.89	0.92	0.95	0.98	1.01
0.83	0.74	0.77	0.80	0.83	0.86	0.89	0.92	0.95	0.98	1.01
0.84	0.74	0.77	0.80	0.83	0.86	0.89	0.92	0.95	0.98	1.01

表 E.4　真空玻璃 U 值(三)

辐射率	0.22	0.23	0.24	0.25	0.80	0.81	0.82	0.83	0.84
	U 值	U 值	U 值	U 值	U 值	U 值	U 值	U 值	U 值
0.02	0.38	0.38	0.38	0.38	0.38	0.38	0.38	0.38	0.38
0.03	0.41	0.41	0.41	0.41	0.42	0.42	0.42	0.42	0.42
0.04	0.44	0.44	0.44	0.44	0.46	0.46	0.46	0.46	0.46
0.05	0.47	0.47	0.47	0.47	0.49	0.49	0.49	0.49	0.50
0.06	0.49	0.50	0.50	0.50	0.53	0.53	0.53	0.53	0.53
0.07	0.52	0.52	0.52	0.53	0.57	0.57	0.57	0.57	0.57
0.08	0.54	0.55	0.55	0.55	0.60	0.60	0.60	0.60	0.60
0.09	0.56	0.57	0.57	0.57	0.64	0.64	0.64	0.64	0.64
0.10	0.59	0.59	0.59	0.60	0.67	0.67	0.67	0.67	0.67
0.11	0.60	0.61	0.61	0.62	0.7	0.70	0.70	0.71	0.71
0.12	0.62	0.63	0.63	0.64	0.74	0.74	0.74	0.74	0.74
0.13	0.64	0.65	0.65	0.66	0.77	0.77	0.77	0.77	0.77
0.14	0.66	0.66	0.67	0.67	0.80	0.80	0.80	0.80	0.80
0.15	0.67	0.68	0.69	0.69	0.83	0.83	0.83	0.83	0.83

辐射率	0.22	0.23	0.24	0.25	0.80	0.81	0.82	0.83	0.84
	U 值	U 值	U 值	U 值	U 值	U 值	U 值	U 值	U 值
0.16	0.69	0.69	0.7	0.71	0.86	0.86	0.86	0.86	0.86
0.17	0.70	0.71	0.72	0.72	0.89	0.89	0.89	0.89	0.89
0.18	0.71	0.72	0.73	0.74	0.92	0.92	0.92	0.92	0.92
0.19	0.73	0.73	0.74	0.75	0.94	0.95	0.95	0.95	0.95
0.20	0.74	0.75	0.75	0.76	0.97	0.98	0.98	0.98	0.98
0.21	0.75	0.76	0.77	0.78	1.0	1.0	1.01	1.01	1.01
0.22	0.76	0.77	0.78	0.79	1.03	1.03	1.03	1.04	1.04
0.23	0.77	0.78	0.79	0.80	1.05	1.06	1.06	1.06	1.06
0.24	0.78	0.79	0.80	0.81	1.08	1.08	1.08	1.09	1.09
0.25	0.79	0.80	0.81	0.82	1.1	1.11	1.11	1.11	1.12
0.80	1.03	1.05	1.08	1.1	2.06	2.07	2.08	2.09	2.1
0.81	1.03	1.06	1.08	1.11	2.07	2.08	2.09	2.1	2.11
0.82	1.03	1.06	1.08	1.11	2.08	2.09	2.1	2.11	2.12
0.83	1.04	1.06	1.09	1.11	2.09	2.1	2.11	2.12	2.14
0.84	1.04	1.06	1.09	1.12	2.1	2.11	2.12	2.14	2.15

注:① 气体热导忽略不计;

② 不锈钢支撑物,圆环形,若按圆柱形计算取等效半径 0.26 mm,支撑物间距 40 mm;

③ 依据《建筑门窗玻璃幕墙热工计算规程》(JGJ 151—2008)计算。

附录 F 国内外真空玻璃相关标准

表 F.1 国内外真空玻璃相关标准

序号	标准名称	标准号	内容
1	真空玻璃	ISO 19916	第一部真空玻璃国际标准。正在编制中
2	光伏真空玻璃	GB/T 34337—2017	规定将真空玻璃与太阳能电池结合的标准
3	真空玻璃真空度衰减率现场检测方法 光弹法	GB/T 32062—2015	一种现场检测真空玻璃真空度的方法
4	真空玻璃用熔封玻璃力学性能试验方法	GB/T 34338—2017	本标准规定了真空玻璃用熔封玻璃的力学性能试验方法
5	真空玻璃	JC/T 1079—2008	世界第一部真空玻璃行业标准。正在修订中

续表 F.1

序号	标准名称	标准号	内容
6	被动房透明部分用玻璃	JC/T 2450—2018	规定被动房围护结构透明部分可以使用真空复合中空玻璃
7	建筑用保温隔热玻璃技术条件	JC/T 2304—2015	真空玻璃可以实现建筑门窗保温、隔热性能
8	建筑玻璃应用技术规程	JGJ 113—2015	在材料选择、安装方法及传热系数计算中都对真空玻璃有所规定
9	玻璃幕墙工程技术规范	JGJ 102 —2013	规定真空玻璃可以用在玻璃幕墙上
10	建筑玻璃采光顶	JG/T 231—2007	采光顶用玻璃中加入了真空玻璃。正在报批中
11	居住建筑门窗工程技术规范	DB 11/1028—2013	规定真空玻璃可以用在建筑门窗上
12	天津市居住建筑节能设计标准	DB 291—2013	真空玻璃可用在节能建筑的围护结构上
13	天津市建筑节能门窗技术标准	DB 29—164—2013	真空玻璃可以用在节能建筑的门窗上
14	天津市建筑幕墙工程技术规范	DB 29—221—2013	幕墙玻璃可选用真空玻璃
15	真空玻璃传热系数检测方法	行标	一种检测真空玻璃传热系数的标准。正在编制中
16	真空玻璃	国标	中国第一个真空玻璃国家标准。正在编制中